全国高职高专建筑类专业规划教材

地基与基础

主　编　王启亮　王延恩
副主编　陈泰霖　张　茹　祝冰青
　　　　刘　苍　杨　艳　张书俭
主　审　王玉珏

黄河水利出版社
·郑州·

内容提要

本书是全国高职高专建筑类专业规划教材，是根据教育部对高职高专教育的教学基本要求及全国水利水电高职教研会制定的地基与基础课程教学大纲编写完成的。全书主要内容包括：土的物理性质及工程分类、土的渗透性与渗透变形、地基土中的应力计算、土的压缩性与地基变形、土的抗剪强度与地基承载力、土压力与土坡稳定、建筑场地的工程地质勘察、天然地基上的浅基础、桩基础与其他深基础、地基处理、区域性地基、土工实训指导。

本书可作为高职高专院校建筑工程技术、道路桥梁工程技术、建筑装饰技术、水利水电建筑工程、给水排水工程、工程监理、工程造价等专业的教材，也可作为岗位培训教材或供工程技术人员参考使用。

图书在版编目(CIP)数据

地基与基础/王启亮，王延恩主编．—郑州：黄河水利出版社，2011.2 (2015.8 修订重印)

全国高职高专建筑类专业规划教材

ISBN 978-7-80734-974-7

Ⅰ.①地… Ⅱ.①王…②王… Ⅲ.①地基-高等学校：技术学校-教材②基础(工程)-高等学校：技术学校-教材 Ⅳ.①TU47

中国版本图书馆 CIP 数据核字(2011)第 001071 号

组稿编辑：王路平　电话：0371-66022212　E-mail：hhslwlp@163.com

简　群　66026749　w_jq001@163.com

出 版 社：黄河水利出版社

地址：河南省郑州市顺河路黄委会综合楼 14 层　邮政编码：450003

发行单位：黄河水利出版社

发行部电话：0371-66026940、66020550、66028024、66022620(传真)

E-mail：hhslcbs@126.com

承印单位：黄河水利委员会印刷厂

开本：787 mm×1 092 mm　1/16

印张：15.5

字数：360 千字　印数：12 001—16 000

版次：2011 年 2 月第 1 版　印次：2015 年 8 月第 4 次印刷

2012 年 7 月修订

定价：28.00 元

前　言

本书是根据《教育部、财政部关于实施国家示范性高等职业院校建设计划，加快高等职业教育改革与发展的意见》(教高[2006]14 号)、《教育部关于全面提高高等职业教育教学质量的若干意见》(教高[2006]16 号)等文件精神，由全国水利水电高职教研会拟定的教材编写规划，在中国水利教育协会指导下，由全国水利水电高职教研会组织编写的建筑类专业规划教材。本套教材以学生能力培养为主线，具有鲜明的时代特点，体现出实用性、实践性、创新性的教材特色，是一套理论联系实际、教学面向生产的高职高专教育精品规划教材。

地基与基础是高职建筑工程类专业的一门重要专业课程，具有很强的理论性与实践性。为适应高等职业技术教育培养高素质技能型人才的要求，并考虑到高职学生的特点，本书以实用为目的，以培养技术应用能力为主线，理论以够用为度，不追求系统性和完整性，尽量使教材文字叙述简洁明了。为加强理论与实践的结合，本书采用最新国家颁布的《建筑地基基础设计规范》(GB 50007—2002)等新规范、新标准，并附有土工实训指导。

本书编写人员及编写分工如下：山西水利职业技术学院王启亮(绪论、单元十)，山西水利职业技术学院张茹(单元一)，山东水利职业学院王延恩(单元二、单元八)，黑龙江农垦科技职业学院郭孝华(单元三)，山西水利职业技术学院张书俭(单元四)，长江工程职业技术学院杨艳(单元五)，安徽水利水电职业技术学院祝冰青(单元六)，湖南水利水电职业技术学院刘苍(单元七、土工实训指导)，华北水利水电学院水利职业学院陈泰霖(单元九)，四川水利职业技术学院赵鑫(单元十一)。本书由王启亮、王延恩担任主编，王启亮负责全书统稿，由陈泰霖、张茹、祝冰青、刘苍、杨艳、张书俭担任副主编，由黄河水利职业技术学院王玉珏担任主审。

在编写过程中，参阅了不少专家、学者的著作，在此深表感谢。由于编者水平有限，时间仓促，书中难免出现疏漏和不当之处，敬请读者批评指正。

编　者

2010 年 12 月

目　录

前　言
绪　论 …………………………………………………………………………（1）
　课题一　地基与基础的概念 ……………………………………………（1）
　课题二　本课程在建筑工程中的重要性 …………………………………（2）
　课题三　本课程内容和学习要求 ………………………………………（2）
单元一　土的物理性质及工程分类 …………………………………………（3）
　课题一　土的组成与结构 ………………………………………………（3）
　课题二　土的物理性质指标 ……………………………………………（8）
　课题三　土的物理状态指标 ……………………………………………（12）
　课题四　土的击实性 ……………………………………………………（15）
　课题五　地基岩土的工程分类 …………………………………………（17）
　练习题 ……………………………………………………………………（22）
单元二　土的渗透性与渗透变形 ……………………………………………（23）
　课题一　达西定律及其适用范围 ………………………………………（23）
　课题二　渗透力与渗透变形 ……………………………………………（28）
　练习题 ……………………………………………………………………（33）
单元三　地基土中的应力计算 ………………………………………………（34）
　课题一　土体自重应力 …………………………………………………（34）
　课题二　基底压力计算 …………………………………………………（37）
　课题三　地基附加应力计算 ……………………………………………（40）
　练习题 ……………………………………………………………………（50）
单元四　土的压缩性与地基变形 ……………………………………………（52）
　课题一　土的压缩性 ……………………………………………………（52）
　课题二　地基最终沉降量计算 …………………………………………（55）
　课题三　建筑物的沉降观测与地基允许变形值 …………………………（61）
　练习题 ……………………………………………………………………（64）
单元五　土的抗剪强度与地基承载力 ………………………………………（65）
　课题一　库仑定律 ………………………………………………………（65）
　课题二　土的极限平衡条件 ……………………………………………（67）
　课题三　抗剪强度指标的测定方法 ……………………………………（69）
　课题四　地基承载力 ……………………………………………………（71）
　练习题 ……………………………………………………………………（76）

单元六　土压力与土坡稳定 …… (78)
课题一　土压力的类型及影响因素 …… (78)
课题二　静止土压力的计算 …… (80)
课题三　朗肯土压力理论 …… (81)
课题四　库仑土压力理论 …… (84)
课题五　特殊情况的土压力计算 …… (88)
课题六　挡土墙设计 …… (91)
课题七　土坡稳定性分析 …… (97)
练习题 …… (101)
单元七　建筑场地的工程地质勘察 …… (103)
课题一　工程地质勘察概述 …… (103)
课题二　工程地质勘察报告 …… (108)
课题三　基槽检验与地基局部处理建议 …… (114)
练习题 …… (116)
单元八　天然地基上的浅基础 …… (117)
课题一　地基基础设计的基本规定 …… (117)
课题二　浅基础的类型 …… (120)
课题三　基础埋置深度的选择 …… (124)
课题四　基础底面尺寸的确定 …… (128)
课题五　基础结构设计 …… (134)
课题六　减轻不均匀沉降的措施 …… (149)
练习题 …… (153)
单元九　桩基础与其他深基础 …… (154)
课题一　桩基础概述 …… (154)
课题二　桩的承载力 …… (158)
课题三　桩基础设计 …… (168)
课题四　桩基础施工 …… (174)
课题五　其他深基础 …… (177)
练习题 …… (181)
单元十　地基处理 …… (182)
课题一　概述 …… (182)
课题二　机械压实法 …… (183)
课题三　强夯法 …… (184)
课题四　换土垫层法 …… (187)
课题五　预压法(排水固结法) …… (190)
课题六　挤密桩法 …… (193)
课题七　化学加固法 …… (198)
课题八　基础托换技术 …… (202)

练习题 …… (203)
单元十一　区域性地基 …… (204)
课题一　软土地基 …… (204)
课题二　湿陷性黄土地基 …… (205)
课题三　膨胀土地基 …… (207)
课题四　红黏土地基 …… (210)
课题五　山区地基 …… (212)
课题六　地震区的地基基础问题 …… (216)
练习题 …… (219)
土工实训指导 …… (220)
实训一　试样制备 …… (220)
实训二　土的密度试验 …… (223)
实训三　土的含水率试验 …… (225)
实训四　液限和塑限试验 …… (226)
实训五　土的压缩试验 …… (231)
实训六　土的直接剪切试验 …… (234)
参考文献 …… (239)

绪　论

课题一　地基与基础的概念

一、土与土力学

土是自然界岩石经过物理、生物和化学风化等作用所形成的产物，是多种大小不同矿物颗粒的集合体。它是由固体土颗粒、水和空气三相物质组成的三相体系，其主要特点就是散粒性和多孔性，以及由于自然条件和地理环境的不同所形成的明显区域性等。

研究土的特性及土体在各种荷载作用下性状的学科称为土力学。它是力学的一个分支，是运用力学的基本原理和土工测试技术，主要研究土的物理力学性质如土的渗透性、压缩性、固结、抗剪强度、土压力、地基承载力、土坡稳定等内容的一门科学。

二、地基与基础

地基具有一定深度和范围，当地基由两层及两层以上的土层组成时，将直接与基础接触的土层称为持力层，持力层以下的土层称为下卧层，承载力低于持力层的下卧层称为软弱下卧层。上部结构、地基与基础的相互关系如图 0-1 所示。

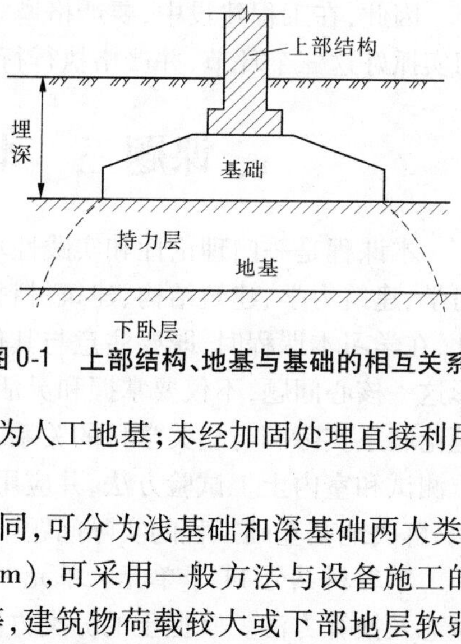

图 0-1　上部结构、地基与基础的相互关系

良好的地基一般应具有较高的承载力与较低的压缩性，如果地基土较软弱，工程性质较差，需对地基进行人工加固处理后才能作为建筑物地基的，称为人工地基；未经加固处理直接利用天然土层作为地基的，称为天然地基。

基础结构形式很多，按埋置深度和施工方法的不同，可分为浅基础和深基础两大类。对一般的房屋基础，如土质较好，埋置深度不大（≤5 m），可采用一般方法与设备施工的基础称为浅基础，如条形基础、单独基础、片筏基础等，建筑物荷载较大或下部地层软弱时，需要把基础埋置于深处（>5 m）的较好地层，并需要借助于特殊的施工方法和机械设备施工的基础称为深基础，如桩基础、地下连续墙、沉井基础等。

建筑物的地基、基础和上部结构三部分各自功能及研究方法不同，但对同一建筑物来说，在荷载作用下，三者是相互联系、相互制约的整体。目前，把三部分完全统一起来进行设计计算还有一定困难，现阶段采用的常规设计方法是将建筑物的上部结构、地基、基础三部分分开，按照静力平衡原则，采用不同的假定进行分析计算，同时考虑三者的相互共同作用。

课题二　本课程在建筑工程中的重要性

地基与基础是建筑物的一个重要组成部分，属于地下隐蔽工程，因此它的质量好坏直接关系到建筑物的安全、经济和正常使用。一般基础工程在地下或水下进行施工，施工难度大，造价、工期和劳动消耗量在整个工程中占的比重较大。实践证明，建筑物事故原因很多与地基基础有关，地基基础一旦发生事故，补救和处理往往比上部结构困难得多，有时甚至是不可能的。随着高层建筑物的兴起，深基础工程越来越多，这对地基基础设计与施工提出了更高的要求。在中外建筑史上，有举不胜举的地基基础事故典型例子。如：上海锦江饭店北楼，因施工时工程承包商偷工减料，未按设计的桩数施工，造成了地基大幅度沉降，致使建筑物底层陷入地下，成了半地下室；苏州虎丘塔因地基引起不均匀沉降，造成塔身倾斜，偏离中心线 2. 34 m；加拿大特朗斯康大谷仓高 31 m，平面尺寸为 60 m × 23 m，由于设计时不了解地基下部有软弱土层，致使该谷仓建成后首次装料时，就因地基失去稳定而发生严重倾斜，以致完全不能使用；再如巴西某座 11 层大厦，尚未使用即倒塌，事后查明，那里的地基是沼泽土，邻近建筑物用的是 26 m 长的桩，该大厦的桩长只有 21 m，桩未能打入较好土层，仍然是浮于软土层中，因承载力不足而产生如此严重后果。

因此，在工程建设中，要严格遵守基本建设原则，按照勘察—设计—施工的先后顺序，切实抓好这三个环节，并严格执行行业规范和标准，以免发生工程事故。

课题三　本课程内容和学习要求

本课程是一门理论性和实践性均较强的综合性专业基础课程，它涉及工程地质学、土力学、建筑力学、建筑结构、建筑材料、施工技术等学科领域，所以内容广泛、综合性强。因此，在学习本课程时，既要注意与其他学科的联系，又要注意紧紧抓住土的应力、强度和变形这一核心问题，不仅要掌握和灵活运用土力学及基础工程方面的知识和技能，还要注重理论联系实际和与相关学科的关系，学会阅读和使用工程地质勘察资料，掌握土的现场原位测试和室内土工试验方法，并应用这些基本知识和原理，结合建筑结构和施工技术等知识，解决地基基础工程的实际问题。

本教材共分 11 个单元。单元一是本课程的基础，要求熟练掌握土的物理性质指标的概念及换算方法。掌握土的分类方法，单元二至单元五是土力学的基本理论部分，也是本课程的重点内容，要求掌握土中应力的分布规律及计算方法、两种地基沉降的计算方法；掌握土的抗剪强度定律及抗剪强度指标的测试方法，学会根据规范要求确定地基承载力的特征值。单元六要求掌握各种情况下土压力的计算方法；掌握重力式挡土墙的设计及土坡的稳定分析方法。单元七至单元十一为地基基础部分，包括地质勘察、浅基础、桩基础、地基处理和区域性地基有关知识，要求能够熟练地阅读和应用建筑场地的工程地质勘察报告；掌握天然地基上浅基础设计的一般方法、基坑维护方法，各种软弱土地基处理等实际工程中经常遇到的一般性的地基基础问题。

单元一　土的物理性质及工程分类

教学目标

熟悉土的基本组成；掌握土的固体颗粒的性质；掌握土的物理性质和物理状态指标；熟悉土的工程分类。通过土工试验，具备主要指标测定、工程应用和工程分类的能力。

重点难点

土的物理性质指标；土的物理状态指标；土的压实性；地基岩土的工程分类。

课题一　土的组成与结构

土是由固体颗粒、水和气体组成的三相体。固体颗粒一般由矿物质组成，有时还有粒间的胶结物和有机质，它们构成土的骨架；液体水和气体则填充在固体颗粒的孔隙中。特殊情况下土体处于二相状态，当孔隙被水充满时，称为饱和土；当孔隙不含水时，则称为干土。

一、土的固相

土的固相即固体颗粒，其成分、大小及搭配情况对土的物理力学性质起决定性作用。

（一）土粒的成分

土中固体颗粒绝大部分是矿物质，另外有少量有机质。土粒的矿物成分主要决定于原岩的成分及其所经受的风化作用，不同的矿物成分对土的性质有着不同的影响。

1. 原生矿物

原生矿物是原岩物理风化形成的，化学成分并未改变。这类矿物的化学性质较稳定，具有较强的抗水性和抗风化能力，是组成粗粒土的主要矿物成分，主要有石英、长石、云母，其次为角闪石、磁铁矿等。

2. 次生矿物

次生矿物是原生矿物进一步因溶解、水化、水解及氧化等化学风化作用而形成的新的矿物成分。其成分与原岩不同，颗粒较细。常见的次生矿物分黏土矿物和水溶盐矿物两类。黏土矿物有蒙脱石、伊利石（水云母）、高岭石，其颗粒极细，一般粒径小于0.005 mm，比表面积大，亲水性强，是构成黏性土的主要矿物成分。水溶岩矿物是土中的水溶液蒸发沉淀后填充在孔隙中的不稳定胶结物质，主要有碳酸钙、石膏及各种氯盐、硫酸盐等。

（二）土粒的粒组

由矿物成分形成的土粒，其大小一定程度上反映了成分的不同，也影响到土的工程性质。因此，工程上常将粒径大小相近的土颗粒划分为一个粒组，认为同一粒组内的土粒矿物成分和工程性质基本相近。目前，粒组划分的标准在不同的国家，甚至同一国家的不同部门都有不同的规定。

表 1-1 是《土的工程分类标准》(GB/T 50145—2007)中土粒粒组的划分方法。

表 1-1　土粒粒组的划分

粒组统称	粒组名称		粒径范围(mm)	一般特性
巨粒组	漂石(块石)粒		$d>200$	透水性很大,无黏性,无毛细水
	卵石(碎石)粒		$60<d\leqslant 200$	
粗粒组	砾粒(角砾)	粗	$20<d\leqslant 60$	透水性大,无黏性,毛细水上升高度不超过粒径大小
		中	$5<d\leqslant 20$	
		细	$2<d\leqslant 5$	
	砂粒	粗	$0.5<d\leqslant 2$	易透水,当混有云母等杂质时透水性减小,而压缩性增大;无黏性,遇水不膨胀,干燥时松散;毛细水上升高度不大,随粒径变小而增大
		中	$0.25<d\leqslant 0.5$	
		细	$0.075<d\leqslant 0.25$	
细粒组	粉粒		$0.005<d\leqslant 0.075$	透水性小,湿时稍有黏性,遇水膨胀小,干时稍有收缩;毛细水上升较快,上升高度较大,极易出现冻胀现象
	黏粒		$d\leqslant 0.005$	透水性很小,湿时有黏性和可塑性,遇水膨胀大,干时收缩显著;毛细水上升高度较大,但速度较慢

(三)土粒的颗粒级配

土粒的颗粒级配是指粒组的搭配情况,通常以土中各个粒组土粒的相对含量的百分比来表示。天然土常是不同粒组的混合物,而土的性质主要取决于不同粒组的相对含量。为了解各粒组的相对含量,需进行颗粒分析。

1. 颗粒分析的方法

1)筛分法

筛分法适用于粒径为 60～0.075 mm 的土。试验时,将风干的均匀土样放入一套孔径不同的标准筛,标准筛的孔径依次为 60 mm、40 mm、20 mm、10 mm、5 mm、2 mm、1.0 mm、0.5 mm、0.25 mm、0.1 mm、0.075 mm,经筛析机震动将土粒分开,称出留在每个筛上的土粒质量,即可求出各粒组土粒的相对含量。

2)密度计法

密度计法适用于粒径小于 0.075 mm 的土。该法根据理想圆球体在水中下沉速度与其直径的平方成正比的原理,把土粒认为是与其有相同沉降速度的理想圆球体,粗颗粒在水中下沉速度快,细颗粒下沉速度慢,通过测定不同时刻水土悬液的密度值,来换算小于某粒径的土粒含量及各粒组的相对含量。

当土中既含有粒径为 60～0.075 mm 的土,又含有粒径小于 0.075 mm 的土时,应联合使用上述两种方法。

2. 颗粒分析的结果表达

颗粒分析的结果常用列表法或级配曲线法两种方式表达。

1)列表法

列出表格直接表达各粒组的百分含量。表 1-2 即某 500 g 干土的筛分法颗粒分析结果。

表 1-2 某 500 g 干土的筛分法颗粒分析结果

筛孔直径(mm)	2.0	1.0	0.5	0.25	0.1	0.075
筛上土的质量(g)	165	120	100	35	80	
各粒组土粒含量占总土样的比例(%)	33	24	20	7	16	
小于各粒径的土粒占总土样的百分数(%)	67	43	23	16		

注:1. 表中筛上土的质量就是各粒组的土粒含量。

2. 各粒组土粒含量占总土样的比例 $=\dfrac{\text{筛上土的质量}}{\text{总土质量}}\times 100\%$。

2)级配曲线法

根据筛分法及密度计法试验结果,绘制颗粒级配曲线。横坐标以对数形式表示粒径大小,纵坐标表示小于(或大于)某粒径的土粒占总土质量的百分数。

颗粒级配曲线的作用有:一是利用颗粒级配曲线可以计算出各粒组的含量,作为土的工程分类定名的依据;二是利用颗粒级配曲线分析判断土的级配好坏。

利用颗粒级配曲线定性地分析土的级配好坏,若土样含的土颗粒粒径范围广,粒径大小相差悬殊,曲线较平缓并光滑连续,则级配良好;反之,若土样含的土颗粒粒径范围窄,土颗粒粒径大小差不多,曲线较陡或呈现台阶状,则级配不良。如图 1-1 所示,从级配曲线 a 和曲线 b 可看出,曲线 b 级配良好,曲线 a 则级配不良。

定量地判断土的级配好坏,常用不均匀系数 C_u 和曲率系数 C_c 两个级配指标来衡量。

不均匀系数 C_u:

$$C_u = \frac{d_{60}}{d_{10}} \tag{1-1}$$

曲率系数 C_c:

$$C_c = \frac{d_{30}^2}{d_{60} \times d_{10}} \tag{1-2}$$

式中 d_{60}——土的控制粒径或限定粒径,指小于该粒径的土粒占总土质量的60%;

d_{10}——土的有效粒径,指小于该粒径的土粒占总土质量的10%;

d_{30}——指小于该粒径的土粒占总土质量的30%。

不均匀系数 C_u 反映土粒大小的不均匀程度,C_u 越大,则曲线越平缓,表示土颗粒粒径范围广,粒径大小相差悬殊,颗粒大小越不均匀;曲率系数 C_c 反映粒组的连续情况,其值过大或过小,曲线都有明显的台阶状,说明土样缺少某些粒径的土粒,土体不易压实,透水性及变形均较大。

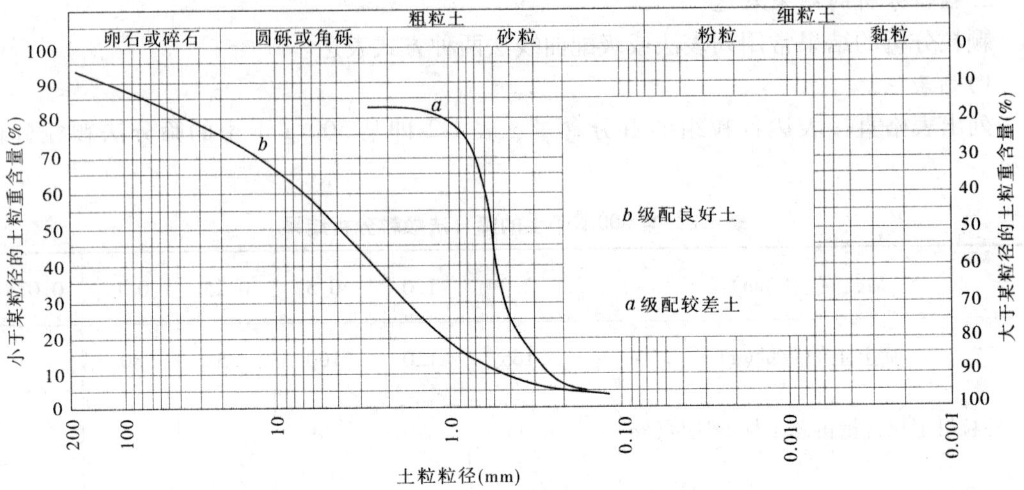

图 1-1　颗粒级配曲线

工程上，$C_u \geqslant 5$ 且 $C_c = 1 \sim 3$ 的土，称为级配良好的土；不能同时满足上述两个要求的土，称为级配不良的土。

二、土的液相

土中液相即土中的液态水，水存在形式不同，对土的影响也不同。

（一）结合水

结合水就是指被土颗粒表面电场吸引，在其周围形成的一层薄膜状的水。根据所受电场力大小的不同，结合水分为强结合水与弱结合水两类。

（二）自由水

自由水是指不受土粒表面引力作用而受重力作用，能传递静水压力的一种普通水。

1. 毛细水

土中的水因受表面张力的作用，从地下水位沿土的毛细孔隙上升，所形成的水称为毛细水。毛细水上升高度和速度取决于土粒的粒径、孔隙大小和形状等。毛细水的上升能引起建筑物或构筑物地基受潮或发生冻害，甚至破坏其上的建筑物或构筑物。

2. 重力水

位于土中地下水位以下的水称为重力水。这种水在重力或压力差作用下运动，能传递水压力，对土粒有浮力作用。

三、土的气相

土中的气体有两类。一类是与大气连通的气体，其成分与空气相似，在压力作用下，容易排出土体外，对土的工程性质影响很小；另一类是不与大气连通的封闭气体，在压力作用下可被压缩或溶解于水，而当压力减小时又可能复原，使土的渗透性减小，弹性增大，不易压缩稳定，对土的工程性质具有一定影响。

四、土的结构及构造

(一)土的结构

1. 单粒结构

单粒结构是由土粒在自重作用下单独下沉达到稳定状态形成的。颗粒之间是点接触,几乎没有联结,粒间相互作用的影响较重力作用的影响可忽略不计,如图 1-2(a)所示。这种结构的土可能是紧密的,也可能是疏松的。

2. 蜂窝状结构

这种结构是粒径为 0.005 ~ 0.075 mm 的细颗粒土,在沉积过程中土粒之间的引力作用大于土粒自重,使颗粒互相联结形成的。由于土粒之间的引力作用为主导作用,故土粒不下沉,而是依次被吸引形成蜂窝状结构,如图 1-2(b)所示。其主要特点是孔隙大,在荷载作用下常产生较大变形,同时强度也较低。

3. 絮状结构

粒径小于 0.005 mm 的黏土颗粒在水中长期悬浮而不下沉,当这些黏粒在水中相互碰撞而吸引凝聚形成小链环下沉时,在小链环之间形成类似蜂窝状而孔隙特大的结构,称为絮状结构,如图 1-2(c)所示。这种结构在荷载作用下的特点是变形大、强度小。

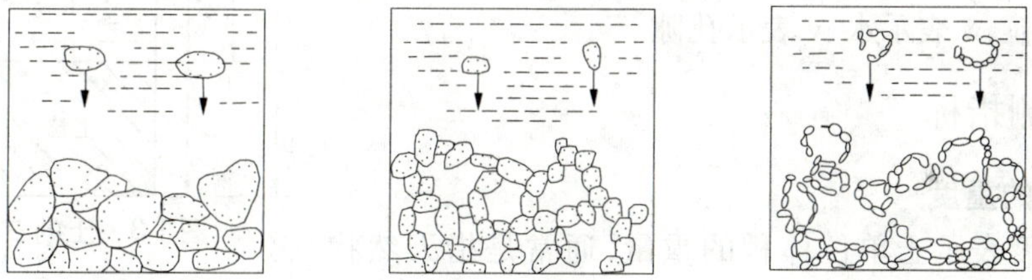

(a)单粒结构　(b)蜂窝状结构　(c)絮状结构

图 1-2　土体结构的基本类型

在以上三种结构中,以密实的单粒结构工程性质最好。一般把具有蜂窝状结构和絮状结构的土称为结构性土。对于结构性土,要尽量减少扰动,避免破坏土的原状结构,否则土的力学性质会表现为压缩性高、强度低,不宜作为天然地基。

(二)土的构造

土的构造是指同一土层中土颗粒之间的相互位置与充填空间的特征。一般可分为以下几种类型。

1. 层状构造

土粒在沉积形成过程中,由于不同的地质作用和沉积环境,相同的物质成分、大小或颜色的土粒在竖直方向沉积成一定厚度,呈现出成层状态,是细粒土的一个重要特征。

2. 分散构造

砂、砾石等沉积物,当沉积厚度较大时,往往无明显的层理而呈分散状,分布均匀,性质相近,称为分散构造。

3. 裂隙构造

裂隙构造是指土层中存在的各种不连续的裂隙，裂隙中往往充填着盐类沉淀物。不少坚硬和硬塑状态的黏性土具有此种构造。

4. 结核构造

在细粒土层中混有粗颗粒或铁质、钙质等结合体，称为结核构造。如含砾石的冰碛黏土，含缰石的粉质黏土等。

在以上四种构造中，通常分散构造工程性质最好；层状构造的尖灭层和透镜体的存在会影响土层的受力和压缩的不均匀性，常会引起地基的不均匀变形；裂隙构造的裂隙强度低、渗透性大、工程性质差；结核构造工程性质好坏取决于细粒土性质。

课题二　土的物理性质指标

物理性质指标是土的三相体积与质量（重量）的比例关系。物理性质指标共 9 个，其中通过土工试验直接测定的实测指标 3 个，可以由实测指标换算得到的换算指标 6 个。为了说明这些物理力学性质指标的定义和它们之间的换算关系，常用三相图进行表示，如图 1-3 所示。图中各符号的意义如下：W 表示重量，V 表示体积，下标 a 表示气体、s 表示土粒、w 表示水、v 表示孔隙。

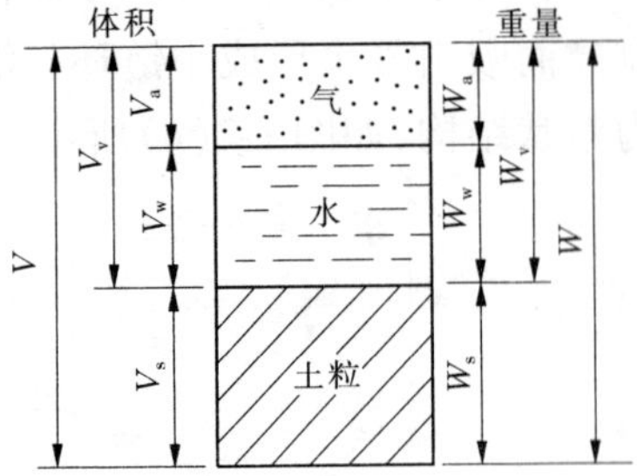

图 1-3　土的三相图

一、实测指标

（一）土的重度

土的重度表示土单位体积的重量，通常是指天然状态下土的重度，又称做天然重度或湿重度，记为 γ，单位是 kN/m^3。

$$\gamma = \frac{W}{V} \tag{1-3}$$

土的重度综合反映了土的物质组成和结构特征。土的重度可在室内及野外现场直接测定，室内一般采用环刀法测定。天然状态下土的重度变化范围为 $16 \sim 22\ kN/m^3$。

（二）土粒比重

土粒比重是指土的重量与同体积 4 ℃纯水重量之比，又称做土粒相对密度，记为 d_s，无量纲。

$$d_s = \frac{W_s}{V_s \gamma_w} \tag{1-4}$$

式中　γ_w——4 ℃时水的重度，近似等于 $9.8\ kN/m^3$，实际工程计算时可取 $10\ kN/m^3$。

土粒比重在实验室内一般采用比重瓶法测定，天然状态下土的容重变化范围如表 1-3 所示。

（三）土的含水率

土的含水率是指土中水的重量与土粒重量之比，记为 ω，以百分数表示。

$$\omega = \frac{W_w}{W_s} \times 100\% \tag{1-5}$$

土的含水率在实验室内一般采用烘干法测定。含水率越大的土压缩性越大，强度越低。

表 1-3　土粒比重一般数值

土的名称	砂土	粉土	粉质黏土	黏土
土粒比重	2.65～2.69	2.70～2.71	2.72～2.73	2.74～2.76

二、换算指标

（一）三种特殊条件下的重度

1. 干重度

土的干重度是指土单位体积中土粒的重量，记为 γ_d，单位是 kN/m^3。

$$\gamma_d = \frac{W_s}{V} \tag{1-6}$$

在工程上常把干重度作为评定土体紧密程度的标准，以控制填土工程的施工质量。土的干重度范围一般为 13～17 kN/m^3。

2. 饱和重度

土的饱和重度是指土的孔隙完全被水充满时的单位体积的重量，记为 γ_{sat}，单位是 kN/m^3。

$$\gamma_{sat} = \frac{W_s + V_v\gamma_w}{V} \tag{1-7}$$

土的饱和重度范围一般为 18～23 kN/m^3。

3. 浮重度

土的浮重度是指土单位体积中土粒重量与同体积水的重量之差，即考虑了浮力作用时土单位体积的有效重量，记为 γ'，单位是 kN/m^3。

$$\gamma' = \frac{W_s - V_s\gamma_w}{V} \tag{1-8}$$

由各重度的定义可见，同一种土在体积不变的条件下，重度在数值上存在如下关系：

$$\gamma_{sat} > \gamma > \gamma_d > \gamma' \tag{1-9}$$

（二）反映土疏密程度的指标

1. 孔隙率

孔隙率是指土的孔隙体积与总土体积之比，以百分数表示，记为 n。

$$n = \frac{V_v}{V} \times 100\% \tag{1-10}$$

2. 孔隙比

孔隙比是指土中孔隙体积与土粒体积之比，以小数表示，记为 e。

$$e = \frac{V_v}{V_s} \tag{1-11}$$

土的孔隙比或孔隙率都可用来表示同一种土的疏密程度，它随土形成过程中所受的压力、颗粒级配和颗粒排列的状况而变化。孔隙比 e 是个重要的物理性指标，可以用来评价天然土层的密实程度，一般 $e<0.6$ 的土是密实的低压缩性土，$e>1.0$ 的土是疏松的高压缩性土。

（三）饱和度

土的饱和度是指土中孔隙水的体积与孔隙体积之比，以百分数表示，记为 S_r。

$$S_r = \frac{V_w}{V_v} \times 100\% \tag{1-12}$$

饱和度 S_r 的范围为 0～100%。工程上，饱和度常作为砂土和粉土湿度划分的标准：$S_r<50\%$ 稍湿；$S_r=50\%\sim80\%$ 很湿；$S_r>80\%$ 饱和。

三、物理性质指标的计算

（一）三相图法

利用三相图法的基本步骤如下：

（1）绘制三相图，将题目中已知三相的重量（质量）或体积填入图中。

（2）根据物理性质指标的定义公式，求出其他各相的重量（质量）或体积并填入图中。

（3）计算题目要求的各物理性质指标。

物理性质指标表示的是土中三相各量的比例关系，若未知各相的具体量值，可令其中一相为 1。为计算简便，多令体积特别是土粒的体积为 1。

【例 1-1】 某饱和黏性土的含水率为 38%，土粒比重为 2.71，求土的孔隙比和干重度。

解 1. 计算各基本物理量

令 $V_s = 1\ m^3$，则：

（1）求各相重量。

由 $d_s = \frac{W_s}{V_s\gamma_w}$ 得　　$W_s = d_sV_s\gamma_w = 2.71\times1\times9.81 = 26.59(kN)$

由 $\omega = \frac{W_w}{W_s}$ 得　　$W_w = \omega W_s = 0.38\times26.59 = 10.10(kN)$

总重量为　　$W = W_s + W_w = 26.59 + 10.10 = 36.69(kN)$

（2）求各相体积。

由 $\gamma_w = \frac{W_w}{V_w}$ 得　　$V_w = \frac{W_w}{\gamma_w} = \frac{10.10}{9.81} = 1.03(m^3)$

已知该土为饱和土体，所以 $V_w = V_v$，则 $V = V_s + V_w = 1 + 1.03 = 2.03(m^3)$

将各相重量和体积的数值填入三相图中（略）。

2. 求孔隙比和干重度

$$e = \frac{V_v}{V_s} = \frac{1.03}{1} = 1.03$$

$$\gamma_d = \frac{W_s}{V} = \frac{26.59}{2.03} = 13.10(\text{kN/m}^3)$$

(二)公式法

公式法就是利用土各物理性质指标间的换算公式进行计算,具体内容见表1-4。

表1-4　土的三相物理指标换算公式

指标名称	符号	表达式	单位	换算公式	备注
重度	γ	$\gamma=\frac{W}{V}$	kN/m³	$\gamma=\frac{d_s+S_re}{1+e}\gamma_w$ $\gamma=\frac{d_s(1+\omega)\gamma_w}{1+e}$	实测指标
土粒比重	d_s	$d_s=\frac{W_s}{V_s\gamma_w}$		$d_s=\frac{S_re}{\omega}$	实测指标
含水率	ω	$\omega=\frac{W_w}{W_s}\times100\%$		$\omega=\frac{S_re}{d_s}\times100\%$ $=\left(\frac{\gamma}{\gamma_d}-1\right)\times100\%$	实测指标
孔隙比	e	$e=\frac{V_v}{V_s}$		$e=\frac{d_s\gamma_w(1+\omega)}{\gamma}-1$	换算指标
孔隙率	n	$n=\frac{V_v}{V}\times100\%$		$n=\frac{e}{1+e}\times100\%$	换算指标
饱和度	S_r	$S_r=\frac{V_w}{V_v}\times100\%$		$S_r=\frac{\omega d_s}{e}=\frac{\omega\gamma_d}{n\gamma_w}$	换算指标
干重度	γ_d	$\gamma_d=\frac{W_s}{V}$	kN/m³	$\gamma_d=\frac{\gamma}{1+\omega}=\frac{d_s\gamma_w}{1+e}$	换算指标
饱和重度	γ_{sat}	$\gamma_{sat}=\frac{W_s+V_v\gamma_w}{V}$	kN/m³	$\gamma_{sat}=\frac{d_s+e}{1+e}\gamma_w$	换算指标
浮重度	γ'	$\gamma'=\frac{W_s-V_s\gamma_w}{V}$	kN/m³	$\gamma'=\gamma_{sat}-\gamma_w=\frac{(d_s-1)\gamma_w}{1+e}$	换算指标

【例1-2】　某土样测得重量为1.87 N,体积为100 cm³,烘干后重量为1.67 N,已知土粒比重2.66,试求土的重度、含水率、孔隙比、饱和度、干重度、饱和重度及浮重度。

解　$\gamma=\frac{W}{V}=\frac{1.87\times10^{-3}}{100\times10^{-6}}=18.7(\text{kN/m}^3)$

$$\omega=\frac{W_w}{W_s}\times100\%=\frac{1.87-1.67}{1.67}\times100\%=11.98\%$$

$$e=\frac{d_s\gamma_w(1+\omega)}{\gamma}-1=\frac{2.66\times10\times(1+0.1198)}{18.7}-1=0.593$$

$$S_r=\frac{\omega d_s}{e}\times100\%=\frac{0.1198\times2.66}{0.593}\times100\%=53.7\%$$

$$\gamma_d=\frac{\gamma}{1+\omega}=\frac{18.7}{1+0.1198}=16.7(kN/m^3)$$

$$\gamma_{sat}=\frac{d_s+e}{1+e}\gamma_w=\frac{2.66+0.593}{1+0.593}\times10=20.4(kN/m^3)$$

$$\gamma'=\gamma_{sat}-\gamma_w=20.4-10=10.4(kN/m^3)$$

课题三　土的物理状态指标

土在自然状态下所表现出的松密、软硬等程度，称为土的物理状态。土的物理状态对土的工程性质影响较大，而不同类的土影响其物理状态的因素也不同。影响无黏性土物理状态的主要因素是密实度，黏性土则主要是受含水率变化的影响。

一、无黏性土的密实度

无黏性土一般是指具有单粒结构的碎石土和砂土，它们的工程性质与其密实程度有关。判别无黏性土密实度的方法有下列几种。

（一）孔隙比判别法

判别无黏性土密实度最简便的方法是用孔隙比。孔隙比愈小，表示土愈密实，孔隙比愈大，土愈疏松。但由于土颗粒的形状和级配对密实度影响很大，而孔隙比没有考虑这一重要因素，故应用时存在明显缺陷。

（二）相对密实度判别法

$$D_r=\frac{e_{max}-e}{e_{max}-e_{min}} \tag{1-13}$$

式中　D_r——砂土的相对密实度；

e_{max}——砂土在最松散状态下的孔隙比，即最大孔隙比；

e_{min}——砂土在最密实状态下的孔隙比，即最小孔隙比；

e——砂土的天然孔隙比。

相对密实度考虑了颗粒级配的影响，理论上较为完善，可以较准确地判断土的密实度，具体见表1-5。但无黏性土取样困难，测定 e_{max} 和 e_{min} 时人为因素影响很大，试验结果不稳定。因此，相对密实度在工程中主要用于填方质量的控制，对于天然土尚难应用。

表1-5　相对密实度判别标准

相对密实度 D_r	$0.67<D_r\leqslant1$	$0.33<D_r\leqslant0.67$	$0\leqslant D_r\leqslant0.33$
密实度	密实	中密	松散

（三）现场原位测试判别法

砂土密实度的现场原位测试采用标准贯入试验方法。该法是用卷扬机将质量为63.5 kg的钢锤，以76 cm的落距将标准贯入器打入土中30 cm深，记录所需的锤击数N，以此判别砂土的密实度，详见表1-6。

表1-6　砂土的密实度

标准贯入试验锤击数N（次）	$N \leqslant 10$	$10 < N \leqslant 15$	$15 < N \leqslant 30$	$N > 30$
密实度	松散	稍密	中密	密实

碎石土密实度的现场原位测试是根据重型圆锥动力触探锤击数$N_{63.5}$来判别，见表1-7。

表1-7　碎石土的密实度

重型圆锥动力触探锤击数$N_{63.5}$（次）	$N_{63.5} \leqslant 5$	$5 < N_{63.5} \leqslant 10$	$10 < N_{63.5} \leqslant 20$	$N_{63.5} > 20$
密实度	松散	稍密	中密	密实

二、黏性土的稠度

黏性土的稠度即黏性土的软硬程度，即土体对外力引起的变形或破坏的抵抗能力。黏性土随含水率的增加可从固态转变为半固态、塑态及液态，如图1-4所示。

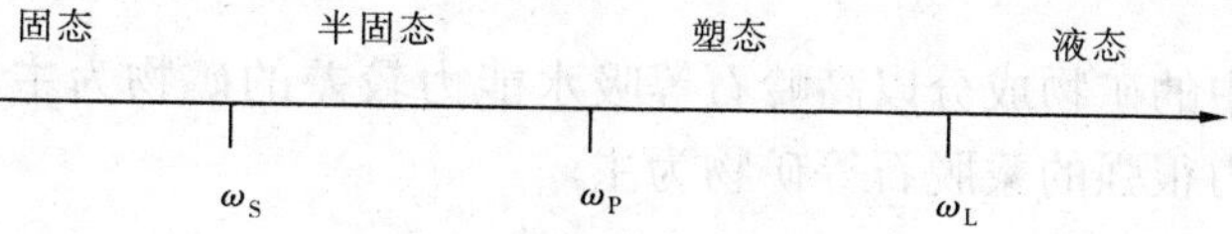

图1-4　黏性土的稠度

（一）界限含水率

界限含水率是指黏性土从一种状态过渡到另外一种状态的分界含水率。液限是指黏性土从塑态转变为液态的分界含水率，记为ω_L；塑限是指黏性土从半固态转变为塑态的分界含水率，记为ω_P；缩限是指黏性土从固态转变为半固态的分界含水率，记为ω_S。

（二）塑性指数

黏性土的塑性指数是指土的液限和塑限的差值，习惯上用去掉百分数后的数值表示，记为I_P。

$$I_P = \omega_L - \omega_P \tag{1-14}$$

塑性指数表示了黏性土在可塑状态下含水率变化的区间。塑性指数大小主要与黏粒的成分、细度和含量有关。塑性指数愈大，说明土粒愈细，黏粒含量愈多，颗粒吸水能力愈强。

（三）液性指数

黏性土的液性指数是指土的天然含水率与塑限的差值除以塑性指数，记为I_L。

$$I_L = \frac{\omega - \omega_P}{\omega_L - \omega_P} \tag{1-15}$$

式中　ω——黏性土的天然含水率。

液性指数用天然含水率与液限和塑限相比较，体现了天然含水率与半固态（固态）、液态的靠近程度，反映了黏性土天然状态的软硬程度。根据数值大小，将黏性土划分为5种稠度状态，如表1-8所示。

表1-8　黏性土的稠度状态

液性指数	$I_L \leqslant 0$	$0 < I_L \leqslant 0.25$	$0.25 < I_L \leqslant 0.75$	$0.75 < I_L \leqslant 1$	$I_L > 1$
状态	坚硬	硬塑	可塑	软塑	流塑

（四）活动度

黏性土的活动度是指土的塑性指数与土中胶粒含量百分数的比值，记为A。

$$A = \frac{I_P}{P_{0.002}} \tag{1-16}$$

式中　I_P——黏性土的塑性指数；

$P_{0.002}$——土中胶粒（粒径<0.002 mm）质量占总土质量的百分比。

土的活动度用以衡量土中黏性矿物吸附结合水的能力，它与塑性指数及矿物成分有关。根据活动度的大小，黏性土可以分为以下3类，见表1-9。

表1-9　黏性土的活动度与分类

活动度	$A < 0.75$	$0.75 \leqslant A \leqslant 1.25$	$A > 1.25$
分类	非活性黏土	正常黏土	活性黏土

非活性黏土中的矿物成分以高岭石等吸水能力较差的矿物为主，而活性黏土的矿物成分则以吸水能力很强的蒙脱石等矿物为主。

（五）灵敏度

反映黏性土的结构性强弱的指标称为灵敏度，是指原状土的无侧限抗压强度q_u与重塑土的无侧限抗压强度q_{ur}的比值，记为S_t（原状土是指从地层中取出能保持原有结构及含水率的土样。扰动土是指结构受到破坏或含水率发生变化时的土样，将扰动土再按原状土的密度和含水率制备成的试样称为重塑土）。

$$S_t = \frac{q_u}{q_{ur}} \tag{1-17}$$

式中　q_u——原状土的无侧限抗压强度，kPa；

q_{ur}——重塑土的无侧限抗压强度，kPa。

根据灵敏度大小，可将黏性土分为3类，见表1-10。工程中应注意保护高灵敏度土的原状结构不受扰动和破坏。

表1-10　黏性土的灵敏度与分类

灵敏度	$1 < S_t \leqslant 2$	$2 < S_t \leqslant 4$	$S_t > 4$
分类	低灵敏土	中灵敏土	高灵敏土

课题四　土的击实性

在对黏性土进行压实时，土太湿或太干都不能被较好压实，只有当含水率控制为某一适宜值时，压实效果才能达到最佳。为了既经济又可靠地对土体进行碾压或夯实，必须要研究土的这种压实特性，即土的击实性。

一、击实试验和击实曲线

击实试验分轻型和重型两种，轻型击实试验适用于粒径小于 5 mm 的黏性土，重型击实试验适用于粒径小于 20 mm 的土。试验时，将某一含水率的扰动土样分层装入击实筒中，每层按规定的落距和击数夯实土样，直至装满击实筒。根据试验的结果，经计算整理，可绘制出干密度与含水率之间的关系曲线，即击实曲线（见图 1-5）。

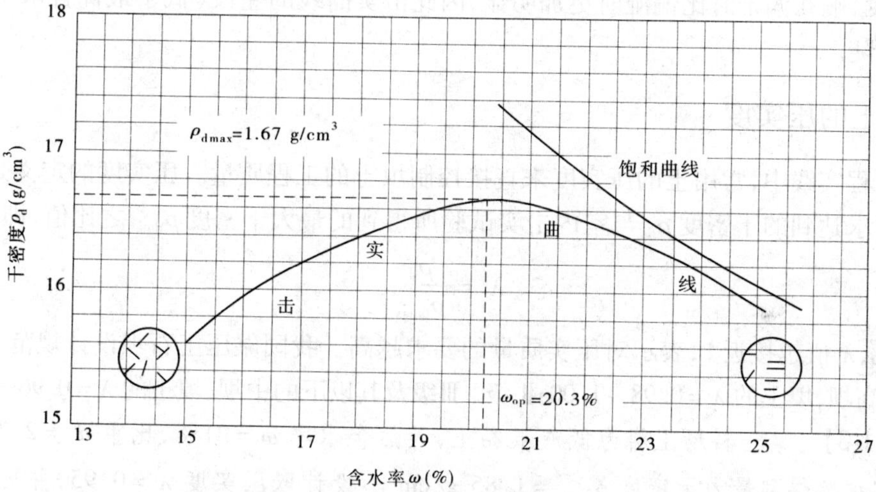

图 1-5　击实曲线

击实曲线反映出土的击实特性如下：

（1）对于某一土样，在一定的击实功能作用下，只有当土的含水率为某一适宜值时，土样才能达到最密实。因此，在击实曲线上就反映出有一峰值，峰点所对应的纵坐标值为最大干密度 ρ_{dmax}，对应的横坐标值为最优含水率 ω_{op}。据研究，黏性土的最优含水率与塑限有关，大致为 $\omega_{op}=\omega_p+2\%$。

（2）土在击实过程中，通过土粒的相互位移，很容易将土中气体挤出。但要挤出土中水分来达到击实的效果，对于黏性土来说，不是短时间的加载所能办到的。因此，人工击实不是挤出土中水分而是挤出土中气体来达到击实目的的。同时，当土的含水率接近或大于最优含水率时，土孔隙中的气体越来越处于与大气不连通的状态，击实作用已不能将其排出土体之外。所以，击实土不可能被击实到完全饱和状态，击实曲线必然位于饱和曲线的左侧而不可能与饱和曲线相交。试验证明，一般黏性土在其最佳击实状态下（击实曲线峰值），其饱和度约为 80%（见图 1-6）。

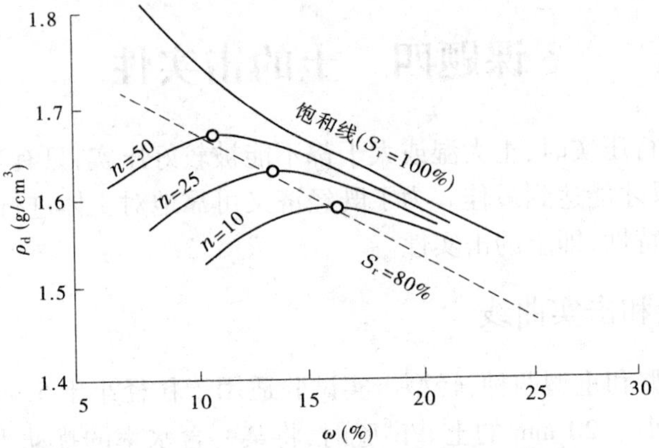

图 1-6　土的含水率、干密度和击实功关系曲线

(3)当含水率低于最优含水率时,干密度受含水率变化的影响较大,即含水率变化对于密度的影响在偏干时比偏湿时更加明显,因此击实曲线的左段(低于最优含水率)比右段的坡度陡。

二、土的压实度

在工程实践中,常用土的压实度来直接控制填土的工程质量。压实度的定义是:工地压实时要求达到的干密度 ρ_d 与室内击实试验所得到的最大干密度 ρ_{dmax} 之比值,即

$$\lambda = \frac{\rho_d}{\rho_{dmax}} \tag{1-18}$$

可见,λ 值越接近1,表示对压实质量的要求越高。我国碾压土石坝设计规范中规定:Ⅰ级坝和高坝,填土的 $\lambda = 0.98 \sim 1.00$;Ⅱ级、Ⅲ级及其以下的中坝,填土的 $\lambda = 0.96 \sim 0.98$。

【例 1-3】 某土料场土料为低液限黏土,天然含水率 $\omega = 21\%$,比重 $d_s = 2.70$,室内标准击实试验得到最大干密度 $\rho_{dmax} = 1.85\ g/cm^3$。设计取压实度 $\lambda = 0.95$,并要求压实后土的饱和度 $S_r \leqslant 90\%$,问土料的天然含水率是否适于填筑?碾压时土料应控制多大的含水率?

解　1. 求压实后土的孔隙体积

填土的干密度 $\rho_d = \rho_{dmax} \times \lambda = 1.85 \times 0.95 = 1.76(g/cm^3)$

绘制土的三相图(见图 1-7),并设 $V_s = 1\ cm^3$。

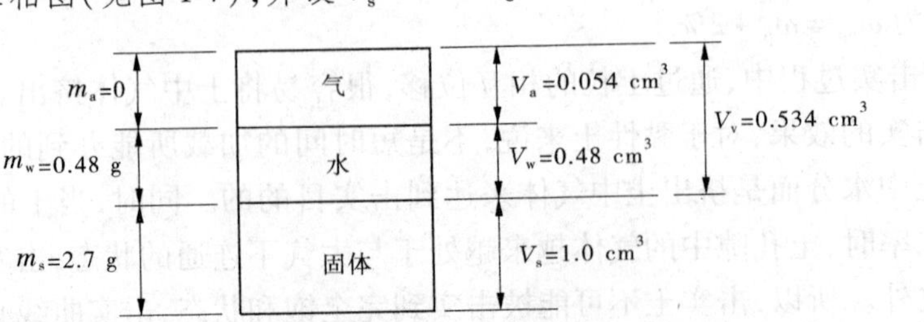

图 1-7　例 1-3 三相图

$$由\ d_s = \frac{m_s}{V_s\rho_w} \Rightarrow m_s = d_s V_s \rho_w = 2.70 \times 1 \times 1 = 2.70(\text{g})$$

$$由\ \rho_d = \frac{m_s}{V} \Rightarrow V = \frac{m_s}{\rho_d} = \frac{2.7}{1.76} = 1.534(\text{cm}^3)$$

$$故\ V_v = V - V_s = 1.534 - 1 = 0.534(\text{cm}^3)$$

2. 求压实时的含水率

根据题意，按饱和度 $S_r = 90\%$ 控制含水率，则由

$$S_r = \frac{V_w}{V_v} \Rightarrow V_w = S_r \times V_v = 0.9 \times 0.534 = 0.48(\text{cm}^3)$$

故 $m_w = \rho_w \times V_w = 0.48(\text{g})$

因此压实时的含水率 $\omega = \frac{m_w}{m_s} \times 100\% = \frac{0.48}{2.70} \times 100\% = 17.8\% < 21\%$

即碾压时的含水率应控制在18%左右，料场土料的含水率高3%，不适于直接填筑，应进行翻晒处理。

三、影响土击实效果的因素

影响击实效果的因素很多，但最重要的是含水率、击实功能和土的性质。

（一）含水率

实践表明，当压实土达到最大干密度时，其强度并非最大，当含水率小于最优含水率时，土的抗剪强度均比最优含水率时高，但将其浸水饱和后，则强度损失很大，只有在最优含水率时浸水饱和后的强度损失最小，压实土的稳定性最好。

（二）击实功能

夯击的击实功能与夯锤的质量、落高、夯击次数等有关。碾压的压实功能则与碾压机具的质量、接触面积、碾压遍数等有关。

对于同一土料，击实功能小，则所能达到的最大干密度也小；击实功能大，所能达到的最大干密度也大。而最优含水率正好相反，即击实功能小，最优含水率大；击实功能大，则最优含水率小，如图1-6所示。

（三）土粒级配和土的类别

在相同的击实功能条件下，级配不同的土，击实效果也不同。一般地，粗粒含量多、级配良好的土，最大干密度较大，最优含水率较小。

粗粒土的击实性与黏性土不同。在完全干燥或充分洒水饱和的状态下，粗粒土容易击实到较大的干密度；而在潮湿状态下，由于毛细水的作用，粗粒土不易被击实。所以，粗粒土一般不做击实试验，在压实时，只要对其充分洒水使土料接近饱和，就可得到较大的干密度。

课题五　地基岩土的工程分类

自然界中土的种类很多，工程性质各异。为了适应各种不同行业技术工作的需要，本

课题将同时介绍《土工试验规程》(SL 237—1999)和《建筑地基基础设计规范》(GB 50007—2002)两种土的分类标准。在使用规范时必须先确定工程所属行业,根据相应的行业规范来确定土的分类。

一、《土工试验规程》(SL 237—1999)分类法

该标准将工程用无机土分为一般土和特殊土两大类。

一般土按不同粒组的相对含量可分为巨粒类土、含巨粒土、粗粒土和细粒土;特殊土包括黄土、膨胀土、红黏土等。

(一)巨粒类土和含巨粒土的分类和定名

巨粒类土又分为巨粒土和混合巨粒土。巨粒类土和含巨粒土的分类定名应符合表1-11的规定。

表1-11　巨粒类土和含巨粒土的分类

土类	粒组含量		土代号	土名称
巨粒土	巨粒含量 100% ~75%	漂石粒含量 >50%	B	漂石
		漂石粒含量≤50%	C_b	卵石
混合巨粒土	巨粒含量 小于75%,大于50%	漂石粒含量 >50%	BSI	混合土漂石
		漂石粒含量≤50%	C_bSI	混合土卵石
含巨粒土	巨粒含量 50% ~15%	漂石含量 >卵石含量	SIB	漂石混合土
		漂石含量≤卵石含量	SIC_b	卵石混合土

(二)粗粒土的分类和定名

试样中粗粒组质量大于总质量50%的土称粗粒类土;粗粒类土中砾粒组质量大于总质量50%的土称砾类土;砾粒组质量小于或等于总质量50%的土称砂类土。

砾类土应根据其中细粒含量及类别、粗粒组的级配,按表1-12分类和定名。

表1-12　砾类土分类

土类	粒组含量		土代号	土名称
砾	细粒含量小于5%	级配:$C_u \geqslant 5$ $C_c = 1 \sim 3$	GW	级配良好砾
		级配:不同时满足上述要求	GP	级配不良砾
含细粒土砾	细粒含量5% ~15%		GF	含细粒土砾
细粒土质砾	15% <细粒含量≤50%	细粒为黏土	GC	黏土质砾
		细粒为粉土	GM	粉土质砾

注:表中细粒土质砾土类,应按细粒土在塑性图中的位置定名。

砂类土应根据其中细粒含量及类别、粗粒组的级配，按表 1-13 分类和定名。

表 1-13　砂类土分类

土类	粒组含量		土代号	土名称
砂	细粒含量小于 5%	级配：$C_u \geqslant 5$ $C_c = 1 \sim 3$	SW	级配良好砂
		级配：不同时满足上述要求	SP	级配不良砂
含细粒土砂	细粒含量 5% ~15%		SF	含细粒土砂
细粒土质砂	15% <细粒含量≤50%	细粒为黏土	SC	黏土质砂
		细粒为粉土	SM	粉土质砂

注：表中细粒土质砂土类，应按细粒土在塑性图中的位置定名。

（三）细粒土分类和定名

试样中细粒组质量大于或等于总质量 50% 的土称细粒类土。

细粒类土应按下列规定划分：试样中粗粒组小于总质量 25% 的土称为细粒土；试样中粗粒组质量为总质量 25% ~50% 的土称为含粗粒的细粒土；试样中含有部分有机质（有机质含量 $5\% \leqslant O_u \leqslant 10\%$）的土称为有机质土。

细粒土应根据塑性图分类，如图 1-8 所示。塑性图的横坐标为土的液限，纵坐标为塑性指数。塑性图中有 A、B 两条界限线，A 线上侧为黏土，下侧为粉土；B 线左侧为低液限，右侧为高液限。

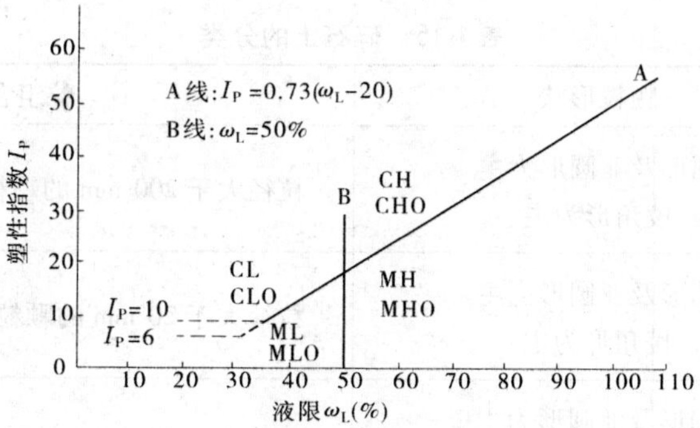

图 1-8　塑性图

细粒土应按塑性图中的位置确定土的类别，并按表 1-14 分类和定名。

含粗粒土的细粒土先按表 1-14 规定确定细粒土名称，再按下列规定最终定名：

（1）粗粒中砾粒占优势，称含砾细粒土，应在细粒土名代号后缀以代号 G。示例：CHG—含砾高液限黏土。

（2）粗粒中砂粒占优势，称含砂细粒土，应在细粒土代号后缀以代号 S。示例：CHS—含砂高液限黏土。

（3）有机质土可按表 1-14 规定划分定名，在各相应土类代号之后缀以代号 O。示例：

MLO—有机质低液限粉土。

表1-14　细粒土的分类

<table>
<tr><th colspan="2">土的塑性指标在塑性图中的位置</th><th rowspan="2">土代号</th><th rowspan="2">土名称</th></tr>
<tr><th>塑性指数 I_P</th><th>液限 ω_L</th></tr>
<tr><td rowspan="2">$I_P \geqslant 0.73(\omega_L-20)$
和 $I_P \geqslant 10$</td><td>$\omega_L \geqslant 50\%$</td><td>CH</td><td>高液限黏土</td></tr>
<tr><td>$\omega_L < 50\%$</td><td>CL</td><td>低液限黏土</td></tr>
<tr><td rowspan="2">$I_P < 0.73(\omega_L-20)$
和 $I_P < 10$</td><td>$\omega_L \geqslant 50\%$</td><td>MH</td><td>高液限粉土</td></tr>
<tr><td>$\omega_L < 50\%$</td><td>ML</td><td>低液限粉土</td></tr>
</table>

二、《建筑地基基础设计规范》(GB 50007—2002)分类法

该规范将建筑地基岩土分为岩石、碎石土、砂土、粉土、黏性土和人工填土，另有淤泥和淤泥质土、红黏土、膨胀土、湿陷性土等特殊土。

(一)岩石

岩石为颗粒间牢固联结，呈整体或具有节理裂隙的岩体。

岩石按岩块饱和单轴抗压强度分为坚硬岩、较硬岩、较软岩、软岩和极软岩，按完整程度分为完整、较完整、较破碎、破碎和极破碎。

(二)碎石土

碎石土为粒径大于2 mm的颗粒含量超过全重50%的土，其详细分类见表1-15。

表1-15　碎石土的分类

土的名称	颗粒形状	粒组含量
漂石 块石	圆形及亚圆形为主 棱角形为主	粒径大于200 mm的颗粒含量超过全重50%
卵石 碎石	圆形及亚圆形为主 棱角形为主	粒径大于20 mm的颗粒含量超过全重50%
圆砾 角砾	圆形及亚圆形为主 棱角形为主	粒径大于2 mm的颗粒含量超过全重50%

注：分类时应根据粒组含量栏从上到下以最先符合者确定。

(三)砂土

砂土为粒径大于2 mm的颗粒含量不超过全重50%、粒径大于0.075 mm的颗粒超过全重50%的土，其详细分类见表1-16。

(四)黏性土

黏性土为塑性指数 I_P 大于10的土，又细分为黏土($I_P > 17$)和粉质黏土($10 < I_P \leqslant 17$)。

表 1-16　砂土的分类

土的名称	粒组含量
砾砂	粒径大于 2 mm 的颗粒含量占全重 25%～50%
粗砂	粒径大于 0.5 mm 的颗粒含量超过全重 50%
中砂	粒径大于 0.25 mm 的颗粒含量超过全重 50%
细砂	粒径大于 0.075 mm 的颗粒含量超过全重 85%
粉砂	粒径大于 0.075 mm 的颗粒含量超过全重 50%

注：分类时应根据粒组含量栏从上到下以最先符合者确定。

（五）粉土

粉土为介于砂土与黏性土之间，塑性指数 $I_P \leqslant 10$ 且粒径大于 0.075 mm 的颗粒含量不超过全重 50% 的土。

（六）人工填土

人工填土根据其组成和成因，可分为素填土、压实填土、杂填土和冲填土。素填土为由碎石、砂土、粉土、黏性土等组成的填土，经过压实或夯实的素填土为压实填土；杂填土为含有建筑垃圾、工业废料、生活垃圾等杂物的填土；冲填土为由水力冲填泥沙形成的填土。

（七）特殊土

1. 淤泥和淤泥质土

淤泥为在静水或缓慢的流水环境中沉积，并经生物化学作用形成，其天然含水率大于液限、天然孔隙比大于或等于 1.5 的黏性土；天然含水率大于液限而天然孔隙比小于 1.5 但大于或等于 1.0 的黏性土或粉土为淤泥质土。

2. 红黏土

红黏土为碳酸盐岩系的岩石经红土化作用形成的高塑性黏土，其液限一般大于 50%。红黏土经再搬运后仍保留其基本特征，其液限大于 45% 的土为次生红黏土。

3. 膨胀土

膨胀土为土中黏粒成分主要由亲水性矿物组成，同时具有显著的吸水膨胀和失水收缩特性，其自由膨胀率大于或等于 40% 的黏性土。

4. 湿陷性土

湿陷性土为浸水后产生附加沉降，其湿陷系数大于或等于 0.015 的土。

【例 1-4】　已知从某土样的颗粒级配曲线上查得：粒径大于 0.075 mm 的颗粒含量为 64%，粒径大于 2 mm 的颗粒含量为 8.5%，粒径大于 0.25 mm 的颗粒含量为 38.5%，并测得该土样细粒部分的液限 $\omega_L = 38\%$，塑限 $\omega_P = 19\%$。试分别按《土工试验规程》（SL 237—1999）和《建筑地基基础设计规范》（GB 50007—2002）对土分类定名。

解　1. 按《土工试验规程》（SL 237—1999）对土定名

（1）因该土样粗粒组含量为 64% >50%，所以该土属粗粒类土。

（2）因该土样砾粒组含量为 8.5% <50%，所以该土属砂类土。

（3）因该土样细粒含量为 100% −64% =36%，查表 1-13，在 15% ~50% 之间，所以该土为细粒土质砂，应根据塑性图进一步细分。

(4) 因该土的塑性指数 $I_P = 38 - 19 = 19$，$\omega_L = 38\%$，查塑性图（见图 1-8），坐标交点落在 CL 区，故该土最后定名为黏土质砂，即 SC。

2. 按《建筑地基基础设计规范》(GB 50007—2002) 对土定名

(1) 因该土样大于 0.075 mm 的颗粒含量为 64% >50%，而且大于 2 mm 的颗粒含量为 8.5% <50%，所以该土属砂土。

(2) 因大于 0.25 mm 的颗粒含量为 38.5% <50%，大于 0.075 mm 的颗粒含量为 64%，查表 1-16，该土定名为粉砂。

练习题

1. 用体积为 72 cm^3 的环刀切取原状土样，测得土样质量为 129.1 g，烘干后质量为 121.5 g，又经试验测得土粒比重为 2.7。试求该土样的含水率、重度、饱和重度、浮重度、干重度各是多少。

2. 某土样，测得其重度为 17.8 kN/m^3，含水率为 25%，土粒比重为 2.65，试计算该土的干重度、孔隙比和饱和度。

3. 有土料 1 000 g，其含水率为 6%，若使它的含水率增加 16%，问需加水多少？

4. 试证明：

$$\gamma_d = \frac{\gamma}{1+\omega} = \frac{d_s \gamma_w}{1+e}$$

$$S_r = \frac{\omega d_s}{e} = \frac{\omega \gamma_d}{n \gamma_w}$$

5. 有 A、B 两土样，已知各物理指标如表 1-17 所示。

表 1-17　土样 A 和 B 的物理性质指标

土样	ω_L(%)	ω_P(%)	ω(%)	d_s	S_r(%)
A	30	12	45	2.70	100
B	29	16	26	2.68	100

试问：(1) 哪一个土样的黏粒含量高？

(2) 哪一个土样的孔隙比大？

(3) 哪一个土样的饱和重度大？

(4) 用《建筑地基基础设计规范》(GB 50007—2002) 确定两土样的名称及状态。

单元二　土的渗透性与渗透变形

教学目标

掌握达西定律的含义、适用范围以及渗透变形的基本概念；熟悉渗透力、临界水力坡降的含义；了解影响土的渗透性因素；具备渗透系数测定的能力。

重点难点

达西定律；渗透力和临界水力坡降；渗透变形的形式及判断。

课题一　达西定律及其适用范围

土是一种松散的三相集合体，其内部具有互相连通的孔隙。当有水位差作用时，水就会从水位高的一侧渗向水位低的一侧，这种现象称为渗流。土体被水透过的性能称为土的渗透性。

一、达西定律

（一）渗流模型

由于土体孔隙的形状、大小和分布极为复杂，导致渗流水质点的运动轨迹很不规则，如图 2-1 所示。考虑到实际工程中并不需要了解具体孔隙中的渗流情况，按照实际需要对渗流加以简化，得到一种假想的土体渗流称为渗流模型，如图 2-2 所示。渗流模型符合以下要求：

（1）在同一过水断面，渗流模型的流量等于真实渗流的流量；

（2）在任一界面上，渗流模型的压力与真实渗流的压力相等；

（3）在相同体积内，渗流模型所受到的阻力与真实渗流所受到的阻力相等。

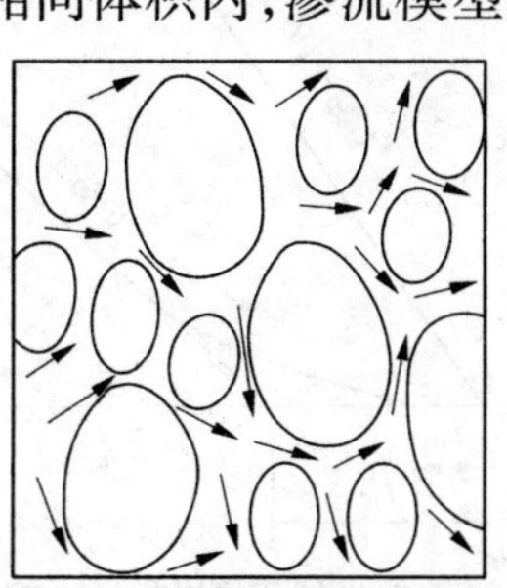

图 2-1　水在土孔隙中的运动轨迹

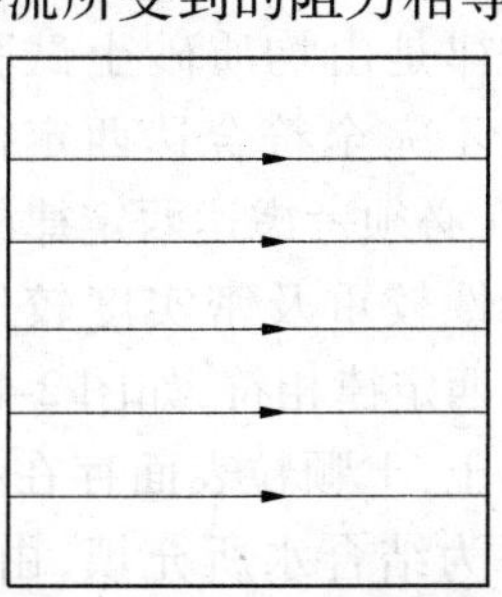

图 2-2　理想化的渗流模型

有了渗流模型，就可以用渗流模型的全截面平均流速表示真实渗流中的流速 v（单位时间内流过单位土截面的水量，m/s）。在渗流模型中，设过水断面面积为 A（m^2），通过的渗流流量为 q（单位时间内流过截面面积 A 的水量，m^3/s），则渗流模型的平均流速 v 为

$$v = \frac{q}{A} \tag{2-1}$$

（二）达西定律

1856 年，法国学者达西（Darcy）用均质砂土进行了渗透试验，试验装置如图 2-3 所示。在试验筒左侧向水箱内注水，并使水位保持稳定，在试验筒的中部装满砂土（砂土截面面积为 A），在砂土试样的两端各安装一支测压管，测压管之间的距离为 L，在试验筒右侧的水箱底部设一排水孔，下接盛水的容器。

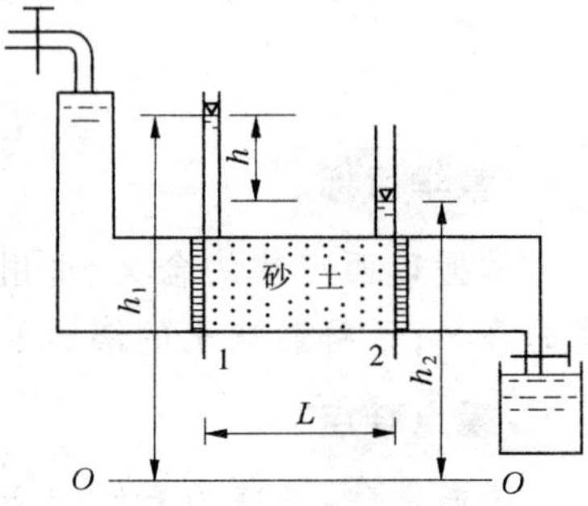

图 2-3　达西渗透试验

试验开始后，待两测压管水头保持稳定，观测到的水头分别为 h_1、h_2，并测得 Δt 时段内流经砂土试样的渗流量（$q = V/\Delta t$，V 为 Δt 时段容器所接水的体积）。

通过大量的试验，得出下列规律

$$q = k\frac{h_1 - h_2}{L}A = kiA \tag{2-2}$$

或

$$v = k\frac{h_1 - h_2}{L} = ki \tag{2-3}$$

式中　v——渗透速度，cm/s；

k——渗透系数，cm/s；

i——水力坡降，或称水头梯度、水力比降；

q——单位时间内的渗流量，cm^3/s；

A——渗流过水截面面积，cm^2。

式(2-1)称为达西定律。式(2-2)是达西定律的另一种表示形式，该式说明了渗透速度 v 与水头梯度 i 的一次方成正比，即渗透速度与水头梯度间的关系是直线。

二、达西定律适用范围

达西定律是由均质砂土试验得到的，其他土的渗流并不完全符合达西定律，因此在解决实际问题时，必须考虑达西定律的适用范围。

对于砂性较重及密实度较低的黏土，其渗透规律与达西定律相符，如图 2-4 中的Ⅰ线。对于密实的黏土，土颗粒表面存在结合水膜，其孔隙通道主要为结合水所充填，由于结合水膜的黏滞作用，增大了水流阻力，所以当水头梯度很小时，地下水不会流动，当水头梯度 i 大于 i_0 时，黏土才具有透水性，但这时水流的渗流规律尚不符合达西定律；只有当水头梯度 i 大于 i'_0（i'_0 称为起始水头梯度）时黏土的渗流规律才符合达西定律，如图 2-4 中的Ⅱ线。即

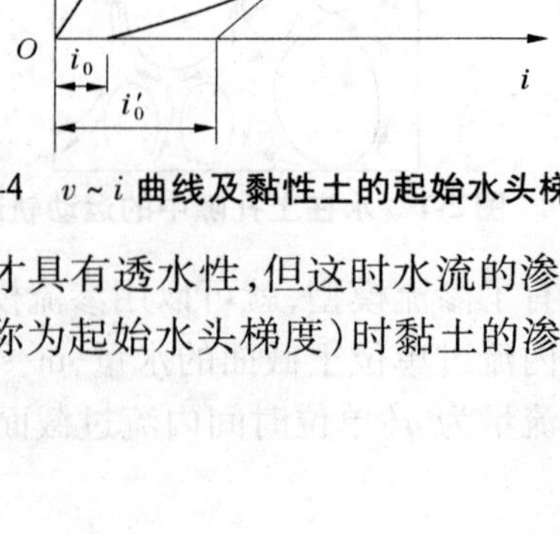

图 2-4　$v \sim i$ 曲线及黏性土的起始水头梯度

$$v = k(i - i'_0) \tag{2-4}$$

应该指出,达西定律渗流速度并不是地下水在岩土孔隙中的实际速度,而是将水流看成是通过整个横断面(包括颗粒面积和孔隙面积在内),实际过水断面小于土体全断面,因此达西定律中的渗透速度小于地下水的实际流速。

三、渗透系数测定

(一)渗透系数 k

由式(2-3)可知,渗透系数是指水头梯度为 1 时的渗透速度,渗透系数是用来表示岩土渗透性大小的指标。渗透系数除可用于计算渗透流量、渗透变形外,还可作为选择填土材料的依据。

渗透系数大小与土及水的性质有关,一般通过试验来测定。在无实测资料时,可参考经验值选用,表 2-1 列出了常见土渗透系数的参考值。

表 2-1　常见土渗透系数的参考值

土的名称	渗透系数	
	cm/s	m/d
卵石	$1\times10^{-1}\sim6\times10^{-1}$	100～500
砾石	$6\times10^{-1}\sim1\times10^{-1}$	50～100
粗砂	$2\times10^{-1}\sim6\times10^{-1}$	20～50
中砂	$6\times10^{-1}\sim2\times10^{-2}$	5～20
细砂	$1\times10^{-1}\sim6\times10^{-3}$	1.0～5
粉砂	$6\times10^{-1}\sim1\times10^{-3}$	0.5～1.0
粉土	$1\times10^{-1}\sim6\times10^{-4}$	0.1～0.5
粉质黏土	$6\times10^{-1}\sim1\times10^{-4}$	0.005～0.1
黏土	$<6\times10^{-6}$	<0.005

(二)渗透系数的测定

测定土的渗透系数的方法有常水头渗透试验和变水头渗透试验、现场抽水试验等。

1. 常水头渗透试验

常水头渗透试验适用于透水性较强的粗粒土,实验室常用的仪器设备为 70 型渗透仪,试验装置如图 2-5 所示。A 为圆柱状试样的横截面面积,L 为试样的厚度(即渗流长度),h 为试验时的水头差。试验过程中,水头始终保持常数,并测定某时段 Δt 内流经试样水量 Q,按达西定律即可求出渗透系数。

$$k = \frac{QL}{h\Delta tA} \tag{2-5}$$

2. 变水头渗透试验

变水头渗透试验适用于细粒土(如粉土、黏性土),实验室常用的仪器设备为 55 型渗透仪,试验装置如图 2-6 所示。A 为圆柱状试样的横截面面积,L 为试样的厚度(即渗流长度）。在试验中测压管的水位不断下降，测定时间 t_1 和 t_2 时测压管的水位 h_1 和 h_2 后，可求出 k 值。

$$k = \frac{2.3aL}{A(t_2 - t_1)}\lg\frac{h_1}{h_2} \tag{2-6}$$

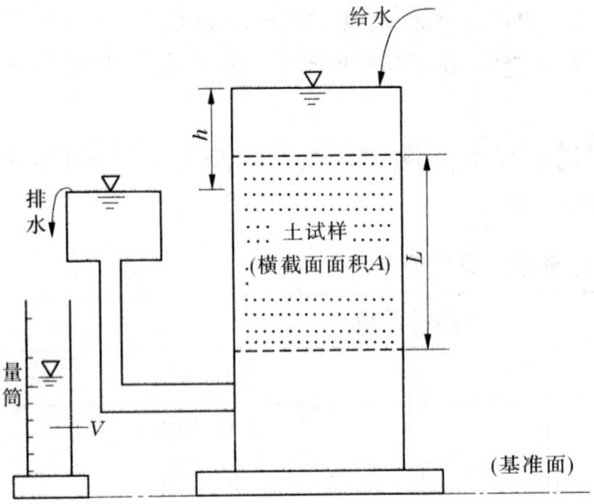

图 2-5　常水头渗透试验

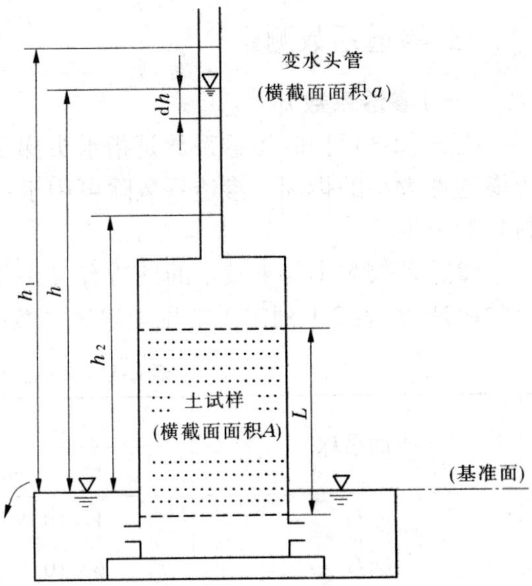

图 2-6　变水头渗透试验

一般土层都具有成层的性质，水平方向与垂直方向渗透性相差较大，因此室内测试渗透系数时，要注意试样各向异性的特点，应使水渗过试样的方向与天然土层中渗流的方向一致。

3. 现场抽水试验

采用室内试验测试渗透系数，往往由于采取的土样很难保持其天然状态，或试样难以代表现场复杂的地基状态，有时得不到可以信赖的结果，在这种情况下，有必要通过现场抽水试验测定渗透系数。

现场抽水试验布置如图 2-7 所示。在现场设置一个抽水井（直径大于 15 cm）和两个以上的观测井。在抽水井中保持定流量抽水，注意观察各井内水位变化情况，当水位稳定以后，可求出渗透系数

$$k = \frac{2.3q}{\pi(h_2^2 - h_1^2)}\lg\frac{r_2}{r_1} \tag{2-7}$$

式中　h_1、h_2——抽水稳定后观测孔内的地下水位，m；

r_1、r_2——观测孔至抽水孔的距离，m；

q——井的涌水量，m^3/d；

k——渗透系数，m/d。

四、成层土的渗透系数

天然地基往往由不同的土层组成，其各向渗透性也不尽相同，对于与层面平行或垂直

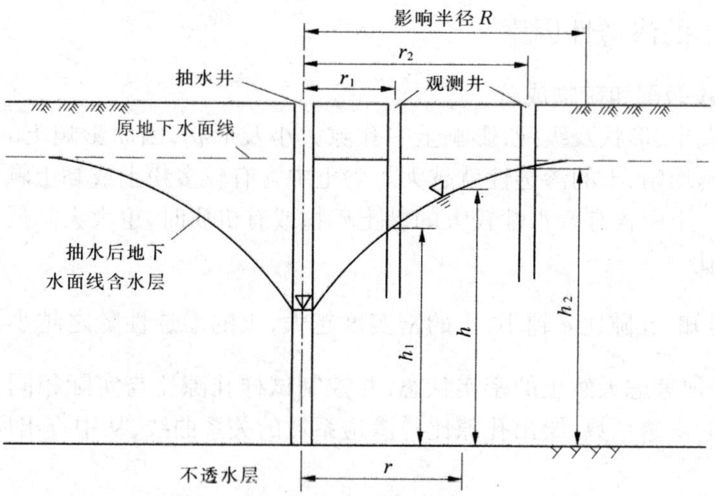

图 2-7　现场抽水试验

的情况，可分别测定各层土的渗透系数，然后求出整个土层与层面平行或垂直的平均渗透系数。

(一)与层面平行的渗透系数

如图 2-8 所示，假如各层土的渗透系数各向同性，分别为 $k_1, k_2, \cdots, k_n$，厚度分别为 $H_1, H_2, \cdots, H_n$，总厚度为 H。与层面平行的渗流，流经各层土单位宽度的渗流量分别为 $q_1, q_2, \cdots, q_n$，则总的单宽渗流量 q_x 为 $q_x = q_1 + q_2 + \cdots + q_n$。

根据达西定律，与层面平行的平均渗透系数 k_x 为

$$k_x = \frac{1}{H}(k_1 H_1 + k_2 H_2 + \cdots + k_n H_n) \tag{2-8}$$

(二)与层面垂直的渗透系数

如图 2-9 所示，各层土的渗透系数各向同性，分别为 $k_1, k_2, \cdots, k_n$，与层面垂直的渗流，流经各层土单位宽度渗流量分别为 $q_1, q_2, \cdots, q_n$，总的单宽渗流量 q_y 为 $q_y = q_1 = q_2 = \cdots = q_n$。根据达西定律，与层面垂直的平均渗透系数 k_y 为

$$k_y = \frac{H}{\frac{H_1}{k_1} + \frac{H_2}{k_2} + \cdots + \frac{H_n}{k_n}} \tag{2-9}$$

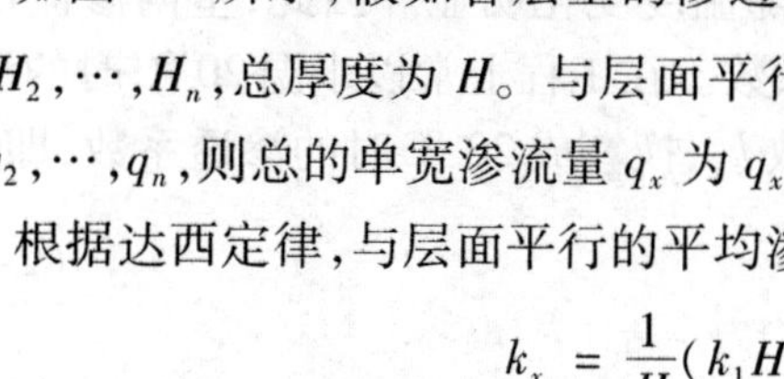

图 2-8　与层面平行的渗流

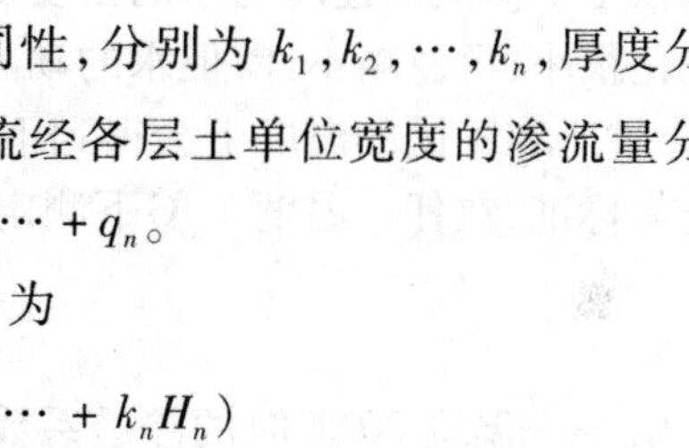

图 2-9　与层面垂直的渗流

五、影响土的渗透性因素

（一）土颗粒级配和矿物成分

土的颗粒大小、形状及级配，影响土中孔隙大小及形状，因而影响土的渗透性。土粒越粗、越浑圆、越均匀，土的渗透性就越大。砂土中含有较多粉土或黏土颗粒时，其渗透系数就大大降低。土中含有亲水性较大的黏土矿物或有机质时，也大大降低土的渗透性。

（二）孔隙比

由 $e=\dfrac{V_v}{V_s}$ 可知，孔隙比 e 越小，土的密实度越大，土的渗透性随之越小。因此，在测定渗透系数时，必须考虑天然土的密实状态，并控制试样孔隙比与实际相同，或者在不同孔隙比下测定土的渗透系数，绘出孔隙比与渗透系数的关系曲线，从中查出所需孔隙比的渗透系数。

（三）土的结构构造

天然土层通常是各向异性的，土壤在不同方向渗透性差别很大。如黄土，特别是湿陷性黄土，竖直方向的渗透系数要比水平方向大得多。

（四）土中水的温度

水在土中渗流的速度与水的密度及动力黏滞系数有关。一般情况下，水的密度随温度的变化很小，可忽略不计，但水的动力黏滞系数随温度变化明显。因此，室内渗流试验时，同一种土在不同的温度下会得到不同的渗透系数。在工程上常以水温 20 ℃时的渗透系数作为标准，在任一温度 T ℃下测定的渗透系数 k_T，换算成 20 ℃时的渗透系数，即

$$k_{20} = k_T \frac{\eta_T}{\eta_{20}} \tag{2-10}$$

式中　k_{20}——温度 20 ℃时的渗透系数；

k_T——温度 T ℃时渗透系数；

η_{20}——温度 20 ℃时的黏滞系数（参考土工试验规范）；

η_T——温度 T ℃时的黏滞系数（参考土工试验规范）。

（五）土中封闭气体的含量

土中的封闭气体减小了渗透水流的过水面积，从而阻塞水流。因此，当土中封闭气体的含量增加时，渗透系数随之减小。

课题二　渗透力与渗透变形

一、渗透力

土体在一定水头作用下发生渗流，当水在土体孔隙中流动时，将受到土颗粒的阻力作用而引起水头损失。根据作用力与反作用力相等的原理可知，渗流必然对土颗粒产生一个相等的反作用力。常将渗流作用在单位土体中的土颗粒上的作用力称为渗透力，以 j 表示。渗透力是流动的水对土体施加的体积力，它与单位体积内渗透水流受到的土体骨

架的阻力 P 大小相等，方向相反。

在图2-3中，沿渗流方向取一个长度为 L、横截面面积为 A 的柱体来研究。因 $h_1 > h_2$，水头差为 h，水从截面1流向截面2。由于土中渗流速度一般很小，其流动水流惯性力可以忽略不计。现假设所取土柱体孔隙中完全充满水，并考虑土柱体中的土颗粒对渗流阻力的影响，则作用于土柱中水体上的力有：

（1）截面1上的总水压力 $P_1 = \gamma_w h_1 A$，其方向与渗流方向一致；

（2）截面2上的总水压力 $P_2 = \gamma_w h_2 A$，其方向与渗流方向相反；

（3）土柱中的土颗粒对渗流的总阻力 F，其大小应和总渗透力 J 相等，即 $F = J = jLA$，方向与渗流方向相反。

根据渗流方向力的平衡条件得

$$J = P_1 - P_2 \tag{2-11}$$

或

$$jLA = \gamma_w (h_1 - h_2) A$$

则渗透力

$$j = \gamma_w \frac{h_1 - h_2}{L} = \gamma_w \frac{h}{L} = \gamma_w \cdot i \tag{2-12}$$

渗透力是一种体积力，单位为 kN/m^3，其大小与水力坡降成正比，方向与渗流方向一致。

二、渗透变形形式

水流沿着土的孔隙发生渗透时，由于水流对土的骨架作用力常造成土的失稳破坏，这种破坏称为渗透破坏，又称渗透变形。渗透变形是当渗透水力坡降达到一定值后才可能发生的。土体开始发生渗透变形时的水力坡降称为临界水力坡降 i_{cr}（也称抗渗坡降），它表示土抵抗渗透变形的能力。临界水力坡降是评价土体渗透稳定的重要参数，选用合理与否，直接关系到建筑物的造价和安全，可用半经验公式确定。对重要工程，应尽可能结合实际条件通过试验确定。

大量的研究和实践表明，渗透变形可分为流土和管涌两种基本类型。

（一）流土

水流在发生渗透时，由于渗透力的方向与渗流方向一致，因此它对土体稳定性有着很大的影响。如果渗流方向与重力方向一致，即水的渗流自上而下时，容器内土颗粒间的压力将增加，对土体稳定性有利，如图2-10（a）所示。当渗流的方向与重力方向相反时，水的渗流自下而上，容器内土颗粒间的压力将减小，如图2-10（b）所示。

在向上渗流作用下，取土体表面的一单位体积土体 a 点进行分析。已知土在水下的浮重度为 γ'，向上的渗透力为 j，当浮重度 γ' 和渗透力 j 相等时，即

$$j = \gamma_w i = \gamma' = \gamma_{sat} - \gamma_w \tag{2-13}$$

式中 γ_{sat}——土的饱和重度；

γ_w——水的重度。

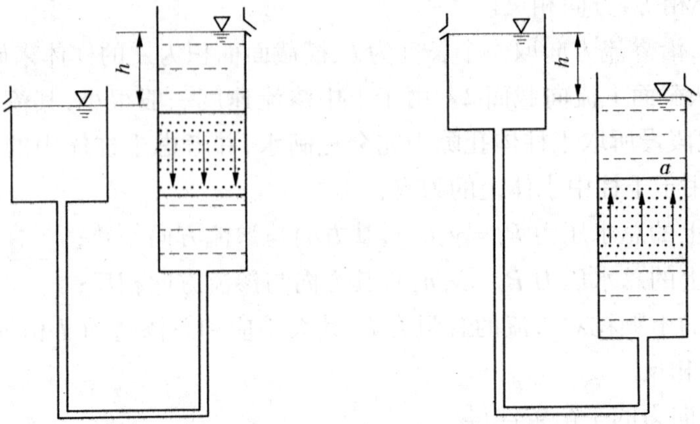

图 2-10　不同渗流方向对土的影响

这时 a 点的合力等于零，土颗粒将处于临界状态（这时的水力坡降为临界水力坡降 i_{cr}），当渗透力继续增加，则土体失去稳定，这种在渗流的作用下，渗流逸出处表面一定范围内的土颗粒被水流同时浮起带走的现象称为流土（也称流砂），其临界水力坡降 i_{cr} 可由式（2-14）得到

$$i_{cr} = \frac{\gamma'}{\gamma_w} = \frac{d_s - 1}{1 + e} = \frac{\gamma_{sat}}{\gamma_w} - 1 \tag{2-14}$$

由式（2-14）可知，流土的临界水力坡降取决于土的物理性质，当土的 d_s 和 e 已知时，则该土的临界水力坡降即为一定值。

流土往往发生在渗流的逸出处，可以用渗流逸出处的水力坡降 i 与其临界水力坡降 i_{cr} 比较，判别流土发生的可能性。若 $i < i_{cr}$，则土体处于稳定状态；若 $i = i_{cr}$，则土体处于临界状态；若 $i > i_{cr}$，则土体发生流土。

为确保建筑物的安全，在设计中常将临界水力坡降除以安全系数作为允许水力坡降 $[i]$，渗流逸出处的水力坡降 i 控制在允许水力坡降 $[i]$ 之内，即要求

$$i \leqslant [i] = i_{cr}/K \tag{2-15}$$

式中　K——安全系数，一般取 2.0～2.5。

流土发生时，局部土体隆起和浮动，颗粒群同时发生移动而流失，一般发生在无保护的渗流出口处，而不发生在土体内部。开挖基坑或渠道时出现的所谓"流砂"现象，就是流土的常见形式。在图 2-11（a）中，由于细砂层的承压水作用，当基坑开挖至细砂层时，在渗透力作用下，细砂向上涌出，出现大量流土，引起房屋地基不均匀沉降，上部结构开裂，影响了正常使用。图 2-11（b）所示为河堤覆盖层下流砂涌出的现象，由于覆盖层下有一强透水砂层，当堤内、外水头差大，则弱透水层薄弱处被冲开，大量砂土涌出，危及河堤的安全。流土的发生一般是突发性的，对工程危害较大。

（二）管涌

管涌是指在渗流作用下，土中的细颗粒通过粗颗粒的孔隙被水流带出土体的现象。管涌可以发生在土体的所有部位。图 2-12 所示为河堤发生管涌的现象。管涌的发生要

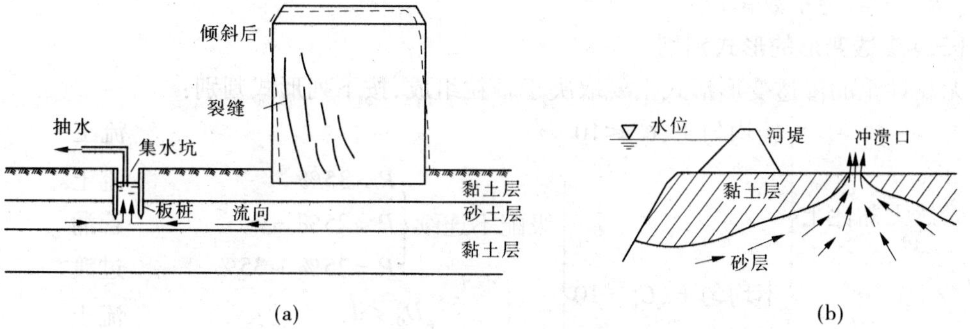

图 2-11　流土的危害

有一定的发展过程，是一种渐进性的破坏。

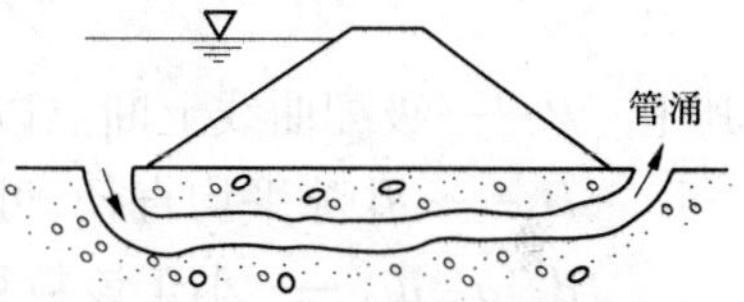

图 2-12　河堤发生管涌的现象

发生管涌时的临界水头梯度与土的颗粒大小及其级配情况有关，但至今管涌的临界水力坡降尚无成熟的计算公式可循。对于重要的工程，须通过渗透破坏试验确定，通常可按图 2-13 所示的渗透试验装置进行。试验时，可将水头逐渐升高，直至开始发生管涌。除目测细颗粒的移动外，还要建立水力坡降与渗透速度的关系来判断管涌是否发生，如图 2-14 所示。当水力坡降增至某一数值后（A 点），$i \sim v$ 关系曲线明显转折，这说明细颗粒已被带出，孔隙通道加大，渗流速度随之增大。最后取 A 点对应的水力坡降和肉眼观察到细颗粒移动时水力坡降两者中的较小值，作为管涌临界水力坡降。

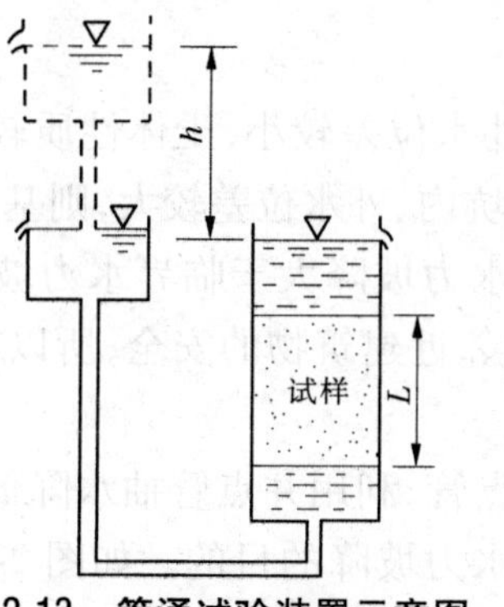

图 2-13　管涌试验装置示意图

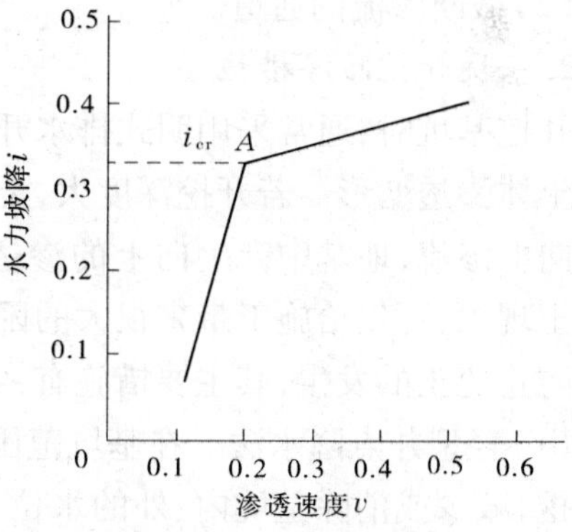

图 2-14　$i \sim v$ 关系曲线

由于管涌临界水力坡降的影响因素较多，国内外学者对此进行了很多研究。对于中小型工程，无黏性土发生管涌的临界水力坡降，可按下面公式计算：

$$i_{cr} = \frac{42d_3}{\sqrt{\frac{k}{n^3}}} \tag{2-16}$$

式中　d_3——小于该粒径颗粒含量为 3% 所对应粒径，cm；

n——孔隙率；

k——渗透系数,cm/s。

(三)渗透变形的形式判别

无黏性土的渗透变形形式主要取决于颗粒组成,按下列形式判别:

$$
\text{天然无黏性土}\begin{cases}
\text{较均匀土},C_u \leqslant 10 & \text{流土} \\
\text{不均匀土},C_u > 10\begin{cases}
\text{级配不连续}\begin{cases} P > 35\% & \text{流土} \\ P < 25\% & \text{管涌} \\ P = 25\% \sim 35\% & \text{过渡} \end{cases} \\
\text{级配连续}\begin{cases} D_0 < d_3 & \text{流土} \\ D_0 > d_5 & \text{管涌} \\ D_0 < d_3 \sim d_5 & \text{过渡} \end{cases}
\end{cases}
\end{cases}
$$

其中 P——级配曲线上断点以下对应颗粒含量,即细料含量;

D_0——孔隙平均直径,可用 $D_0 = 0.25d_{20}$ 计算;

d_3、d_5、d_{20}——小于该粒径土粒含量为3%、5%、20%对应的粒径。

另外,无黏性土的渗透变形还与土的密度有关,有些土在较大密度下可能发生流土,而在小密度下则可能出现管涌。

(四)渗透变形的防治措施

1. 渗透变形防治的原则

根据流砂和管涌产生的原因,渗透变形防治的原则为:

(1)控制上、下游水位差以降低水力坡降。

(2)截断渗流的通道。

2. 基坑开挖防渗措施

开挖基坑时,通常采用明式排水开挖,若坑内、外水位差较小,土体性质较好,则不会引起土体渗透变形。若开挖深度大,土体性质不利,坑内、外水位差较大,则基坑底部地下水将向上渗流,地基中产生向上的渗透力。当渗透水力坡降大于临界水力坡降 i_{cr} 时,出现流土现象,不仅给施工带来很大的困难,而且影响邻近建筑物的安全,所以在开挖基坑时要防止流土的发生,其主要措施有:

(1)轻型井点降水法。在基坑范围以外设置井点管,利用井点管抽水降低地下水位,再开挖,减少或消除基坑内、外的水位差,达到降低水力坡降的目的。如图2-15所示,在基坑周围布置一排至几排井点,从井中抽水降低水位。

(2)集水井降水。在基坑或沟槽开挖时,在基坑两侧或四周设置排水沟,基坑四角或每隔20~40 m设置集水井,使基坑渗出的地下水通过排水沟汇入集水井内,然后利用水泵抽出坑外。

(3)设置板桩,可增长渗透路径,减少水力坡降。板桩沿坑壁打入,其深度要超过坑底,使受保护土体内的水力坡降小于临界水力坡降,同时还可以起到加固坑壁的作用,如图2-16所示。

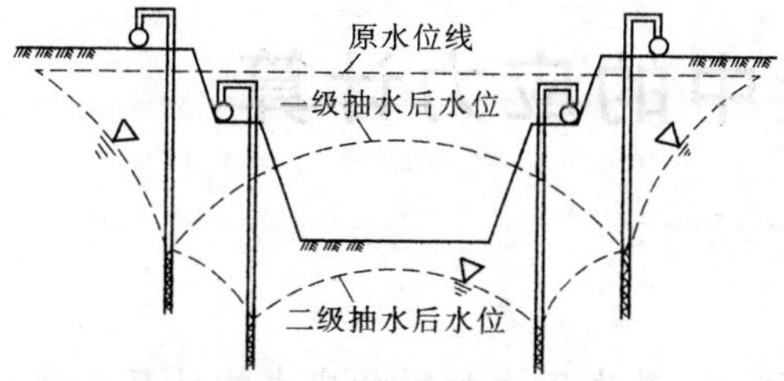

图 2-15　轻型井点降水法

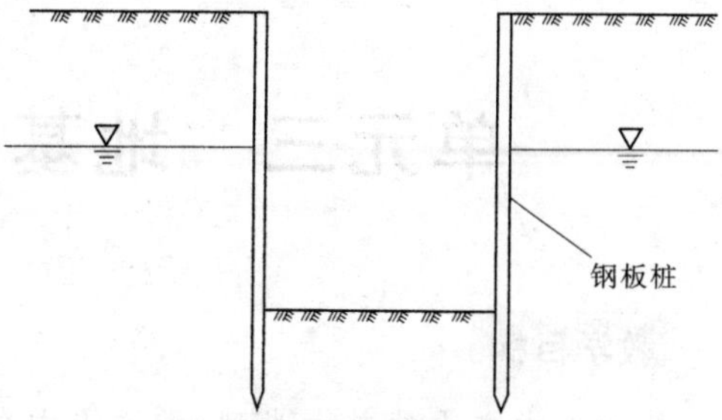

图 2-16　设置板桩

(4)采用水下挖掘,减少水头差,降低水力梯度,也可避免发生渗透变形破坏。

练习题

1. 什么是达西定律?各个指标的物理意义是什么?其适用范围如何?
2. 什么是土的渗透系数?影响土的渗透系数的因素有哪些?
3. 常水头、变水头渗透试验和现场抽水试验有什么区别?各适用什么条件?
4. 临界水力坡降的含义是什么?
5. 渗透力是怎样引起渗透变形的?土体发生流土和管涌的机理和条件是什么?
6. 如何判断土可能发生何种形式的渗透破坏?叙述渗透破坏的防治措施。
7. 对土样进行常水头渗透试验,土样的长度为 25 cm,横截面面积为 100 cm^2,作用在土样两端的水头差为 70 cm,通过土样渗流出的水量为 110 cm^3/min。计算该土样的渗透系数和水力坡降。
8. 对一原状土样进行变水头渗透试验,土样截面面积为 105 cm^2,长度为 25 cm,测压管截面面积为 3.11 cm^2,观测开始水头为 140 cm,30 s 后水头为 85 cm。求该土样的渗透系数。
9. 在厚度为 6 m 的潜水含水层中进行完整井的抽水试验。已知抽水井的直径为 0.15 m,其稳定涌水量为 35 m^3/d。抽水稳定后,距离抽水井 10 m 处观测孔 1 的水位降深为 0.35 m,距离抽水井 20 m 处观测孔 2 的水位降深为 0.29 m。求含水层的渗透系数。

单元三　地基土中的应力计算

教学目标

熟悉土中应力的基本类型;掌握土中自重应力、基底压力和附加应力的计算方法;了解附加应力在土中的分布规律。

重点难点

自重应力;基底压力及基底附加压力;附加应力。

土体中的应力是指土体在自身重力、建筑物荷载及其他因素作用下,土中所产生的应力。按照产生的原因不同将土中应力分为自重应力和附加应力。自重应力是指由土体自身重力而产生的应力,附加应力是指由于建筑物荷载的作用在自重应力基础上增加的那部分应力。

自然界的土体在自重应力的作用下变形已基本完成,由于土体的可压缩性,地基土会在附加应力作用下产生新的变形,如变形较小,不致引起建筑物产生裂缝或破坏,不影响建筑物的正常使用;相反,则会引起建筑物产生裂缝、倾斜甚至破坏,或者影响建筑物的正常使用。

课题一　土体自重应力

一、均质土的自重应力

自重应力是土体在加载前由于上覆地层引起的应力,竖向自重应力 σ_{cz} 则特指作用在单元体水平面上的垂直应力,如图 3-1(a)所示。

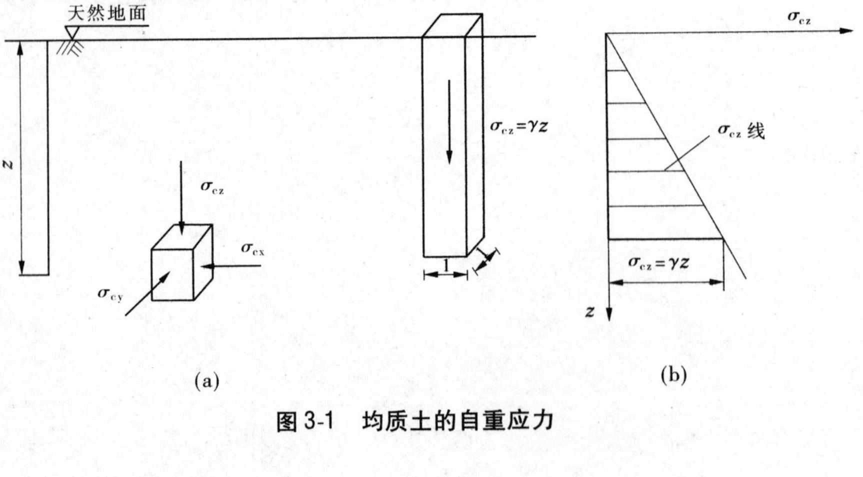

图 3-1　均质土的自重应力

自重应力或竖向自重应力取决于土体本身的特性。竖向自重应力 σ_{cz} 可通过一个简单的公式来确定：

$$\sigma_{cz} = \gamma z \tag{3-1}$$

式中　z——受力单元体的埋深，m；

γ——土的重度，kN/m^3。

因为自重应力假定沿任一水平面上均匀地无限分布，由此地基土只能产生竖向变形，而不能产生侧向变形和剪切变形。从这个条件出发，根据弹性力学，侧向自重应力 σ_{cx} 和 σ_{cy} 应与 σ_{cz} 成正比，而剪应力均为零，并按下式计算：

$$\sigma_{cx} = \sigma_{cy} = K_0 \sigma_{cz} \tag{3-2}$$

$$\tau_{xy} = \tau_{yz} = \tau_{zx} = 0 \tag{3-3}$$

式中　K_0——土的侧压力系数或静止土压力系数。

土的静止土压力系数 K_0 值可在室内用三轴仪测得，在原位则可用自钻式旁压仪测试得到。

在缺乏试验资料时，可用下述经验公式估算：

砂性土　$$K_0 = 1 - \sin\varphi' \tag{3-4}$$

黏性土　$$K_0 = 0.95 - \sin\varphi' \tag{3-5}$$

超固结黏土　$$K_0 = OCR \cdot (1 - \sin\varphi') \tag{3-6}$$

式中　φ'——土的有效内摩擦角，(°)；

OCR——土的超固结比。

由式 3-1 可知，在均质土中自重应力的变化规律是：自重应力随深度的增加而呈直线增加，即自重应力沿深度呈三角形分布，如图 3-1(b)所示。

二、层状土的自重应力

地基土多为层状土，如图 3-2 所示，若各层土的厚度和重度分别为 h_i 和 γ_i，则第 n 层地面处土的自重应力表示为

$$\sigma_{cz} = \gamma_1 h_1 + \gamma_2 h_2 + \gamma_3 h_3 + \cdots + \gamma_n h_n = \sum_{i=1}^{n} \gamma_i h_i \tag{3-7}$$

三、地下水位以下土的自重应力

由公式 $\sigma_{cz} = \gamma z$ 可知，在地下一定深度，自重应力取决于土的重度 γ，土的重度大，自重应力高，反之则低。在地下水位以下的透水层中，土粒相当于浸没在水当中，会受到水的浮力作用，从而使得土体的有效重量减少，故在计算土的自重应力时，应用浮重度来计算。因此，式(3-7)中地下水位以下的 γ_i 换成 γ_i'，如图 3-2 所示。

土层中的地下水位常有变化，这使得土中的自重应力也相应发生改变。当地下水位下降时，地下水位变化范围内的土体，在水位变化前土颗粒受浮力作用，土的自重应力等于 $\gamma' z$，而地下水位下降后土颗粒不受浮力作用，自重应力等于 γz，因为 $\gamma' < \gamma$，所以土的自重应力增加，会引起土体发生变形。例如大量抽取地下水，地下水位大幅度下降，使原水位以下土体中的有效应力增加，造成地表大面积下沉；当地下水位上升时，原来没有受

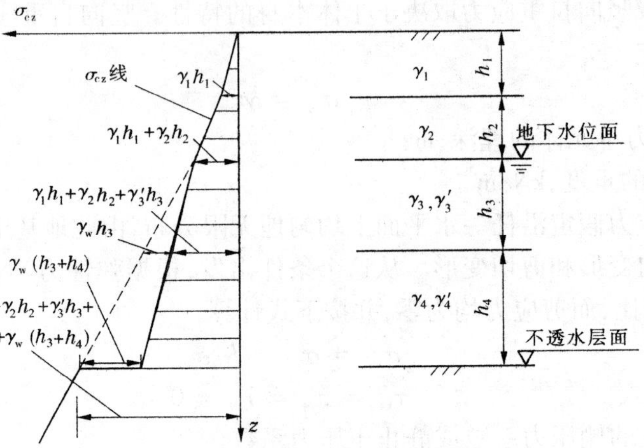

图 3-2 层状土的自重应力分布

到浮力作用的土颗粒受到了浮力作用，致使土的自重应力减少，将引起黏性土地基承载力降低、自重湿陷性黄土湿陷、挡土墙侧向压力增加、土坡稳定性降低等。这些情况多发生在人工提高蓄水位或工业用水大量渗入地下的地区。

四、不透水层对自重应力的影响

在地下水位以下，如埋藏有不透水层（完整的岩层或密实的黏土层），可认为地下水进入不到其孔隙当中，从不透水层开始往下，浮力消失，其重度要以天然重度计算，而且含水层高度范围内的水重也要作用在该层面上，即在透水与不透水的界面处，自重应力增加一个地下水的水压力，如图 3-2 所示。

【例 3-1】 绘出图 3-3(a)地基中的自重应力和水压力分布图。

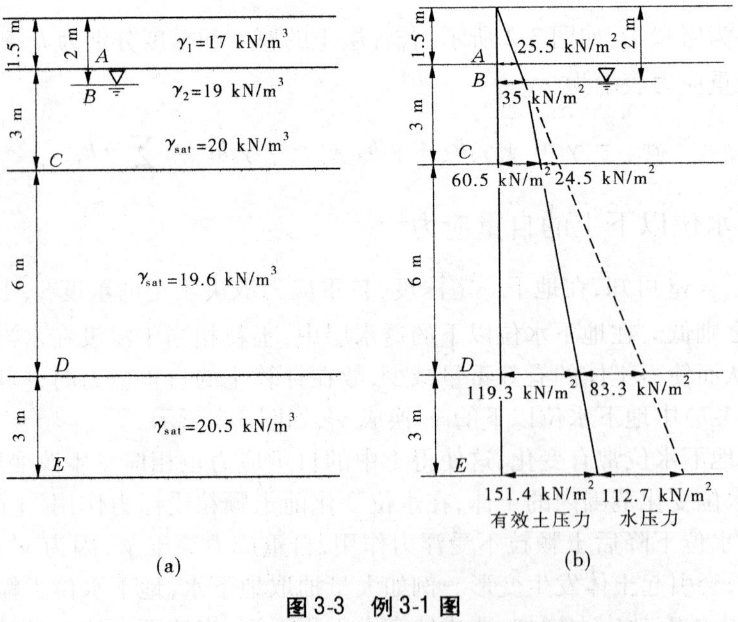

图 3-3 例 3-1 图

解　各层土分界面上的自重应力分别为

A 点处　$\sigma_{cz}=17\times1.5=25.5(\text{kN/m}^2)$

B 点处　$\sigma_{cz}=25.5+0.5\times19=35(\text{kN/m}^2)$

C 点处　$\sigma_{cz}=35+2.5\times(20-9.8)=60.5(\text{kN/m}^2)$

D 点处　$\sigma_{cz}=60.5+6\times(19.6-9.8)=119.3(\text{kN/m}^2)$

E 点处　$\sigma_{cz}=119.3+3\times(20.5-9.8)=151.4(\text{kN/m}^2)$

水压力分别为

C 点处　$u=2.5\times9.8=24.5(\text{kN/m}^2)$

D 点处　$u=24.5+6\times9.8=83.3(\text{kN/m}^2)$

E 点处　$u=83.3+3\times9.8=112.7(\text{kN/m}^2)$

绘出土压力和水压力的分布图如图 3-3(b)所示。

课题二　基底压力计算

基础是上部结构与地基土的连接部分，建筑物荷载传到基础上，基础再把这一荷载传给地基土，产生了基础与地基土之间的基底压力。基础底面处单位面积土体所受到的压力，即为基底压力。

一、基底压力的分布规律

基底压力的分布受多种因素影响，包括上部建筑物的刚度、尺寸和大小，基础性质、埋深和土的性质等，而基础性质对基底压力的分布起重要作用。

柔性基础，如土堤、土坝、路基等，在均布荷载作用下会发生挠曲(偏斜)。由于变形与弯曲，基底压力呈蝶形，如图 3-4 所示，其变形特征是中间大、两端小。

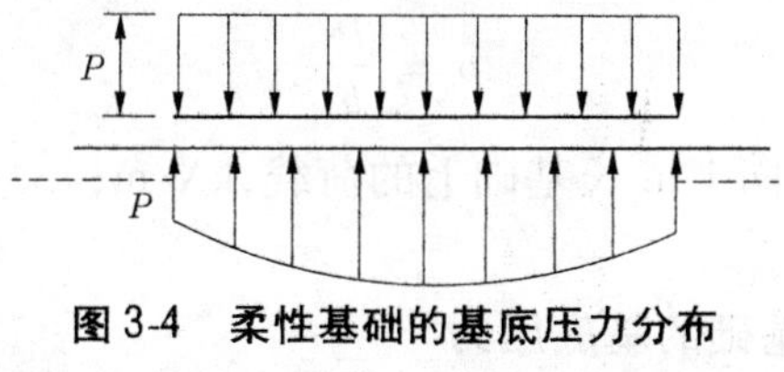

图 3-4　柔性基础的基底压力分布

理论上，刚性基础无限坚硬，没有变形和弯曲，受荷后均匀地向下移位。在这种条件下，基底压力的分布取决于上部建筑物荷载和下部地基土的性质及埋深等。例如，在均布荷载条件下，对于黏性土地基，基底压力呈鞍状分布；但对于砂土地基，基底压力呈抛物线形。地基土条件一定时，基底压力分布取决于上部荷载的大小，一般来说，如果荷载低，基底压力呈鞍状分布；如果荷载足够高而达到引起土体破坏，则基底压力呈钟形分布，在上述两种条件之间的基底压力往往呈抛物线形分布。如图 3-5 所示。

二、基底压力的简化计算

如上所述，无论是刚性基础还是柔性基础，基底压力都是非均匀分布，其非均匀分布的特性给计算带来较大困难，而运用弹性力学和材料力学方法可以解决这一问题。弹性

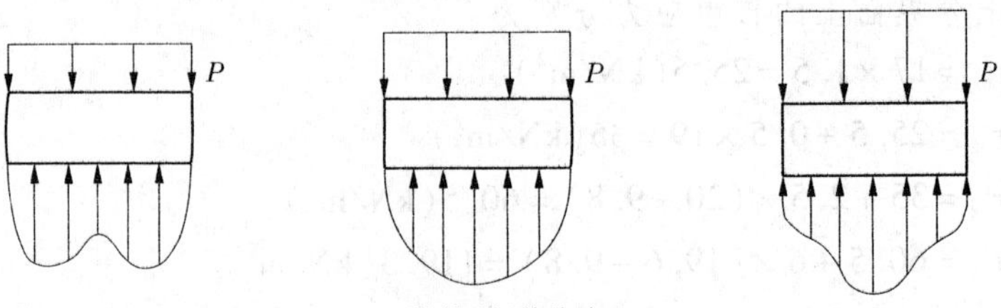

(a)鞍状分布　　(b)抛物线形分布　　(c)钟形分布

图 3-5　刚性基础的基底压力分布

力学研究表明:基底压力分布对地基土应力的影响仅在地面以下(1.5~2.0)b(b 为基础宽度)的范围,超过这一范围,地基土的应力分布与基底压力的分布形状无关,而只取决于荷载合力的大小和位置。这样,我们就可以用材料力学的简化方法来计算基底压力。

(一)中心荷载下的基底压力

把地基土视为不可压缩的介质,矩形基础在中心荷载作用下,基底压力简化为均匀分布,其基底压力 p 用如下公式表示

$$p = \frac{F + G}{A} \tag{3-8}$$

式中　p——基底压力,kPa;

A——基础底面面积,m^2;

F——基础上的垂直荷载,kN;

G——基础与回填土的重量,kN,$G = \gamma A d$,其中 γ 为基础及基础上回填土的平均重度,一般取 20 kN/m^3,但地下水位以下的部分应取浮重度,d 为基础埋深,m。

条形基础理论上是指当 l/b 为无穷大时的矩形基础。实际工程中,当 l/b 大于或等于 10 时,即可按条形基础考虑。对于条形基础在中心荷载作用下的基底压力,同样简化为均匀分布,计算公式为

$$p = \frac{\overline{P}}{b} \tag{3-9}$$

式中　$\overline{P}$——沿基底长度方向 1 m 长基础上的荷载,kN/m;

b——基础宽度,m。

(二)偏心荷载下矩形基础的基底压力

在单向偏心荷载条件下,沿 x 轴的基础边缘有两个不同的基底压力(见图 3-6),即最大基底压力 p_{max} 和最小基底压力 p_{min},表达为

$$p_{\substack{max\\min}} = \frac{P}{A} \pm \frac{M}{W} = \frac{P}{A}\left(1 \pm \frac{6e}{l}\right) \tag{3-10}$$

式中　p_{max}、p_{min}——基底边缘的最大压力和最小压力,kPa;

M——作用于基础底面的力矩,kN·m,$M = Pe$;

W——基础底面的抵抗矩,m^3,对于矩形基础 $W = \frac{bl^2}{6}$,l 为荷载偏心一边的边长,b 为矩形基础的另一边长;

e——荷载距中心的距离,即偏心距,m;

A——矩形基础的面积，$A = bl$，m^2。

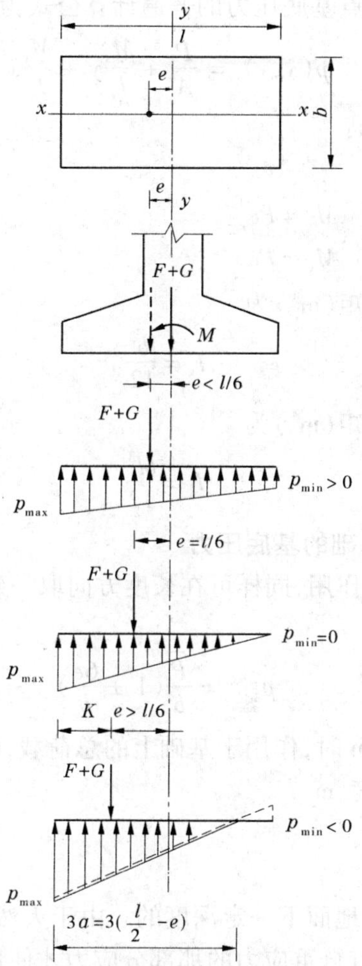

图 3-6　偏心荷载下的基底压力

由式(3-10)知偏心距对基底压力的影响为：

(1)当 $e < l/6$ 时，基底压力呈梯形分布，$p_{\min} > 0$；

(2)当 $e = l/6$ 时，基底压力呈三角形分布，$p_{\min} = 0$；

(3)当 $e > l/6$ 时，基底一端将出现拉力，$p_{\min} < 0$。

前两种情况都可利用式(3-10)计算基底压力。第三种情况将出现拉力，而基底与土体之间几乎不能承受拉力，故基础底面下的压力将重新分布，如图 3-6(c)所示。此时得出基底边缘最大压力 $p_{\max}$ 为

$$p_{\max} = \frac{2(F + G)}{3ab} \tag{3-11}$$

式中　a——竖向偏心荷载作用点至基底最大压力边缘的距离，$a = \frac{l}{2} - e$。

在工程上不但不允许在基底上出现拉力，而且也不希望出现 $p_{\min} = 0$ 的现象。因此，在设计基础的尺寸时，应使合理偏心距控制在 $e < l/6$ 的范围内，以保证安全。但有时高

耸结构物下的基底压力可能出现此种情况。

双向偏心荷载下的任一点基底压力的普遍计算公式为

$$p(x,y) = \frac{P}{A} + \frac{M_x}{I_x}y + \frac{M_y}{I_y}x \tag{3-12}$$

式中 P——总的竖向力，kN；

A——基底面积，m^2。

荷载对 x 轴的力矩为 $M_x = Pe_y$

荷载对 y 轴的力矩为 $M_y = Pe_x$

基础底面对 x 轴的惯性矩（m^4）为

$$I_x = \frac{lb^3}{12}$$

基础底面对 y 轴的惯性矩（m^4）为

$$I_y = \frac{bl^3}{12}$$

（三）偏心荷载下条形基础的基底压力

若条形基础受偏心荷载作用，同样可在长度方向取一延米进行计算，则基底宽度方向两端的压力为

$$p_{\substack{max\\min}} = \frac{\overline{P}}{b}\left(1 \pm \frac{6e}{b}\right) \tag{3-13}$$

式中 $\overline{P}$——长度方向取 1 m 时，作用于基础上的总荷载，kN；

b——条形基础的宽度，m。

三、基底附加压力

基础通常是埋置在天然地面下一定深度的。由于天然土层在自重作用下的变形已经完成，故只有超出基底处原有自重应力的那部分应力才使地基产生附加变形，使地基产生附加变形的基底压力称为基底附加压力 p_0。因此，基底附加压力是上部结构和基础传到基底的基底压力与基底处原有自重应力之差，按下式计算

$$p_0 = p - \sigma_{cz} = p - \gamma_0 d \tag{3-14}$$

式中 p——基底压力，kPa

σ_{cz}——基础底面处的自重应力；

γ_0——基底以上土的天然土层重度的加权平均值，地下水位以下取有效重度，kN/m^3；

d——基础（底）埋深，从天然地面算起，m。

课题三　地基附加应力计算

地基附加应力是指建筑物荷重在土体中引起的附加于原有自重应力之上的应力。其计算方法一般假定地基土是均质的、各向同性的线性变形半空间体，直接采用弹性力学中

关于弹性半空间的理论解答。

一、竖向集中力作用

在弹性半空间表面上作用一个竖向集中力 P 时，半空间内任意点处所引起的应力和位移的弹性力学解答是由法国 J · 布辛奈斯克（Boussinesq，1885）作出的。如图 3-7 所示，在半空间中任一点 $M(x,y,z)$ 处的六个应力分量的解答如下：

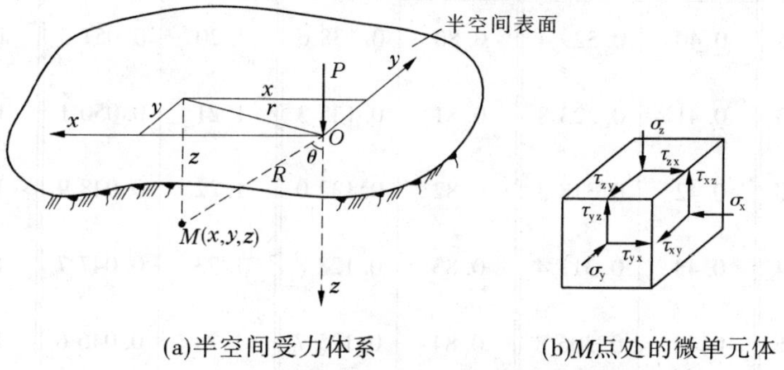

图 3-7　一个竖向集中力作用下所引起的应力

$$
\left.\begin{aligned}
\sigma_x &= \frac{3P}{2\pi}\left[\frac{x^2 z}{R^5} + \frac{1-2\mu}{3}\left(\frac{R^2 - Rz - z^2}{R^3(R+z)} - \frac{x^2(2R+z)}{R^3(R+z)^2}\right)\right] \\
\sigma_y &= \frac{3P}{2\pi}\left[\frac{y^2 z}{R^5} + \frac{1-2\mu}{3}\left(\frac{R^2 - Rz - z^2}{R^3(R+z)} - \frac{y^2(2R+z)}{R^3(R+z)^2}\right)\right] \\
\sigma_z &= \frac{3P}{2\pi}\frac{z^3}{R^5} = \frac{3P}{2\pi R^2}\cos^3\theta \\
\tau_{xy} &= \tau_{yx} = \frac{3P}{2\pi}\left[\frac{xyz}{R^5} + \frac{1-2\mu}{3}\cdot\frac{xy(2R+z)}{R^3(R+z)^2}\right] \\
\tau_{xz} &= \tau_{zx} = \frac{3P}{2\pi}\frac{xz^2}{R^5} \\
\tau_{yz} &= \tau_{zy} = \frac{3P}{2\pi}\frac{yz^2}{R^5}
\end{aligned}\right\} \tag{3-15}
$$

对于地基来说，水平面上的竖向应力分量 σ_z 具有特别重要的意义，因为它是使地基土产生压缩变形的直接原因，因此下面将主要讨论竖向应力的计算及其分布规律。

由图 3-7 的几何关系，σ_z 可写成如下形式

$$
\sigma_z = \frac{3P}{2\pi}\cdot\frac{z^3}{R^5} = \frac{3}{2\pi}\frac{1}{\left[1+\left(\frac{r}{z}\right)^2\right]^{5/2}}\cdot\frac{P}{z^2} = K\frac{P}{z^2} \tag{3-16}
$$

$$
R = \sqrt{z^2 + r^2} = \sqrt{x^2 + y^2 + r^2} = z\sqrt{1 + (\frac{r}{z})^2} \tag{3-17}
$$

令 $K = \dfrac{3}{2\pi}\dfrac{1}{[(r/z)^2 + 1]^{5/2}}$，则上式改写为

$$\sigma_z = K \frac{P}{z^2} \tag{3-18}$$

式中　K——集中力作用下的地基竖向附加应力系数，简称附加应力系数，可按 r/z 由表3-1查得。

表3-1　集中荷载作用下的附加应力系数K

r/z	K	r/z	K	r/z	K	r/z	K	r/z	K
0	0.477 5	0.40	0.329 4	0.80	0.138 6	1.20	0.051 3	1.60	0.020 0
0.01	0.477 3	0.41	0.323 8	0.81	0.135 3	1.21	0.050 1	1.61	0.019 5
0.02	0.477 0	0.42	0.318 3	0.82	0.132 0	1.22	0.048 9	1.62	0.019 1
0.03	0.476 4	0.43	0.312 4	0.83	0.128 8	1.23	0.047 7	1.63	0.018 7
0.04	0.475 6	0.44	0.306 8	0.84	0.125 7	1.24	0.046 6	1.64	0.018 3
0.05	0.474 5	0.45	0.301 1	0.85	0.122 6	1.25	0.045 4	1.65	0.017 9
0.06	0.473 2	0.46	0.295 5	0.86	0.119 6	1.26	0.044 3	1.66	0.017 5
0.07	0.471 7	0.47	0.289 9	0.87	0.116 6	1.27	0.043 3	1.67	0.017 1
0.08	0.469 9	0.48	0.284 3	0.88	0.113 8	1.28	0.042 2	1.68	0.016 7
0.09	0.467 9	0.49	0.278 8	0.89	0.111 0	1.29	0.041 2	1.69	0.016 3
0.10	0.465 7	0.50	0.273 3	0.90	0.108 3	1.30	0.040 2	1.70	0.016 0
0.11	0.463 3	0.51	0.267 9	0.91	0.105 7	1.31	0.039 3	1.72	0.015 3
0.12	0.460 7	0.52	0.262 5	0.92	0.103 1	1.32	0.038 4	1.74	0.014 7
0.13	0.457 9	0.53	0.257 1	0.93	0.100 5	1.33	0.037 4	1.76	0.014 1
0.14	0.454 8	0.54	0.251 8	0.94	0.098 1	1.34	0.036 5	1.78	0.013 5
0.15	0.451 6	0.55	0.246 6	0.95	0.095 6	1.35	0.035 7	1.80	0.012 9
0.16	0.448 2	0.56	0.241 4	0.96	0.093 3	1.36	0.034 8	1.82	0.012 4
0.17	0.444 6	0.57	0.236 3	0.97	0.091 0	1.37	0.034 0	1.84	0.011 9
0.18	0.440 9	0.58	0.231 3	0.98	0.088 7	1.38	0.033 2	1.86	0.011 4

续表 3-1

r/z	K	r/z	K	r/z	K	r/z	K	r/z	K
0. 19	0. 437 0	0. 59	0. 226 3	0. 99	0. 086 5	1. 39	0. 032 4	1. 88	0. 010 9
0. 20	0. 432 9	0. 60	0. 221 4	1. 00	0. 084 4	1. 40	0. 031 7	1. 90	0. 010 5
0. 21	0. 428 6	0. 61	0. 216 5	1. 01	0. 082 3	1. 41	0. 030 9	1. 92	0. 010 1
0. 22	0. 424 2	0. 62	0. 211 7	1. 02	0. 080 3	1. 42	0. 030 2	1. 94	0. 009 7
0. 23	0. 419 7	0. 63	0. 207 0	1. 03	0. 078 3	1. 43	0. 029 5	1. 96	0. 009 3
0. 24	0. 415 1	0. 64	0. 202 4	1. 04	0. 076 4	1. 44	0. 028 8	1. 98	0. 008 9
0. 25	0. 410 3	0. 65	0. 199 8	1. 05	0. 074 4	1. 45	0. 028 2	2. 00	0. 008 5
0. 26	0. 405 4	0. 66	0. 193 4	1. 06	0. 072 7	1. 46	0. 027 5	2. 10	0. 007 0
0. 27	0. 400 4	0. 67	0. 188 9	1. 07	0. 070 9	1. 47	0. 026 9	2. 20	0. 005 8
0. 28	0. 395 4	0. 68	0. 184 6	1. 08	0. 069 1	1. 48	0. 026 3	2. 30	0. 004 8
0. 29	0. 390 2	0. 69	0. 180 4	1. 09	0. 067 4	1. 49	0. 025 7	2. 40	0. 004 0
0. 30	0. 384 9	0. 70	0. 176 2	1. 10	0. 065 8	1. 50	0. 025 1	2. 50	0. 003 4
0. 31	0. 379 6	0. 71	0. 172 1	1. 11	0. 064 1	1. 51	0. 024 5	2. 60	0. 002 9
0. 32	0. 374 2	0. 72	0. 168 1	1. 12	0. 062 6	1. 52	0. 024 0	2. 70	0. 002 4
0. 33	0. 368 7	0. 73	0. 164 1	1. 13	0. 061 0	1. 53	0. 023 4	2. 80	0. 002 1
0. 34	0. 363 2	0. 74	0. 160 3	1. 14	0. 059 5	1. 54	0. 022 9	2. 90	0. 001 7
0. 35	0. 357 7	0. 75	0. 156 5	1. 15	0. 058 1	1. 55	0. 022 4	3. 00	0. 001 5
0. 36	0. 352 1	0. 76	0. 152 7	1. 16	0. 056 7	1. 56	0. 021 9	3. 50	0. 000 7
0. 37	0. 346 5	0. 77	0. 149 1	1. 17	0. 055 3	1. 57	0. 021 4	4. 00	0. 000 4
0. 38	0. 340 8	0. 78	0. 145 5	1. 18	0. 053 9	1. 58	0. 020 9	4. 50	0. 000 2
0. 39	0. 335 1	0. 79	0. 142 0	1. 19	0. 052 6	1. 59	0. 020 4	5. 00	0. 000 1

在竖向集中力作用下地基中附加应力的分布规律如图 3-8 所示。

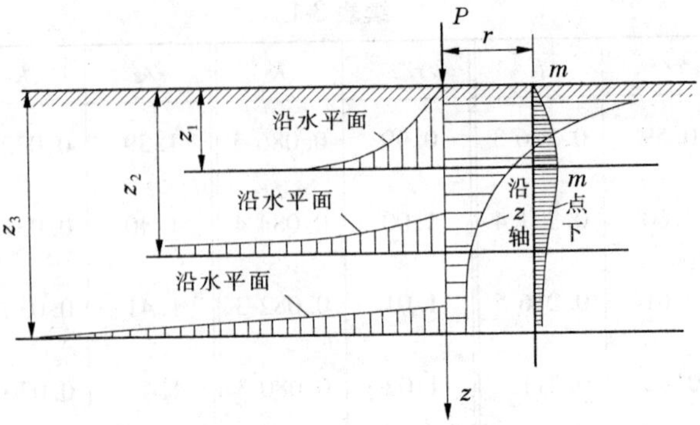

图 3-8　集中力作用下土中应力 σ_z 的分布

若在空间将 σ_z 相同的点连接成曲面，可以得到如图 3-9 所示的 σ_z 等值线，其空间曲面的形状如泡状，所以也称为应力泡，即集中力 P 在地基中引起的附加应力 σ_z 的分布是向下、向四周无限扩散开的，与杆件中应力的传递完全不一样。

当地基表面作用有几个集中力时，可分别算出各集中力在地基中引起的附加应力，然后根据弹性体应力叠加原理求出附加应力的总和。图 3-10 中，曲线 a 表示集中力 P_1 在 z 深度水平线上引起的应力分布，曲线 b 表示集中力 P_2 在同一水平线上引起的应力分布，把曲线 a 和曲线 b 相加得到曲线 c，就是该水平线上总的应力。

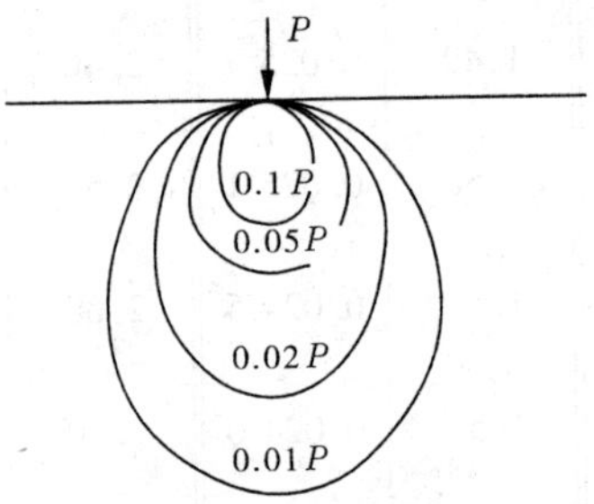

图 3-9　σ_z 的等值线

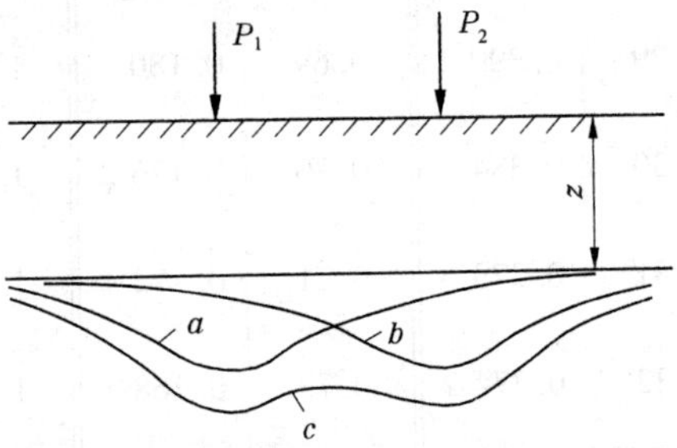

图 3-10　两个集中力作用下土中 σ_z 的叠加

任何建筑物都要通过一定尺寸的基础把荷载传给地基。基础的形状和基础底面上的压力分布各不相同，但都可以利用前述集中荷载引起的应力计算方法和弹性体中的应力叠加原理，计算地基内任意点的附加应力。

二、竖直均布荷载作用

地基表面有一矩形面积，宽度为 b，长度为 l，其上作用着竖直均布荷载 p_0，地基内各点的附加应力，仍利用应力的叠加原理进行计算。

（一）角点下应力的计算

角点下的应力是指图 3-11 中 O、A、C、D 四个角点下任意深度处的应力，同一深度 z 四个角点下的应力 σ_z 都相同。将坐标的原点取在角点 O 上，在荷载面积内任取微分面

积 $dA = dxdy$，并将其上作用的荷载以集中力 dP 代替，则 $dP = p_0 dA = p_0 dxdy$。利用式(3-16)可求出该集中力在角点 O 以下深度 z 处 M 点所引起的竖直向附加应力 $d\sigma_z$：

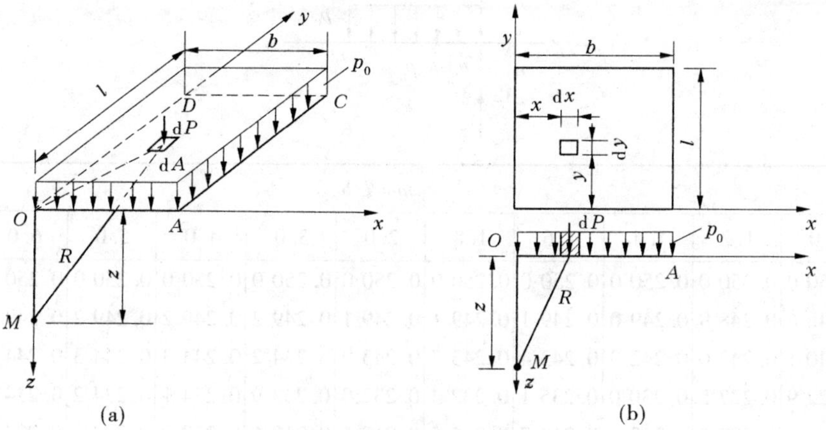

图 3-11　均布矩形荷载角点下的附加应力

$$d\sigma_z = \frac{3dP}{2\pi}\frac{z^3}{R^5} = \frac{3p_0}{2\pi}\frac{z^3}{(x^2+y^2+z^2)^{5/2}}dxdy$$

于是

$$\sigma_z = \int_0^l\int_0^b \frac{3p_0}{2\pi}\frac{z^3}{(x+y+z)^{5/2}}dxdy$$

$$= \frac{p_0}{2\pi}\left[\frac{lbz(l^2+b^2+2z^2)}{(l^2+b^2)(b^2+z^2)\sqrt{l^2+b^2+z^2}} + \arcsin\frac{lb}{\sqrt{(l^2+z^2)(b^2+z^2)}}\right]$$

令

$$K_c = \frac{1}{2\pi}\left[\frac{lbz(l^2+b^2+2z^2)}{(l^2+b^2)(b^2+z^2)\sqrt{l^2+b^2+z^2}} + \arcsin\frac{lb}{\sqrt{(l^2+z^2)(b^2+z^2)}}\right]$$

则得

$$\sigma_z = K_c p_0 \tag{3-19}$$

式中　K_c——均布矩形荷载角点下的竖向附加应力系数，简称角点应力系数，可按 $m = l/b$，$n = z/b$（l 为矩形基底的长边，b 为短边）值由表 3-2 查得。

（二）任意点的应力——角点法

对于均布矩形荷载下的附加应力计算点不位于角点下的情况，可利用上式以角点法求得。图 3-12 中列出计算点不位于角点下的四种情况（在图中 O 点以下任意深度 z 处）。计算时，通过 O 点把荷载面分成若干个矩形面积，O 点就是划分出的各个矩形的公共角点，然后按式(3-19)计算每个矩形角点下同一深度 z 处的附加应力 σ_z，并求其代数和。四种情况的算式分别如下：

表 3-2　矩形面积受竖直均布荷载作用时角点下的应力系数 K_c

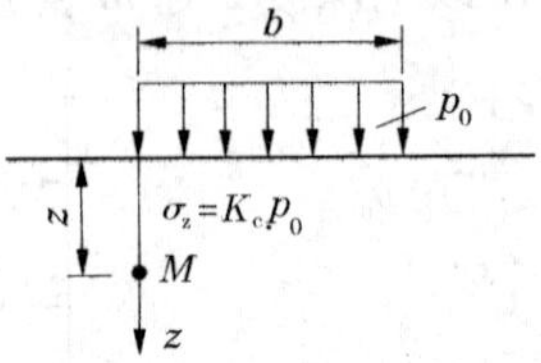

$n=z/b$	$m=l/b$										
	1.0	1.2	1.4	1.6	1.8	2.0	3.0	4.0	5.0	6.0	10.0
0.0	0.250 0	0.250 0	0.250 0	0.250 0	0.250 0	0.250 0	0.250 0	0.250 0	0.250 0	0.250 0	0.250 0
0.2	0.248 6	0.248 9	0.249 0	0.249 1	0.249 1	0.249 1	0.249 2	0.249 2	0.249 2	0.249 2	0.249 2
0.4	0.240 1	0.242 0	0.242 9	0.243 4	0.243 7	0.243 9	0.244 2	0.244 3	0.244 3	0.244 3	0.244 3
0.6	0.222 9	0.227 5	0.230 0	0.235 1	0.232 4	0.232 9	0.233 9	0.234 1	0.234 2	0.234 2	0.234 2
0.8	0.199 9	0.207 5	0.212 0	0.214 7	0.216 5	0.217 6	0.219 6	0.220 0	0.220 2	0.220 2	0.220 2
1.0	0.175 2	0.185 1	0.191 1	0.195 5	0.198 1	0.199 9	0.203 4	0.204 2	0.204 4	0.204 5	0.204 6
1.2	0.151 6	0.162 6	0.170 5	0.175 8	0.179 3	0.181 8	0.187 0	0.188 2	0.188 5	0.188 7	0.188 8
1.4	0.130 8	0.142 3	0.150 8	0.156 9	0.161 3	0.164 4	0.171 2	0.173 0	0.173 5	0.173 8	0.174 0
1.6	0.112 3	0.124 1	0.132 9	0.143 6	0.144 5	0.148 2	0.156 7	0.159 0	0.159 8	0.160 1	0.160 4
1.8	0.096 9	0.108 3	0.117 2	0.124 1	0.129 4	0.133 4	0.143 4	0.146 3	0.147 4	0.147 8	0.148 2
2.0	0.084 0	0.094 7	0.103 4	0.110 3	0.115 8	0.120 2	0.131 4	0.135 0	0.136 3	0.136 8	0.137 4
2.2	0.073 2	0.083 2	0.091 7	0.098 4	0.103 9	0.108 4	0.120 5	0.124 8	0.126 4	0.127 1	0.127 7
2.4	0.064 2	0.073 4	0.081 2	0.087 9	0.093 4	0.097 9	0.110 8	0.115 6	0.117 5	0.118 4	0.119 2
2.6	0.056 6	0.065 1	0.072 5	0.078 8	0.084 2	0.088 7	0.102 0	0.107 3	0.109 5	0.110 6	0.111 6
2.8	0.050 2	0.058 0	0.064 9	0.070 9	0.076 1	0.080 5	0.094 2	0.099 9	0.102 4	0.103 6	0.104 8
3.0	0.044 7	0.051 9	0.058 3	0.064 0	0.069 0	0.073 2	0.087 0	0.093 1	0.095 9	0.097 3	0.098 7
3.2	0.040 1	0.046 7	0.052 6	0.058 0	0.062 7	0.066 8	0.080 6	0.087 0	0.090 0	0.091 6	0.093 3
3.4	0.036 1	0.042 1	0.047 7	0.052 7	0.057 1	0.061 1	0.074 7	0.081 4	0.084 7	0.086 4	0.088 2
3.6	0.032 6	0.038 2	0.043 3	0.048 0	0.052 3	0.056 1	0.069 4	0.076 3	0.079 9	0.081 6	0.083 7
3.8	0.029 6	0.034 8	0.039 5	0.043 9	0.047 9	0.051 6	0.064 5	0.071 7	0.075 3	0.077 3	0.079 6
4.0	0.027 0	0.031 8	0.036 2	0.040 3	0.044 1	0.047 4	0.060 3	0.067 4	0.071 2	0.073 3	0.075 8
4.2	0.024 7	0.029 1	0.033 3	0.037 1	0.040 7	0.043 9	0.056 3	0.063 4	0.067 4	0.069 6	0.072 4
4.4	0.022 7	0.026 8	0.030 6	0.034 3	0.037 6	0.040 7	0.052 7	0.059 7	0.063 9	0.066 2	0.069 6
4.6	0.020 9	0.024 7	0.028 3	0.031 7	0.034 8	0.037 8	0.049 3	0.056 4	0.060 6	0.063 0	0.066 3
4.8	0.019 3	0.022 9	0.026 2	0.029 4	0.032 4	0.035 2	0.046 3	0.053 3	0.057 6	0.060 1	0.063 5
5.0	0.017 9	0.021 2	0.024 3	0.027 4	0.030 2	0.032 8	0.043 5	0.050 4	0.054 7	0.057 3	0.061 0
6.0	0.012 7	0.015 1	0.017 4	0.019 6	0.021 8	0.023 3	0.032 5	0.038 8	0.043 1	0.046 0	0.050 6
7.0	0.009 4	0.011 2	0.013 0	0.014 7	0.016 4	0.018 0	0.025 1	0.030 6	0.034 6	0.037 6	0.042 8
8.0	0.007 3	0.008 7	0.010 1	0.011 4	0.012 7	0.014 0	0.019 8	0.024 6	0.028 3	0.031 1	0.036 7
9.0	0.005 8	0.006 9	0.008 0	0.009 1	0.010 2	0.011 2	0.016 1	0.020 2	0.023 5	0.026 2	0.031 9
10.0	0.004 7	0.005 6	0.006 5	0.007 4	0.008 3	0.009 2	0.013 2	0.016 7	0.019 8	0.022 2	0.028 0

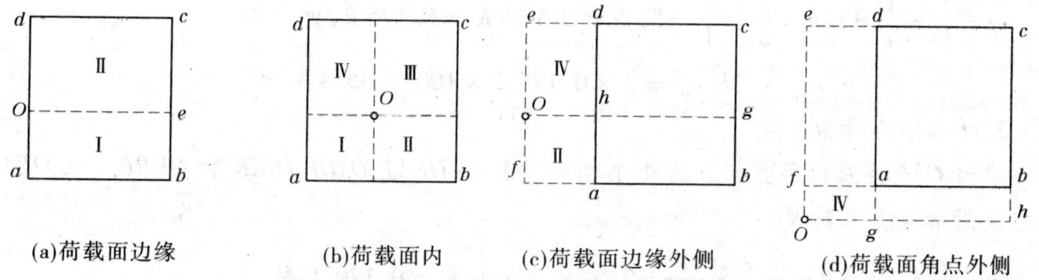

图 3-12　角点法计算均布矩形荷载下的地基附加应力

(1)计算点 O 在荷载面边缘,如图 3-12(a)所示

$$\sigma_z = (K_{c\,\mathrm{I}} + K_{c\,\mathrm{II}})p_0$$

(2)计算点 O 在荷载面内,如图 3-12(b)所示

$$\sigma_z = (K_{c\,\mathrm{I}} + K_{c\,\mathrm{II}} + K_{c\,\mathrm{III}} + K_{c\,\mathrm{IV}})p_0$$

(3)计算点 O 在荷载面边缘外侧,如图 3-12(c)所示

$$\sigma_z = (K_{c\,\mathrm{I}} - K_{c\,\mathrm{II}} + K_{c\,\mathrm{III}} - K_{c\,\mathrm{IV}})p_0$$

(4)计算点 O 在荷载面角点外侧,如图 3-12(d)所示

$$\sigma_z = (K_{c\,\mathrm{I}} - K_{c\,\mathrm{II}} - K_{c\,\mathrm{III}} + K_{c\,\mathrm{IV}})p_0$$

【例 3-2】　今有均布荷载 $p_0 = 100$ kN/m^2,荷载面积为 2×1 m^2,如图 3-13 所示,求荷载面积上角点 A、边点 E、中心点 O 及荷载面积外 F 点和 G 点等各点下 $z = 1$ m 深度处的附加应力,并利用计算结果说明附加应力的扩散规律。

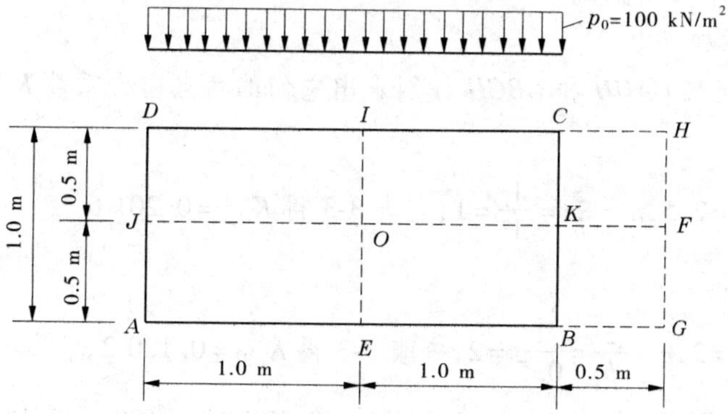

图 3-13

解　1. A 点下的附加应力

A 点是矩形 $ABCD$ 的角点,且 $m = l/b = 2/1 = 2$;$n = z/b = 1$,查表 3-3 得 $K_c = 0.199\,9$,故

$$\sigma_{zA} = K_c p_0 = 0.199\,9 \times 100 = 20(\mathrm{kN/m^2})$$

2. E 点下的附加应力

通过 E 点将矩形荷载面积划分为两个相等的矩形 $EADI$ 和 $EBCI$。求 $EADI$ 的角点应力系数 K_c:

$$m=\frac{l}{b}=\frac{1}{1}=1; n=\frac{z}{b}=\frac{1}{1}=1\text{，查表 3-3 得 } K_c=0.1752\text{，故}$$

$$\sigma_{zE}=2K_cp_0=2\times0.1752\times100=35(\mathrm{kN/m^2})$$

3. O 点下的附加应力

通过 O 点将原矩形面积分为 4 个相等的矩形 $OEAJ$、$OJDI$、$OICK$ 和 $OKBE$。求 $OEAJ$ 角点的附加应力系数 K_c：

$$m=\frac{l}{b}=\frac{1}{0.5}=2; n=\frac{z}{b}=\frac{1}{0.5}=2\text{，查表 3-3 得 } K_c=0.1202\text{，故}$$

$$\sigma_{zO}=4K_cp_0=4\times0.1202\times100=48.1(\mathrm{kN/m^2})$$

4. F 点下的附加应力

过 F 点作矩形 $FGAJ$、$FJDH$、$FGBK$ 和 $FKCH$。假设 $K_{c\mathrm{I}}$ 为矩形 $FGAJ$ 和 $FJDH$ 的角点应力系数，$K_{c\mathrm{II}}$ 为矩形 $FGBK$ 和 $FKCH$ 的角点应力系数。

求 $K_{c\mathrm{I}}$：

$$m=\frac{l}{b}=\frac{2.5}{0.5}=5, n=\frac{z}{b}=\frac{1}{0.5}=2\text{，查表 3-3 得 } K_{c\mathrm{I}}=0.1363$$

求 $K_{c\mathrm{II}}$：

$$m=\frac{l}{b}=\frac{0.5}{0.5}=1, n=\frac{z}{b}=\frac{1}{0.5}=2\text{，查表 3-3 得 } K_{c\mathrm{II}}=0.0840$$

故

$$\sigma_{zF}=2(K_{c\mathrm{I}}-K_{c\mathrm{II}})p_0=2\times(0.1363-0.0840)\times100=10.5(\mathrm{kN/m^2})$$

5. G 点下的附加应力

通过 G 点作矩形 $GADH$ 和 $GBCH$ 分别求出它们的角点应力系数 $K_{c\mathrm{I}}$ 和 $K_{c\mathrm{II}}$。

求 $K_{c\mathrm{I}}$：

$$m=\frac{l}{b}=\frac{2.5}{1}=2.5, n=\frac{z}{b}=\frac{1}{1}=1\text{，查表 3-3 得 } K_{c\mathrm{I}}=0.2016$$

求 $K_{c\mathrm{II}}$：

$$m=\frac{l}{b}=\frac{1}{0.5}=2, n=\frac{z}{b}=\frac{1}{0.5}=2\text{，查表 3-3 得 } K_{c\mathrm{II}}=0.1202\text{，故}$$

$$\sigma_{zG}=(K_{c\mathrm{I}}-K_{c\mathrm{II}})p_0=(0.2016-0.1202)\times100=8.1(\mathrm{kN/m^2})$$

将计算结果绘成图3-14。可以看出，在矩形面积受均布荷载作用时，不仅在受荷面积垂直下方的范围内产生附加应力，而且在荷载面积以外的地基土中（F、G 点下方）也会产生附加应力；在地基中同一深度处（例如 $z=1$ m），离受荷面积中线愈远的点，其附加应力值愈小，矩形面积中点处附加应力最大；将中点 O 下和 F 点下不同深度的附加应力求出并绘成曲线，如图 3-14(b)所示，可看出地基中附加应力的扩散规律。

三、竖向三角形荷载作用

设竖向荷载沿矩形面积一边 b 方向上呈三角形分布（沿另一边的荷载分布不变），荷

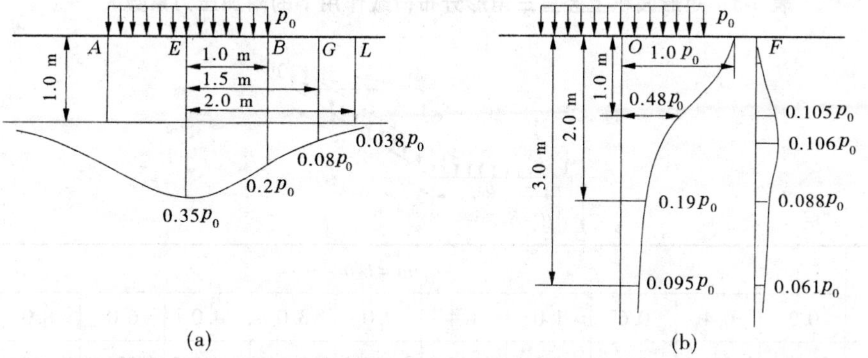

图 3-14　例 3-2 图

载的最大值为 p_t（见图 3-15）。将荷载面内某一微面积 $dA = dxdy$ 上的分布荷载以集中力 $\frac{x}{b}p_t dxdy$ 代替。于是，角点下深度 z 处的附加应力为

$$d\sigma_z = \frac{3p_t}{2\pi}\frac{xz^3}{b(x^2+y^2+z^2)^{5/2}}dxdy$$

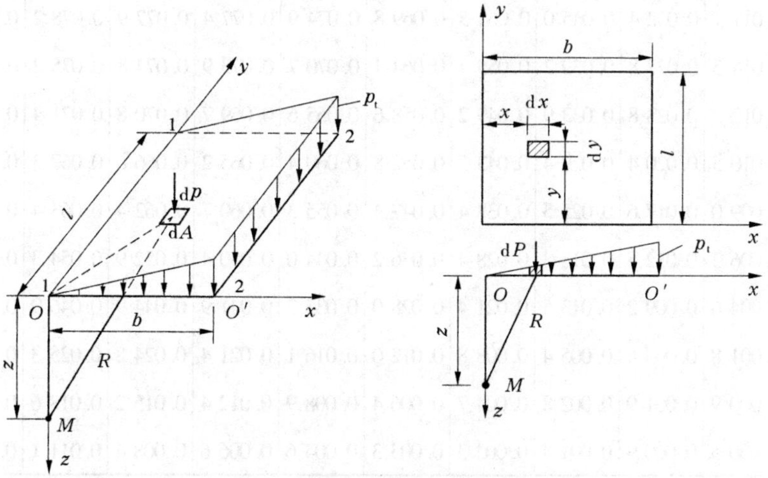

图 3-15　三角形分布的矩形荷载

在整个矩形面积内进行积分后得角点 1 下的竖向附加应力为

$$\sigma_z = K_t p_t \tag{3-20}$$

式中　$K_t = \frac{mn}{2\pi}\left[-\frac{n^2}{(1+n^2)\sqrt{m^2+n^2+1}}+\frac{1}{\sqrt{m^2+n^2}}\right]$

K_t——矩形面积竖直三角分布荷载角点下的应力分布系数，由 $m = l/b, n = z/b$（b 为荷载变化方向的边长，l 为矩形基底的另一边长）值从表 3-3 查得。

p_t——竖向三角形分布荷载最大值。

同理，还可求得荷载最大值边的角点 2 下的竖向应力为

$$\sigma_z = K_{t2}p_t = (K_c - K_t)p_t \tag{3-21}$$

表 3-3　矩形面积上竖直三角形分布荷载作用下的附加压力系数 K_t

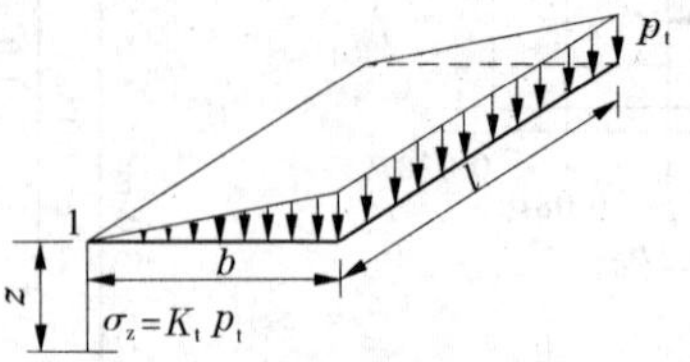

$n=z/b$	$m=l/b$										
	0.2	0.4	0.6	1.0	1.4	2.0	3.0	4.0	6.0	8.0	10.0
0	0.000 0	0.000 0	0.000 0	0.000 0	0.000 0	0.000 0	0.000 0	0.000 0	0.000 0	0.000 0	0.000 0
0.2	0.022 3	0.028 0	0.029 6	0.030 4	0.030 5	0.030 6	0.030 6	0.030 6	0.030 6	0.030 6	0.030 6
0.4	0.026 9	0.042 0	0.048 7	0.053 1	0.054 3	0.054 7	0.054 8	0.054 9	0.054 9	0.054 9	0.054 9
0.6	0.025 9	0.044 8	0.056 0	0.065 4	0.068 4	0.069 6	0.070 1	0.070 2	0.070 2	0.070 2	0.070 2
0.8	0.023 2	0.042 1	0.055 3	0.068 8	0.073 9	0.076 4	0.077 3	0.077 6	0.077 6	0.077 6	0.077 6
1.0	0.020 1	0.037 5	0.050 8	0.066 6	0.073 5	0.077 4	0.079 0	0.079 4	0.079 5	0.079 6	0.079 6
1.2	0.017 1	0.032 4	0.045 0	0.061 5	0.069 8	0.074 9	0.077 4	0.077 9	0.078 2	0.078 3	0.078 3
1.4	0.014 5	0.027 8	0.039 2	0.055 4	0.064 4	0.070 7	0.073 9	0.074 8	0.075 2	0.075 2	0.075 3
1.6	0.012 3	0.023 8	0.033 9	0.049 2	0.058 6	0.065 6	0.069 7	0.070 8	0.071 4	0.071 5	0.071 5
1.8	0.010 5	0.020 4	0.029 4	0.043 5	0.052 8	0.060 4	0.065 2	0.066 6	0.067 3	0.067 5	0.067 5
2.0	0.009 0	0.017 6	0.025 5	0.038 4	0.047 4	0.055 3	0.060 7	0.062 4	0.063 4	0.063 6	0.063 6
2.5	0.006 3	0.012 5	0.018 3	0.028 4	0.036 2	0.044 0	0.050 4	0.052 9	0.054 3	0.054 7	0.054 8
3.0	0.004 6	0.009 2	0.013 5	0.021 4	0.028 0	0.035 2	0.041 9	0.044 9	0.046 9	0.047 4	0.047 6
5.0	0.001 8	0.003 6	0.005 4	0.008 8	0.012 0	0.016 1	0.021 4	0.024 8	0.025 3	0.029 6	0.030 1
7.0	0.000 9	0.001 9	0.002 8	0.004 7	0.006 4	0.008 9	0.012 4	0.015 2	0.018 6	0.020 4	0.021 2
10.0	0.000 5	0.000 9	0.001 4	0.002 3	0.003 3	0.004 6	0.006 6	0.008 4	0.011 1	0.012 3	0.013 9

对于基底压力为梯形分布的荷载,可将荷载分解为均布荷载和三角形分布荷载,分别计算地基中同一点的 σ_z,然后叠加,即求得地基中任意点的附加应力。

练习题

1. 地下水位变动对自重应力有何影响?

2. 基底压力和基底附加压力有何区别?如何计算基底附加压力?

3. 角点法计算附加应力时应注意哪些问题?

4. 某场地天然土层分布如图 3-16 所示,试计算图 3-16 中 1、2、3 点的竖向有效自重应力及孔隙水压力。

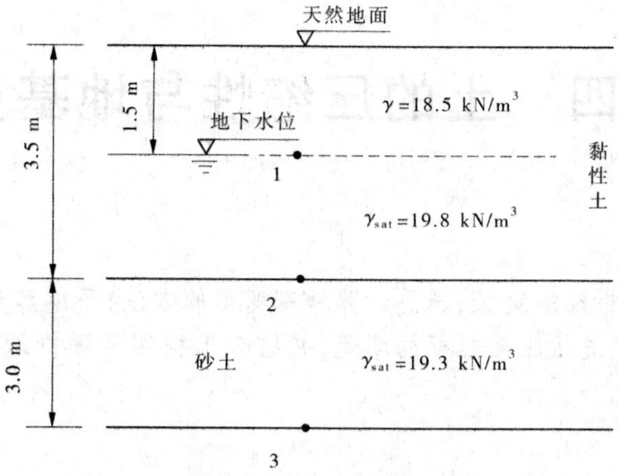

图 3-16　天然土层分布

5. 某工程地基土的物理性质指标如表 3-4 所示，地下水位距地表 3 m，试计算自重应力并在表格内绘出自重应力分布曲线。

表 3-4　地基土的物理性质指标

土层	深度 z (m)	分层厚度 (m)	重度 γ (kN/m^3)	竖向自重应力分布 σ_{cz} (kPa)
填土	1	1	15.7	
粉质黏土	3.0	2.0	17.5	
	5.0	2.0	18.5	
粉砂	10	5	20.5	
不透水层	13	3.0	19.2	

6. 如图 3-17 所示基础，其上作用着均布荷载 $p=140$ kPa，试求图中 A 点以下 6 m 深处的竖向附加应力 σ_z。

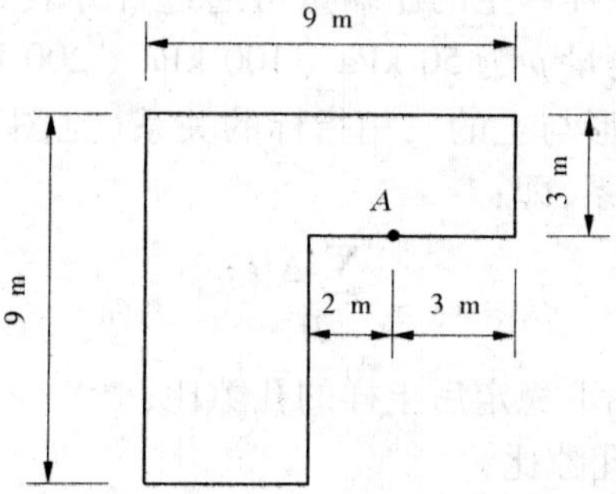

图 3-17　基础

单元四　土的压缩性与地基变形

教学目标

掌握土的压缩性指标的定义；熟悉计算地基变形的方法；了解建筑物沉降观测方法及地基变形特征类型；能进行压缩指标的测定，并结合工程实际评价地基土的压缩性高低，会进行地基沉降观测。

重点难点

土的压缩性指标；应力面积法；地基沉降观测。

课题一　土的压缩性

土的压缩性是指土在压力作用下体积缩小而被压密的性能。在建筑荷载作用下土体产生压缩变形，当荷载 $p<600$ kPa 时，土粒和水本身的变形很小，可以忽略不计，土体发生变形主要是孔隙中孔隙水和气体被挤出，孔隙体积随之减小引起的，其变形主要是竖向的压缩变形。土的压缩性的大小，工程上一般采用压缩试验来确定。

一、土的压缩试验与压缩性指标

（一）室内压缩试验

土的室内压缩试验亦称固结试验，是研究土压缩性的最基本的方法。试验主要仪器为侧限压缩仪（又称固结仪），如图 4-1 所示。试验时将带有土样的环刀置于刚性护环中，由于金属环刀及刚性护环的限制，土样在竖向压力作用下只能发生竖向变形，而无侧向变形。在土样上下放置的透水石是土样受压后排出孔隙水的两个界面。压缩过程中竖向压力通过刚性板施加给土样，土样产生的压缩量可通过百分表量测。常规压缩试验通过逐级加荷进行，常用的分级加荷量 p 为 50 kPa 、100 kPa 、200 kPa、300 kPa 及 400 kPa。

根据压缩过程中土样变形与土的三相指标的关系（见图 4-2），可以导出试验过程孔隙比 e_i 与压缩量 $\sum\Delta H_i$ 的关系，即：

$$e_i = e_0 - \frac{\sum \Delta H_i}{H_0}(1 + e_0) \tag{4-1}$$

式中　e_i——第 i 级荷载作用下稳定后土样的孔隙比；

e_0——压缩前土样的孔隙比；

$\sum\Delta H_i$——第 i 级荷载作用稳定后相应的总变形量，mm；

H_0——压缩前土样的原始高度，mm。

这样，根据式(4-1)即可得到各级荷载 p 作用下对应的孔隙比 e，从而绘制出土样压缩试验的 $e\sim p$ 曲线或 $e\sim \lg p$ 曲线，如图 4-3 所示。

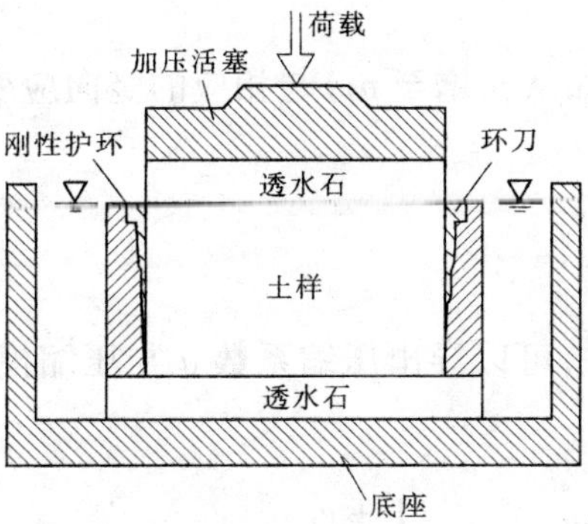

图 4-1　侧限压缩试验示意图

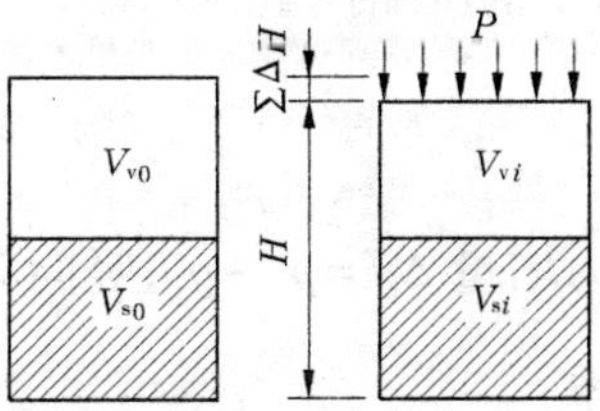

图 4-2　土的压缩试验原理

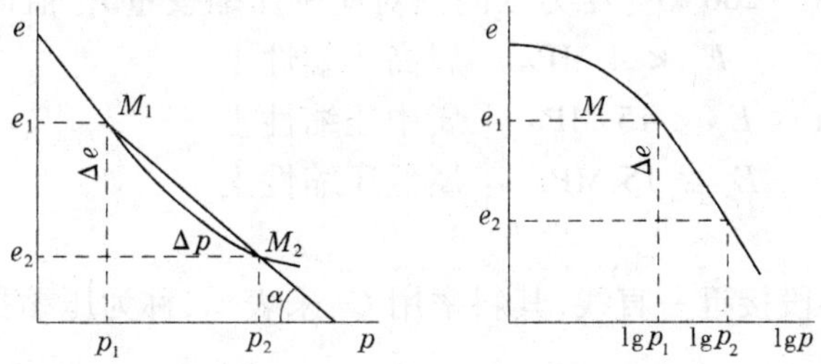

(a) $e \sim p$ 曲线　(b) $e \sim \lg p$ 曲线

图 4-3　压缩曲线

(二)压缩性指标

1. 压缩系数 a

在 $e \sim p$ 曲线上,设压力由 p_1 增至 p_2,相应的孔隙比由 e_1 减小到 e_2,当压力变化范围不大时,可将 M_1M_2 一小段曲线用割线来代替,用割线 M_1M_2 的斜率来表示土在这一段压力范围的压缩性,即

$$a = \tan\alpha = -\frac{\Delta e}{\Delta p} = \frac{e_1 - e_2}{p_2 - p_1} \tag{4-2}$$

式中　a——压缩系数,kPa^{-1} 或 MPa^{-1};

p_1——增压前的压力,kPa 或 MPa;

p_2——增压后的压力,kPa 或 MPa;

e_1——增压前土体在 p_1 作用下压缩稳定后的孔隙比;

e_2——增压后土体在 p_2 作用下压缩稳定后的孔隙比。

从图 4-3(a)可以看出,压缩系数 a 愈大,曲线愈陡,土的压缩性愈高。压缩系数 a 值与土所受的荷载大小有关。我国《建筑地基基础设计规范》(GB 50007—2002)中规定,工程中采用 100 ~ 200 kPa 压力区间内对应的压缩系数 a_{1-2} 来评价土的压缩性,即

$a_{1-2} < 0.1\ MPa^{-1}$　属低压缩性土

$0.1\ MPa^{-1} \leqslant a_{1-2} < 0.5\ MPa^{-1}$　属中压缩性土

$a_{1-2} \geqslant 0.5\ MPa^{-1}$　属高压缩性土

2. 压缩模量 E_s

土在完全侧限的条件下竖向应力增量 Δp（如从 p_1 增至 p_2）与相应的竖向应变 ε 的比值，称为土的压缩模量，即

$$E_s = \frac{\Delta p}{\varepsilon} \tag{4-3}$$

压力增量 $\Delta p = p_2 - p_1$，竖向应变 $\varepsilon = \frac{H_1 - H_2}{H_1}$，可以导出压缩系数 a 与压缩模量 E_s 之间的关系：

$$E_s = \frac{\Delta p}{\Delta H/H_1} = \frac{\Delta p}{\Delta e/(1 + e_1)} = \frac{1 + e_1}{a} \tag{4-4}$$

同样，可以用 100 ~ 200 kPa 压力区间内对应的压缩模量 E_s 值评价土的压缩性，即

$E_s < 4$ MPa　属高压缩性土

4 MPa $\leqslant E_s < 15$ MPa　属中压缩性土

$E_s \geqslant 15$ MPa　属低压缩性土

3. 压缩指数 C_c

$e \sim \lg p$ 曲线后半段接近一直线，其斜率用 C_c 来表示，称为压缩指数，即

$$C_c = \frac{e_1 - e_2}{\lg p_2 - \lg p_1} = \frac{e_1 - e_2}{\lg \frac{p_2}{p_1}} \tag{4-5}$$

压缩指数 C_c 与压缩系数 a 不同，它在压力较大时为常数，不随压力变化而变化。C_c 值越大，土的压缩性越高，低压缩性土的 C_c 值一般小于 0.2，高压缩性土的 C_c 值一般大于 0.4。

二、土的应力历史

所谓土的应力历史，是指土层在地质历史发展过程中所形成的先期应力状态及这个状态对土层强度与变形的影响。

（一）先期固结压力

土层在历史上曾经承受过的最大固结压力，称为先期固结压力，用 p_c 表示。目前，先期固结压力 p_c 通常是根据室内压缩试验获得的 $e \sim \lg p$ 曲线来确定的，较简便明了的方法是卡萨格兰德 1936 年提出的经验作图法（见图 4-4）：

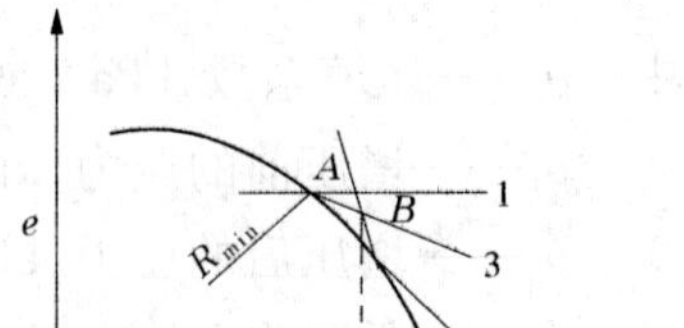

图 4-4　卡萨格兰德经验作图法

（1）在 $e \sim \lg p$ 曲线拐弯处找出曲率半径最小的点 A，过 A 点作水平线 $A1$ 和切线 $A2$；

（2）作 $\angle 1A2$ 的平分线 $A3$，与 $e \sim \lg p$ 曲线直线段的延长线交于 B 点；

（3）B 点所对应的有效应力即为先期固结压力。

必须指出，采用这种简易的经验作图法要求取土质量较高，绘制 $e \sim \lg p$ 曲线时还应

注意选用合适的比例;否则,很难找到曲率半径最小的点 A,不能得出可靠的结果,还应结合现场的调查资料综合分析确定。

(二)超固结比与土的固结状态

超固结比是先期固结压力 p_c 与现有固结压力 σ_c 的比值,用 OCR 表示,即

$$OCR = \frac{p_c}{\sigma_c} \tag{4-6}$$

工程中可根据超固结比来对土的固结状态进行分类:

(1)正常固结土($p_c = \sigma_c$,即 $OCR = 1.0$)。土在形成和存在的历史中只受过目前土层所受的自重应力,并在其应力作用下完全固结的土,如图 4-5(a)所示。

(2)超固结土($p_c > \sigma_c$,即 $OCR > 1.0$)。土层在历史上曾经沉积到图 4-5(b)中虚线所示的地面,并在自重应力作用下固结稳定,由于地质作用,上部土层被剥蚀而形成现在地表的土。

(3)欠固结土($p_c < \sigma_c$, 即 $OCR < 1.0$)。未经夯实的新填土或新近沉积的在自重应力 p_c 作用下尚未完全固结的堆积物,如图 4-5(c)所示。

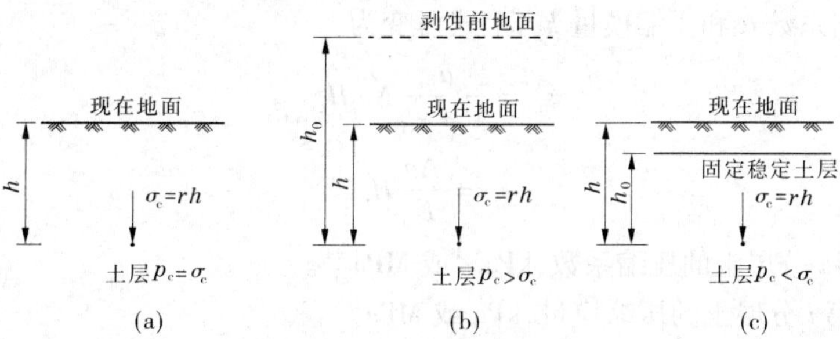

图 4-5　土的固结状态

课题二　地基最终沉降量计算

由于地基土体在建筑物荷载作用下会产生压缩变形,使得建筑物发生沉降,沉降量或沉降差较大时,就会影响建筑物的正常使用,严重时还可使建筑物开裂、倾斜,甚至倒塌。因此,为了保证建筑物的安全和正常使用,必须计算地基土体的沉降量及沉降差,把地基的变形值控制在容许的范围内。

地基土层在建筑物荷载作用下达到固结稳定时的最大沉降量,称为地基最终沉降量。计算地基最终沉降量,常采用分层总和法和应力面积法(规范法)。

一、分层总和法

(一)计算原理

分层总和法假设地基土只在竖向发生压缩变形,没有侧向变形,故可利用室内侧限压缩试验成果,计算出基底中心点下各分层土的竖向压缩量 s_i,地基的最终沉降量 s 为各分层竖向压缩量之和:

$$s = \sum_{i=1}^{n} s_i \tag{4-7}$$

式中 s——地基最终沉降量，mm；

s_i——第 i 分层土的竖向压缩量，mm。

(二)计算公式

各分层的沉降量可按下式计算：

$$s_i = \Delta H_i = \frac{e_{1i} - e_{2i}}{1 + e_{1i}} H_i = \frac{\Delta e_i}{1 + e_{1i}} H_i \tag{4-8}$$

式中 ΔH_i——施加荷载达沉降稳定后第 i 分层土的沉降量，mm；

H_i——施加荷载前第 i 分层土的厚度，mm；

e_{1i}——对应于第 i 分层土应力 p_{1i} 从土的压缩曲线上得到的孔隙比(p_{1i} 即第 i 分层自重应力值的平均值)；

e_{2i}——对应于第 i 分层土应力 p_{2i} 从土的压缩曲线上得到的孔隙比(p_{2i} 即第 i 分层土自重应力平均值 p_{1i} 与附加应力平均值 Δp_i 之和)。

若引入压缩系数 a 和压缩模量 E_s，上式可变为

$$s_i = \frac{a_i}{1 + e_{i1}} \Delta p_i H_i \tag{4-9}$$

$$s_i = \frac{\Delta p_i}{E_{si}} H_i \tag{4-10}$$

式中 a_i——第 i 分层土的压缩系数，kPa^{-1} 或 MPa^{-1}。

E_{si}——第 i 分层土的压缩模量，kPa 或 MPa。

(三)计算步骤

(1)地基土分层：成层土的层面及地下水位处是天然的分层界面；较厚土层需再分，分层厚度一般不宜大于 $0.4B$(B 为基底宽度)。

(2)计算各分层界面处土的自重应力：土的自重应力应从天然地面起算。

(3)计算基底压力及基底附加压力。

(4)计算基础中心点下各分层界面处附加应力：土的附加应力应从基底面起算。

(5)确定计算深度(压缩层厚度)：一般取地基附加应力等于自重应力的20%深度处作为沉降计算深度的限值(即 $\sigma_z/\sigma_{cz} \leqslant 0.2$)；若在该深度以下为高压缩性土，则应取地基附加应力等于自重应力的10%深度处作为沉降计算深度的限值(即 $\sigma_z/\sigma_{cz} \leqslant 0.1$)。

(6)计算各分层土的压缩量：$s_i = \dfrac{e_{1i} - e_{2i}}{1 + e_{1i}} H_i$；

(7)计算地基最终沉降量：$s = \sum s_i = \sum\limits_{i=1}^{n} \dfrac{e_{1i} - e_{2i}}{1 + e_{1i}} H_i$。

二、应力面积法

(一)计算原理

应力面积法是《建筑地基基础设计规范》(GB 50007—2002)中推荐使用的一种计算

地基最终沉降量的方法，故又称规范法。其原理是利用附加应力分布图形的面积计算土层的变形量，对分层总和法沉降量结果进行必要的修正，计算值更符合实际。

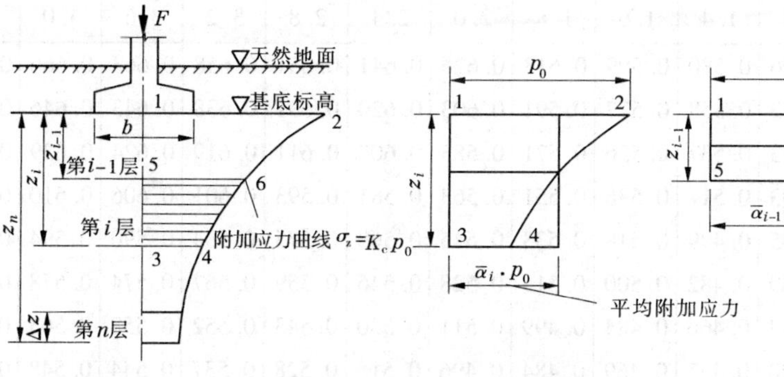

图 4-6 应力面积法原理示意图

基础的理论沉降量可表示为

$$s' = \sum_{i=1}^{n} s_i' = \sum_{i=1}^{n} \frac{p_0}{E_{si}}(z_i\overline{\alpha}_i - z_{i-1}\overline{\alpha}_{i-1}) \tag{4-11}$$

式中 n——沉降计算深度范围划分的土层数；

p_0——基底附加压力，kPa；

$\overline{\alpha}_i$、$\overline{\alpha}_{i-1}$——平均竖向附加应力系数，矩形面积上均布荷载作用时中心点下平均竖向附加应力系数 $\overline{\alpha}$ 值，可从表 4-1 中查得。

表 4-1 矩形面积受竖直均布荷载作用下基础中心点下地基的平均附加应力系数 $\overline{\alpha}$

z/b	l/b												
	1.0	1.2	1.4	1.6	1.8	2.0	2.4	2.8	3.2	3.6	4.0	5.0	>10
0.0	1.000	1.000	1.000	1.000	1.000	1.000	1.000	1.000	1.000	1.000	1.000	1.000	1.000
0.1	0.997	0.998	0.998	0.998	0.998	0.998	0.998	0.998	0.998	0.998	0.998	0.998	0.998
0.2	0.987	0.990	0.991	0.992	0.992	0.992	0.993	0.993	0.993	0.993	0.993	0.993	0.993
0.3	0.967	0.973	0.976	0.978	0.979	0.979	0.980	0.980	0.981	0.981	0.981	0.981	0.982
0.4	0.936	0.947	0.953	0.956	0.958	0.965	0.961	0.962	0.962	0.963	0.963	0.963	0.963
0.5	0.900	0.915	0.924	0.929	0.933	0.935	0.937	0.939	0.939	0.940	0.940	0.940	0.940
0.6	0.858	0.878	0.890	0.898	0.903	0.906	0.910	0.912	0.913	0.914	0.914	0.915	0.915
0.7	0.816	0.840	0.855	0.865	0.871	0.876	0.881	0.884	0.885	0.886	0.887	0.887	0.888
0.8	0.775	0.801	0.819	0.831	0.839	0.844	0.851	0.855	0.857	0.858	0.859	0.860	0.860
0.9	0.735	0.764	0.784	0.797	0.806	0.813	0.821	0.826	0.829	0.830	0.831	0.832	0.833
1.0	0.698	0.723	0.749	0.764	0.775	0.783	0.792	0.798	0.801	0.803	0.804	0.806	0.807
1.1	0.663	0.694	0.717	0.733	0.744	0.753	0.764	0.771	0.775	0.777	0.779	0.780	0.782
1.2	0.631	0.663	0.686	0.703	0.715	0.725	0.737	0.744	0.749	0.752	0.754	0.756	0.758
1.3	0.601	0.633	0.657	0.674	0.688	0.698	0.711	0.719	0.725	0.728	0.730	0.733	0.735
1.4	0.573	0.605	0.629	0.648	0.661	0.672	0.687	0.696	0.701	0.705	0.708	0.711	0.714
1.5	0.548	0.580	0.604	0.622	0.637	0.643	0.664	0.676	0.679	0.683	0.686	0.690	0.693

续表 4-1

z/b	l/b												
	1. 0	1. 2	1. 4	1. 6	1. 8	2. 0	2. 4	2. 8	3. 2	3. 6	4. 0	5. 0	>10
1. 6	0. 524	0. 556	0. 580	0. 599	0. 613	0. 625	0. 641	0. 651	0. 658	0. 663	0. 666	0. 670	0. 675
1. 7	0. 502	0. 533	0. 558	0. 577	0. 591	0. 603	0. 620	0. 631	0. 638	0. 643	0. 646	0. 651	0. 656
1. 8	0. 482	0. 513	0. 537	0. 556	0. 571	0. 583	0. 600	0. 611	0. 619	0. 624	0. 629	0. 633	0. 638
1. 9	0. 463	0. 493	0. 517	0. 536	0. 551	0. 563	0. 581	0. 593	0. 601	0. 606	0. 610	0. 616	0. 622
2. 0	0. 446	0. 475	0. 499	0. 518	0. 533	0. 545	0. 563	0. 575	0. 584	0. 590	0. 594	0. 600	0. 606
2. 1	0. 429	0. 459	0. 482	0. 500	0. 515	0. 528	0. 546	0. 559	0. 567	0. 574	0. 578	0. 585	0. 591
2. 2	0. 414	0. 443	0. 466	0. 484	0. 499	0. 511	0. 530	0. 543	0. 552	0. 558	0. 563	0. 570	0. 577
2. 3	0. 400	0. 428	0. 451	0. 469	0. 484	0. 496	0. 515	0. 528	0. 537	0. 544	0. 548	0. 556	0. 564
2. 4	0. 387	0. 414	0. 436	0. 454	0. 469	0. 481	0. 500	0. 513	0. 523	0. 530	0. 535	0. 543	0. 551
2. 5	0. 374	0. 401	0. 423	0. 441	0. 455	0. 468	0. 486	0. 500	0. 509	0. 516	0. 522	0. 530	0. 539
2. 6	0. 362	0. 389	0. 410	0. 428	0. 442	0. 455	0. 473	0. 487	0. 496	0. 504	0. 509	0. 518	0. 528
2. 7	0. 351	0. 377	0. 398	0. 416	0. 430	0. 442	0. 461	0. 474	0. 484	0. 492	0. 497	0. 506	0. 517
2. 8	0. 341	0. 366	0. 387	0. 404	0. 418	0. 430	0. 449	0. 463	0. 472	0. 480	0. 486	0. 495	0. 506
2. 9	0. 331	0. 356	0. 377	0. 393	0. 407	0. 419	0. 438	0. 451	0. 461	0. 469	0. 475	0. 485	0. 496
3. 0	0. 322	0. 346	0. 366	0. 383	0. 397	0. 409	0. 427	0. 441	0. 451	0. 459	0. 465	0. 474	0. 487
3. 1	0. 313	0. 337	0. 357	0. 373	0. 387	0. 398	0. 417	0. 430	0. 440	0. 448	0. 454	0. 464	0. 477
3. 2	0. 305	0. 328	0. 348	0. 364	0. 377	0. 389	0. 407	0. 420	0. 431	0. 439	0. 445	0. 455	0. 468
3. 3	0. 297	0. 320	0. 339	0. 355	0. 368	0. 379	0. 397	0. 411	0. 421	0. 429	0. 436	0. 446	0. 460
3. 4	0. 289	0. 312	0. 331	0. 346	0. 359	0. 371	0. 388	0. 402	0. 412	0. 420	0. 427	0. 437	0. 452
3. 5	0. 282	0. 304	0. 323	0. 338	0. 351	0. 362	0. 380	0. 393	0. 403	0. 412	0. 418	0. 429	0. 444
3. 6	0. 276	0. 297	0. 315	0. 330	0. 343	0. 354	0. 372	0. 385	0. 395	0. 403	0. 410	0. 421	0. 436
3. 7	0. 269	0. 290	0. 308	0. 323	0. 335	0. 346	0. 364	0. 377	0. 387	0. 395	0. 402	0. 413	0. 429
3. 8	0. 263	0. 284	0. 301	0. 316	0. 328	0. 339	0. 356	0. 369	0. 379	0. 388	0. 394	0. 405	0. 422
3. 9	0. 257	0. 277	0. 294	0. 309	0. 321	0. 332	0. 349	0. 362	0. 372	0. 380	0. 387	0. 398	0. 415
4. 0	0. 251	0. 271	0. 288	0. 302	0. 314	0. 325	0. 342	0. 355	0. 365	0. 373	0. 379	0. 391	0. 408
4. 1	0. 246	0. 265	0. 282	0. 296	0. 308	0. 318	0. 335	0. 348	0. 358	0. 366	0. 372	0. 384	0. 402
4. 2	0. 241	0. 260	0. 276	0. 290	0. 302	0. 312	0. 328	0. 341	0. 352	0. 359	0. 366	0. 377	0. 396
4. 3	0. 236	0. 255	0. 270	0. 284	0. 296	0. 306	0. 322	0. 335	0. 345	0. 363	0. 359	0. 371	0. 390
4. 4	0. 231	0. 250	0. 265	0. 278	0. 290	0. 300	0. 316	0. 329	0. 339	0. 347	0. 353	0. 365	0. 384
4. 5	0. 226	0. 245	0. 260	0. 273	0. 285	0. 294	0. 310	0. 323	0. 333	0. 341	0. 347	0. 359	0. 378
4. 6	0. 222	0. 240	0. 255	0. 268	0. 279	0. 289	0. 305	0. 317	0. 327	0. 335	0. 341	0. 353	0. 373
4. 7	0. 218	0. 235	0. 250	0. 263	0. 274	0. 284	0. 299	0. 312	0. 321	0. 329	0. 336	0. 347	0. 367
4. 8	0. 214	0. 231	0. 245	0. 258	0. 269	0. 279	0. 294	0. 306	0. 316	0. 324	0. 330	0. 342	0. 362
4. 9	0. 210	0. 227	0. 241	0. 253	0. 265	0. 274	0. 289	0. 301	0. 311	0. 319	0. 325	0. 337	0. 357
5. 0	0. 206	0. 223	0. 237	0. 249	0. 260	0. 269	0. 284	0. 296	0. 306	0. 313	0. 320	0. 332	0. 352

注:l、b 分别为矩形的长边与短边，z 为计算点距基础底面的垂直距离。

（二）沉降计算经验系数 ψ_s

为提高计算准确度，规范规定按式（4-11）得到的沉降 s' 尚应乘以一个沉降计算经验系数 ψ_s。ψ_s 的数值一般根据地区沉降观测资料及经验确定，也可按表 4-2 查取。

表 4-2　沉降计算经验系数 ψ_s

基底附加压力 p_0（kPa）	$\overline{E}_s$（MPa）				
	2.5	4.0	7.0	15.0	20.0
$p_0 \geqslant f_{ak}$	1.4	1.3	1.0	0.4	0.2
$p_0 \leqslant 0.75 f_{ak}$	1.1	1.0	0.7	0.4	0.2

注：f_{ak} 为地基承载力特征值。

$\overline{E}_s$ 为沉降计算深度范围内压缩模量当量值，按下式计算

$$\overline{E}_s = \frac{\sum_{i=1}^{n} A_i}{\sum_{i=1}^{n} A_i / E_{si}} \tag{4-12}$$

式中　A_i——第 i 层土附加应力系数曲线所围的面积。

综上所述，应力面积法的地基最终沉降量计算公式为

$$s = \psi_s s' = \psi_s \sum_{i=1}^{n} \frac{p_0}{E_{si}} (z_i \overline{\alpha}_i - z_{i-1} \overline{\alpha}_{i-1}) \tag{4-13}$$

（三）沉降计算深度的确定

《建筑地基基础设计规范》（GB 50007—2002）规定，沉降计算深度 z_n 由下列要求确定：

$$\Delta s'_n \leqslant 0.025 \sum_{i=1}^{n} s'_i \tag{4-14}$$

式中　$\Delta s'_n$——自试算深度往上 Δz 厚度范围的压缩量（包括考虑相邻荷载的影响），Δz 的取值按表 4-3 确定；

s'_i——在计算深度范围内，第 i 层土的计算变形值。

表 4-3　Δz 的取值

b（m）	$b \leqslant 2$	$2 < b \leqslant 4$	$4 < b \leqslant 8$	$8 < b$
Δz（m）	0.3	0.6	0.8	1.0

当确定的沉降计算深度下部仍有较软弱土层时，应继续往下进行计算。

当无相邻荷载影响，基础宽度为 1～30 m 时，地基沉降计算深度也可按下列简化公式计算

$$z_n = b(2.5 - 0.4 \ln b) \tag{4-15}$$

式中　b——基础宽度。

在计算深度范围内存在基岩时，z_n 取至基岩表面；当存在较厚的坚硬黏性土层，其孔隙比小于 0.5，压缩模量大于 50 MPa，或存在较厚的密实砂卵石层，其压缩模量大于 80

MPa 时，z_n 可取至该层土表面。

【例 4-1】 设基础底面尺寸为 4.8 m×3.2 m，埋深为 1.5 m，传至地面的中心荷载 $F=1\ 800$ kN，地基的土层分层及各层土的侧限压缩模量（相应于自重应力至自重应力加附加应力段）如图 4-7 所示，持力层的地基承载力为 $f_{ak}=180$ kPa。用应力面积法计算基础中点的最终沉降。

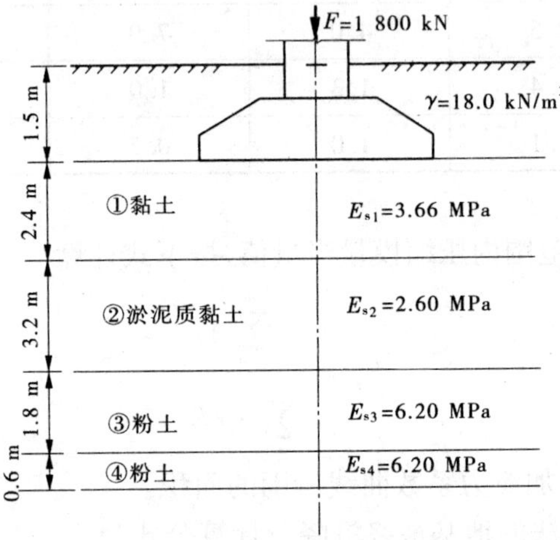

图 4-7 例 4-1 图

解 (1)基底附加压力。

$$p_0=\frac{F+G}{A}-\gamma d=\frac{1\ 800+4.8\times3.2\times1.5\times20}{4.8\times3.2}-18\times1.5=120(\text{kPa})$$

(2)取计算深度为 8 m，计算过程见表 4-4。

表 4-4 应力面积法计算地基最终沉降

z (m)	l/b	z/b	$\bar{\alpha}$	$z_i\bar{\alpha}_i$	$z_i\bar{\alpha}_i-z_{i-1}\bar{\alpha}_{i-1}$	E_{si} (MPa)	s'_i (mm)	s' (mm)
0.0	4.8/3.2=1.5	0/3.2=0.0	1.000	0.000				123.4
2.4	1.5	2.4/3.2=0.75	0.843	2.023	2.023	3.66	66.3	
5.6	1.5	5.6/3.2=1.75	0.557	3.119	1.096	2.60	50.6	
7.4	1.5	7.4/3.2=2.312 5	0.458	3.389	0.270	6.20	5.2	
8.0	1.5	8.0/3.2=2.5	0.432	3.456	0.067	6.20	1.3	

(3)确定沉降计算深度 z_n。

根据 $b=3.2$ m，查表 4-3 可得 $\Delta z=0.6$ m，相应于往上取 Δz 厚度范围（即 7.4～8.0 m深度范围）的土层计算沉降量为 1.3 mm≤0.025×123.4 mm=3.08 mm，满足要求，故沉降计算深度可取为 8.0 m。

(4)确定修正系数 ψ_s。

$$\overline{E}_s = \frac{\sum_{i=1}^{n} A_i}{\sum_{i=1}^{n} A_i / E_{si}}$$

$$= \frac{z_4\,\overline{\alpha}_4 - 0}{\frac{z_1\,\overline{\alpha}_1 - 0}{E_{s1}} + \frac{z_2\,\overline{\alpha}_2 - z_1\,\overline{\alpha}_1}{E_{s2}} + \frac{z_3\,\overline{\alpha}_3 - z_2\,\overline{\alpha}_2}{E_{s3}} + \frac{z_4\,\overline{\alpha}_4 - z_3\,\overline{\alpha}_3}{E_{s4}}}$$

$$= \frac{3.456}{\frac{2.023}{3.66} + \frac{1.096}{2.60} + \frac{0.270}{6.20} + \frac{0.067}{6.20}}$$

$$= 3.36(\mathrm{MPa})$$

由于 $p_0 \leqslant 0.75 f_{ak} = 135\ \mathrm{kPa}$，查表 4-2 得 $\psi_s = 1.04$。

(5)计算基础中点最终沉降量 s。

$$s = \psi_s s' = 1.04 \times 123.4 = 128.3(\mathrm{mm})$$

课题三　建筑物的沉降观测与地基允许变形值

一、建筑物的沉降观测

对重要的、新型的和体形复杂的建筑物，或使用上对不均匀沉降有严格限制的建筑物，在施工及使用过程中需要进行沉降观测，以便及时发现建筑物变形，从而判断不均匀沉降的发展趋势，防止有害变形的扩大，控制施工速度并采取相应的加固处理措施。

(一)沉降观测点的布置

(1)水准基点的设置：其位置必须稳定可靠，妥善保护。埋设地点宜靠近观测对象，且在建筑物所产生的压力影响范围以外，不受行人车辆碰撞。在一个观测区内，水准基点不应少于3个。

(2)观测点的设置：根据建筑物的平面形状、结构特点和工程地质条件综合考虑，一般设置在建筑物的四个角点、转角处，纵横墙的中点、沉降缝和新老建筑物连接处的两侧，或地质条件有明显变化的地方，数量不宜少于6点。观测点的间距一般为8～12 m。

(二)沉降观测的技术要求

(1)仪器精度：采用精密水准仪测量，观测的精度为0.01 mm，对第一观测对象宜固定测量工具、固定人员，观测前应严格校验仪器。测量精度宜采用Ⅱ级水准测量，视线长度宜为20～30 m，视线高度不宜低于0.3 m，水准测量应采用闭合法。

(2)观测次数和时间：应是前密后疏。从浇捣基础后立即开始，民用建筑每增高一层观测一次；工业建筑应在不同荷载阶段分别进行观测，施工期间的观测不应少于4次。建筑物竣工后逐渐加大观测时间间隔，第一年不少于3～5次，第二年不少于2次，以后每年1次，直到下沉稳定。稳定标准为半年的沉降量不超过2 mm。在正常情况下，沉降速率应逐渐减慢，如沉降速率减少到0.05 mm/d以下时，可认为沉降趋向稳定，这种沉降称为减速沉降。如出现等速沉降,就有导致地基丧失稳定的危险。当出现加速沉降时,表示地基已丧失稳定,应及时采取措施,防止发生工程事故。

二、地基允许变形值

(一)地基变形分类

不同类型的建筑物,对地基变形的适应性是不同的。在验算地基变形时,对不同建筑物应采用不同的地基变形特征来进行比较与控制。

(1)沉降量:指单独基础中心的沉降值(见图4-8)。若沉降量过大,会影响建筑物的正常使用。对于单层排架结构柱基和高耸结构基础设计需计算沉降量,并使其小于允许沉降值。

(2)沉降差:指两相邻单独基础沉降量之差(见图4-9)。若相邻建筑物中两个基础的沉降差过大,会使相应的上部结构产生额外应力,超过限度时,建筑物将发生裂缝、倾斜甚至破坏。对于建筑物地基不均匀,有相邻荷载影响和荷载差异较大的框架结构、单层排架结构,需验算基础沉降差,并把它控制在允许值以内。

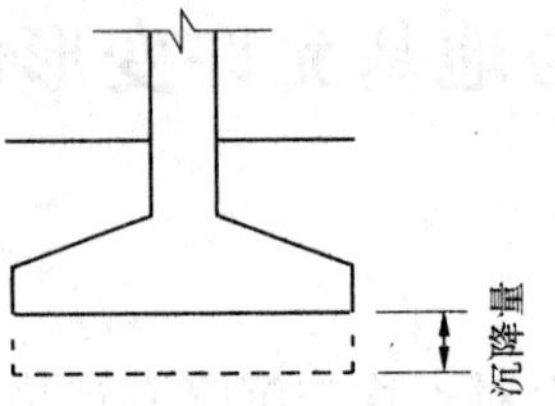

图4-8 沉降量

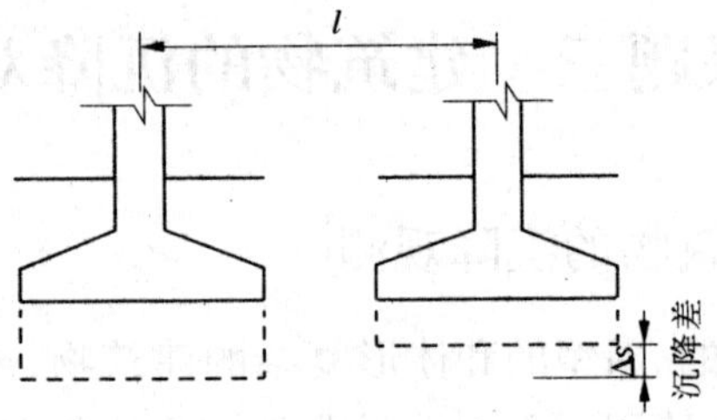

图4-9 沉降差

(3)倾斜:指单独基础在倾斜方向上两端点的沉降差与其距离之比(见图4-10)。

当地基不均匀或有相邻荷载影响的多层和高层建筑基础及高耸结构基础,须验算基础的倾斜。

(4)局部倾斜:指砌体承重结构,沿纵向6~10 m内基础两点的沉降差与其距离之比值,以‰表示(见图4-11)。

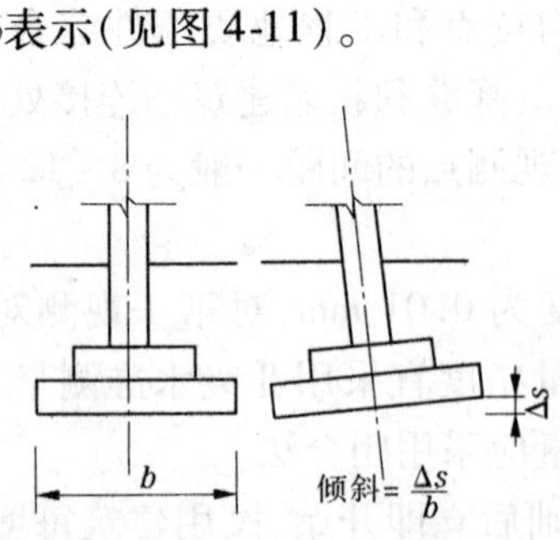

图4-10 倾斜

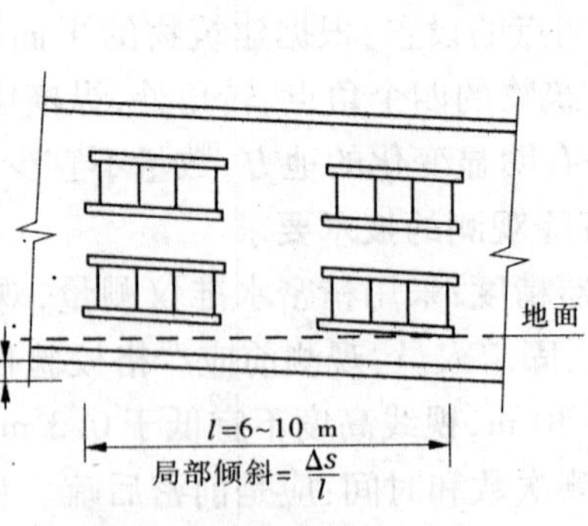

图4-11 局部倾斜

根据调查分析,砌体结构墙身开裂,大多数情况下都是由于墙身局部倾斜超过允许值所致。所以,当地基不均匀、荷载差异较大、建筑体形复杂时,就需要验算墙身的倾斜。

(二)地基变形允许值

一般建筑物的地基允许变形值可按表4-5的规定采用。表中数值是根据大量常见建筑物系统沉降观测资料统计分析得出的。对于表中未包括的其他建筑物的地基允许变形值,可根据上部结构对地基变形的适应性和使用上的要求确定。

表4-5　建筑物的地基变形允许值

变形特征		地基土类别	
		中、低压缩性土	高压缩性土
砌体承重结构基础的局部倾斜		0.002	0.003
工业与民用建筑相邻柱基的沉降差			
(1)框架结构		$0.002l$	$0.003l$
(2)砌体墙填充的边排柱		$0.0007l$	$0.001l$
(3)当基础不均匀沉降时,不产生附加应力的结构		$0.005l$	$0.005l$
单层排架结构(柱距为6 m)柱基的沉降量(mm)		(120)	200
桥式吊车轨面的倾斜(按不调整轨道考虑)			
纵向		0.004	
横向		0.003	
多层和高层建筑的整体倾斜	$H_g \leq 24$	0.004	
	$24 < H_g \leq 60$	0.003	
	$60 < H_g \leq 100$	0.0025	
	$H_g > 100$	0.002	
体形简单的高层建筑物的平均沉降量(mm)		200	
高耸结构基础的倾斜	$H_g \leq 20$	0.008	
	$20 < H_g \leq 50$	0.006	
	$50 < H_g \leq 100$	0.005	
	$100 < H_g \leq 150$	0.004	
	$150 < H_g \leq 200$	0.003	
	$200 < H_g \leq 250$	0.002	
高耸结构基础的沉降量(mm)	$H_g \leq 100$	400	
	$100 < H_g \leq 200$	300	
	$200 < H_g \leq 250$	200	

注: 1. 本表数值为建筑物地基实际最终变形允许值;

2. 有括号者仅适用于中压缩性土;

3. l 为相邻柱基的中心距离(mm),H_g 为自室外地面起算的建筑物高度(m)。

练习题

1. 压缩系数的物理意义是什么？怎样用 a_{1-2} 判别土的压缩性？

2. 为何有了压缩系数还要定义压缩模量？二者之间有何关系？

3. 土的应力历史对土的压缩性有何影响？

4. 对一土样做压缩试验，已知试验土样的天然重度 $\gamma=18.2\ \text{kN/m}^3$，天然含水率 $\omega=38\%$，土粒比重 $d_s=2.75$，试样高度 $H=20$ mm，试样在各级荷载作用下压缩稳定后的总变形量如表 4-6 所示，试绘制 $e\sim p$ 曲线，求压缩系数及评定土的压缩性大小。

表 4-6　各级荷载作用下压缩稳定后的总变形量

压力 p(kPa)	0	50	100	200	300	400
试样总变形量 $\sum\Delta H_i$(mm)	0	0.926	1.308	1.886	2.310	2.564

5. 某基础宽度为 6 m，长为 18 m，基础埋深为 1.5 m，承受垂直中心荷载 $F=12\ 960$ kN。地基为均质土，且自重作用下已压缩稳定。地下水位在地面以下 8 m 深处，地基土的湿重度 $\gamma=18.6\ \text{kN/m}^3$，饱和重度为 $\gamma_{sat}=20.6\ \text{kN/m}^3$，地基土的压缩曲线如图 4-12 所示。试用分层总和法求基础中点下的最终沉降量。

6. 如图 4-13 所示一建筑物的柱基础，基底为正方形，边长为 4.0 m，基础埋置深度 $d=1.0$ m，上部结构传至基础顶面的荷载 $F=1\ 440$ kN，地基为粉质黏土，其天然重度 $\gamma=16.0\ \text{kN/m}^3$，土的天然孔隙比 $e=0.97$，地下水位埋深 3.4 m，地下水位以下土体的饱和重度 $\gamma_{sat}=18.2\ \text{kN/m}^3$。土的压缩模量为：地下水位以上 $E_{s1}=5.5$ MPa，地下水位以下 $E_{s2}=6.5$ MPa。地基土的承载力特征值 $f_{ak}=94$ kPa。试用应力面积法计算柱基中点的最终沉降量。

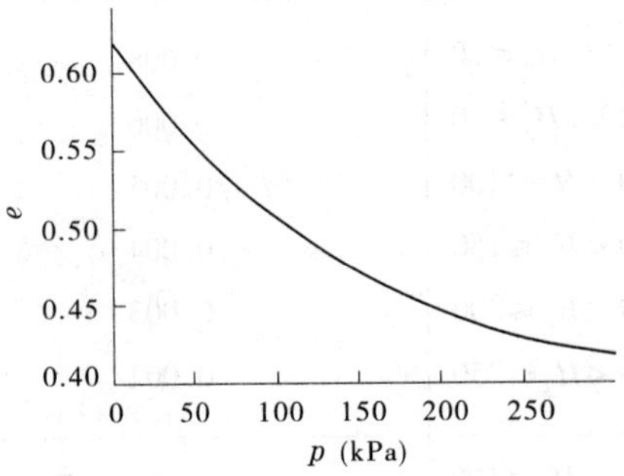

图 4-12

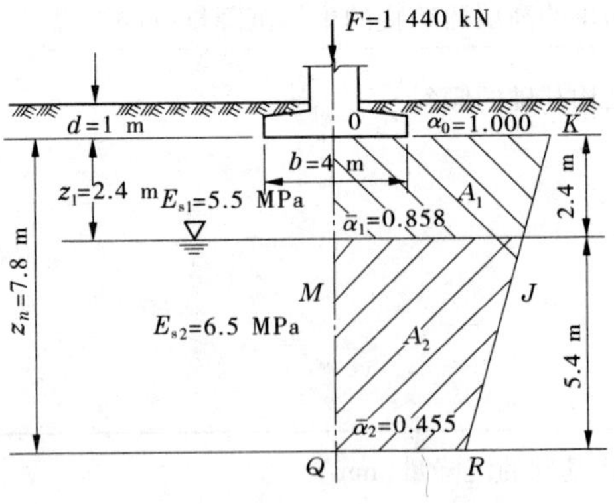

图 4-13

单元五　土的抗剪强度与地基承载力

教学目标

掌握土的抗剪强度概念和库仑定律，能利用土的极限平衡条件判定土体状态；会进行土的强度指标的测定，并熟知土的剪切特性及工程上强度指标的选用；了解地基破坏的基本类型，熟悉几种地基承载力的确定方法。

重点难点

库仑定律；土的极限平衡条件；抗剪强度指标的测定方法。

土的抗剪强度是指土体对于外荷载所产生的剪应力的极限抵抗能力。在外荷载作用下，土体中将产生剪应力和剪切变形，当土中某点由外力所产生的剪应力达到土的抗剪强度时，土就沿着剪应力作用方向产生相对滑动，该点便发生剪切破坏。剪切破坏是土体强度破坏的重要特点，因此土强度问题的实质就是土的抗剪强度问题。

在工程实践中与土的抗剪强度有关的问题主要有三类：第一类是以土作为建造材料的土工构筑物的稳定性问题（见图5-1(a)）；第二类是土作为工程构筑物环境的安全性问题，即土压力问题（见图5-1(b)）；第三类是土作为建筑物地基的承载力问题（见图5-1(c)）。因此，为了进行边坡稳定分析、挡土结构上土压力的估算、地基承载力计算、基坑支护设计及地基稳定性评价等，都需要认真研究土的抗剪强度。

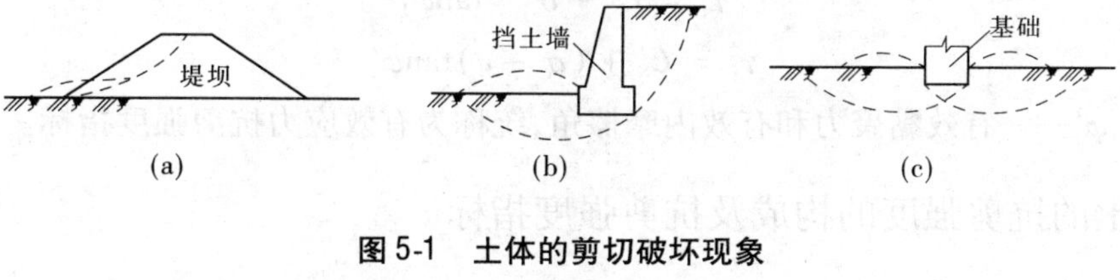

图5-1　土体的剪切破坏现象

课题一　库仑定律

一、抗剪强度的基本定律——库仑定律

（一）库仑定律的总应力表达式

土体发生剪切破坏时，将沿着其内部某一滑动面产生相对滑动，而该滑动面上的剪应力就等于土的抗剪强度。1776年，法国学者库仑根据砂土的试验结果（见图5-2(a)），将土的抗剪强度表达为滑动面上法向应力的函数，即

$$\tau_f = \sigma \cdot \tan\varphi \tag{5-1}$$

以后库仑又根据黏性土的试验结果（见图5-2(b)），提出更为普遍的抗剪强度表达

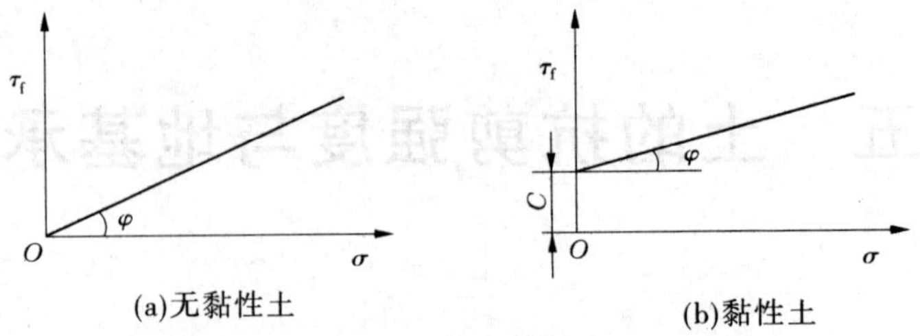

图 5-2　土抗剪强度与法向应力的关系线

形式：

$$\tau_f = C + \sigma \cdot \tan\varphi \tag{5-2}$$

式中　τ_f——土的抗剪强度，kPa；

σ——剪切滑动面上的法向应力，kPa；

C——土的黏聚力，kPa；

φ——土的内摩擦角，(°)。

上述抗剪强度表达式，即库仑定律。它表明在一般应力水平下，土的抗剪强度与滑动面上的法向应力之间呈直线关系。这一基本关系式能满足一般工程的精度要求，是目前研究土的抗剪强度的基本定律。

(二)库仑定律的有效应力表达式

土的抗剪强度表达式中采用的法向应力为总应力 σ，称为总应力表达式。根据有效应力原理，土中某点的总应力 σ 等于有效应力 σ' 和孔隙水压力 u 之和，即 $\sigma = \sigma' + u$。若法向应力采用有效应力 σ'，则可以得到如下抗剪强度的有效应力表达式：

$$\tau_f = C' + \sigma' \cdot \tan\varphi' \tag{5-3}$$

或

$$\tau_f = C' + (\sigma - u)\tan\varphi' \tag{5-4}$$

式中　C'、φ'——有效黏聚力和有效内摩擦角，统称为有效应力抗剪强度指标。

二、土的抗剪强度的构成及抗剪强度指标

由土的抗剪强度表达式可以看出，砂土的抗剪强度由内摩擦力构成，而黏性土的抗剪强度则由内摩擦力和黏聚力两部分构成。

库仑定律中的 C、φ 称为土的抗剪强度指标。C、φ 与土的性质有关，需根据试验确定。

砂土的内摩擦角 φ 变化范围不是很大，中砂、粗砂、砾砂一般为 32°～40°，粉砂、细砂一般为 28°～36°。孔隙比愈小，φ 愈大。饱和的粉砂、细砂很容易失去稳定，因此对其内摩擦角的取值宜慎重，有时规定取 φ=20°左右。

黏性土的抗剪强度指标的变化范围很大，与土的种类、土的天然结构是否破坏，以及试样在法向压力下的排水固结程度及试验方法等因素有关。内摩擦角的变化范围大致为 φ=0°～30°，黏聚力则可从小于 10 kPa 变化到 200 kPa 以上。

课题二　土的极限平衡条件

一、土中一点的应力状态

设某一土体单元上作用着的大、小主应力分别为 σ_1 和 σ_3，如图 5-3(a)所示。根据材料力学理论，此单元内与大主应力 σ_1 作用平面成 α 角的 a—a 面上，其正应力 σ_α 和剪应力 τ_α 可分别表示为

$$\left.\begin{aligned}\sigma_\alpha &= \frac{1}{2}(\sigma_1 + \sigma_3) + \frac{1}{2}(\sigma_1 - \sigma_3)\cos2\alpha \\ \tau_\alpha &= \frac{1}{2}(\sigma_1 - \sigma_3)\sin2\alpha\end{aligned}\right\} \tag{5-5}$$

上述关系也可用直角坐标系中直径为 $(\sigma_1 - \sigma_3)$、圆心坐标为$(\frac{\sigma_1 + \sigma_3}{2},0)$的摩尔应力圆来表示，如图 5-3(b)所示。摩尔应力圆圆周上 A 点的坐标数值，即代表了 a—a 面上的正应力 σ_α 和剪应力 τ_α 大小。

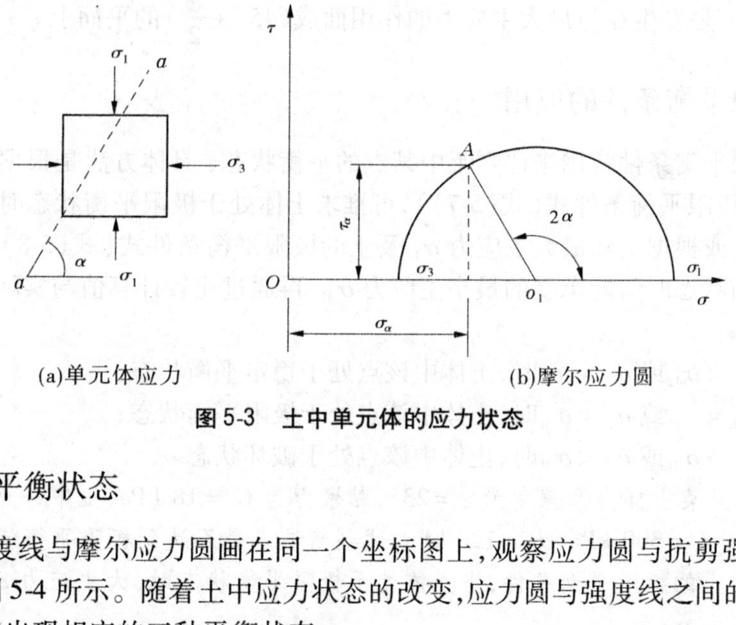

(a)单元体应力　　(b)摩尔应力圆

图 5-3　土中单元体的应力状态

二、土的平衡状态

将抗剪强度线与摩尔应力圆画在同一个坐标图上，观察应力圆与抗剪强度线之间的位置关系，如图 5-4 所示。随着土中应力状态的改变，应力圆与强度线之间的位置关系有三种，土中也将出现相应的三种平衡状态：

(1)当整个摩尔应力圆位于抗剪强度线的下方时，表明通过该点的任意平面上的剪应力都小于土的抗剪强度，此时该点处于稳定平衡状态，不发生剪切破坏。

(2)当摩尔应力圆与抗剪强度线相切时(切点如图 5-4 中的 A 点)，表明在相切点所代表的平面上，剪应力正好等于土的抗剪强度，此时该点处于极限平衡状态，相应的应力圆称为极限应力圆。

(3)当摩尔应力圆与抗剪强度线相割时，表明该点某些平面上的剪应力已超过了土

的抗剪强度，该点已发生剪切破坏（由于此时地基应力将发生重分布，事实上该应力圆所代表的应力状态并不存在）。

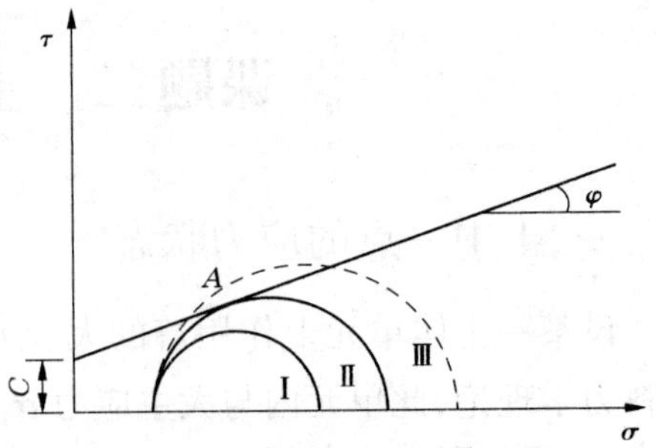

图 5-4　土中应力与土的平衡状态

三、土的极限平衡条件

根据极限平衡状态时应力圆与抗剪强度线相切的几何关系，可建立土的极限平衡条件：

$$\sin\varphi = \frac{\sigma_1 - \sigma_3}{2C \cdot \cot\varphi + \sigma_1 + \sigma_3} \tag{5-6}$$

经三角函数变换得

$$\sigma_1 = \sigma_3 \tan^2\left(45° + \frac{\varphi}{2}\right) + 2C \cdot \tan\left(45° + \frac{\varphi}{2}\right) \tag{5-7}$$

或

$$\sigma_3 = \sigma_1 \tan^2\left(45° - \frac{\varphi}{2}\right) - 2C \cdot \tan\left(45° - \frac{\varphi}{2}\right) \tag{5-8}$$

土的极限平衡条件同时表明，土体剪切破坏时的破裂面不是发生在最大剪应力 τ_{max} 的作用面上，而是发生在与最大主应力的作用面成 $(45° + \frac{\varphi}{2})$ 的平面上。

四、极限平衡条件的应用

土的极限平衡条件常用来评判土中某点的平衡状态，具体方法是根据实际最小主应力 σ_3 及土的极限平衡条件式（式(5-7)），可推求土体处于极限平衡状态时所能承受的最大主应力 σ_{1f}，或根据实际最大主应力 σ_1 及土的极限平衡条件式（式(5-8)），推求出土体处于极限平衡状态时所能承受的最小主应力 σ_{3f}，再通过比较计算值与实际值即可评判该点的平衡状态：

（1）当 $\sigma_1 < \sigma_{1f}$ 或 $\sigma_3 > \sigma_{3f}$ 时，土体中该点处于稳定平衡状态；

（2）当 $\sigma_1 = \sigma_{1f}$ 或 $\sigma_3 = \sigma_{3f}$ 时，土体中该点处于极限平衡状态；

（3）当 $\sigma_1 > \sigma_{1f}$ 或 $\sigma_3 < \sigma_{3f}$ 时，土体中该点处于破坏状态。

【例 5-1】 某土样内摩擦角为 $\varphi = 23°$，黏聚力为 $C = 18$ kPa，土中一点大主应力和小主应力分别为 $\sigma_1 = 300$ kPa、$\sigma_3 = 120$ kPa，试判断该点是否达到极限平衡状态。

解　应用土的极限平衡条件，当土体处于极限平衡状态时，大主应力 $\sigma_1 = 300$ kPa 所对应的小主应力 σ_{3f} 为

$$\sigma_{3f} = \sigma_1 \tan^2\left(45° - \frac{\varphi}{2}\right) - 2C \cdot \tan\left(45° - \frac{\varphi}{2}\right)$$

$$= 300 \times \tan^2\left(45° - \frac{23°}{2}\right) - 2 \times 18 \times \tan\left(45° - \frac{23°}{2}\right)$$

$$= 107.6\,(\text{kPa}) < 120\ \text{kPa}$$

因 $\sigma_3 > \sigma_{3f}$，可判定该点处于稳定平衡状态。上述计算也可以根据实际最小主应力 σ_3 计算 σ_{1f} 的方法进行，采用图解法也可以得到相同的结果。

课题三　抗剪强度指标的测定方法

测定土的抗剪强度指标的试验方法主要有室内剪切试验和现场剪切试验两大类，室内剪切试验常用的方法有直接剪切试验、三轴剪切试验等，现场剪切试验常用的方法主要有十字板剪切试验。

一、直接剪切试验

（一）直接剪切试验的分类

直接剪切试验简称直剪试验，主要是使土样在不同的垂直压力下剪切破坏，从而直接得到土的抗剪强度。通过控制不同的排水条件和加载速度，分为三种试验方法，即快剪、固结快剪和慢剪。

（1）快剪：快剪试验是在对试样施加垂直压力后，立即以 0.8 mm/min 的剪切速率快速施加剪应力，使试样剪切破坏，一般从加荷到土样剪坏只用 3 ~ 5 min，测得的强度指标用 C_q、φ_q 表示。主要用于分析地基排水条件不好、施工速度快的建筑物地基。

（2）固结快剪：固结快剪是在对试样施加竖向压力后，让试样充分排水固结，待沉降稳定后，再以 0.8 mm/min 的剪切速率快速施加水平剪应力，使试样剪切破坏，强度指标用 C_{cq}、φ_{cq} 表示。可用于验算水库水位骤降时土坝边坡稳定安全系数或使用期建筑物地基的稳定问题。

（3）慢剪：慢剪试样是在对试样施加竖向压力后，让试样充分排水固结，待沉降稳定后，以小于 0.02 mm/min 的剪切速率施加水平剪应力，直至试样剪切破坏，强度指标用 C_s、φ_s 表示。通常用于分析透水性较好、施工速度较慢的建筑物地基的稳定性。

由上述试验方法可知，即使在同一垂直压力作用下，由于试验时的排水条件不同，作用在受剪面积上的有效应力也不同，所以测得的抗剪强度指标也不同。在一般情况下，$\varphi_s > \varphi_{cq} > \varphi_q$。

（二）直接剪切试验的特点

直剪试验具有设备简单、土样制备及试验操作方便等优点，因而至今仍为国内一般工程所广泛使用。但是，直剪试验也存在不少缺点，主要有：剪切面是人为限定的平面，而不是沿土样最薄弱的面剪切破坏；在剪切过程中，土样剪切面积逐渐缩小，剪切面上剪应力分布不均匀，竖向荷载会发生偏心；不能严格控制排水条件，并且不能量测孔隙水压力等。由于直剪试验的上述缺点，其在工程中及科学研究方面的应用都受到很大的限制。

二、三轴剪切试验

（一）三轴剪切试验的原理

三轴剪切试验的原理是摩尔－库仑强度理论。试验使用的仪器称为三轴剪切仪（三轴压缩仪）。三轴剪切仪核心部位是三轴压力室，试验用的试样为圆柱形，如图 5-5 所示。试验时，先通过水压力对试样三个轴向施加周围压力 σ_3 并保持不变，然后在轴向施加压力 σ_y，直到试样被剪切破坏。此时，作用于试样的垂直压力 $\sigma_1 = \sigma_3 + \sigma_y$ 为最大主应力，

周围压力 σ_3 为最小主应力，由 σ_1 和 σ_3 可以绘得一个极限应力圆。对于同一种土，取 3 ~4个试样，在不同的周围压力 σ_3 作用下进行剪切破坏，便可绘出几个不同的极限应力圆，如图 5-6 所示。这些极限应力圆的公切线即为该土的抗剪强度线，其倾角为该土的内摩擦角 φ，与纵坐标的截距即为该土的黏聚力 C。

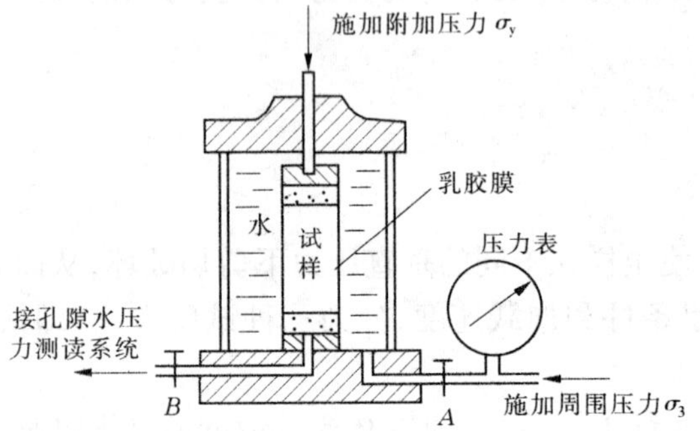

图 5-5　三轴剪切仪压力室示意图

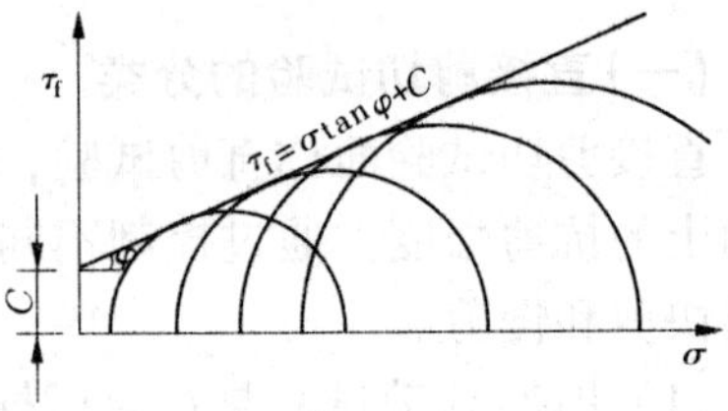

图 5-6　三轴剪切试验成果

(二)三轴剪切试验的分类

通过控制土样在周围压力作用下固结条件和剪切时的排水条件，三轴剪切试验也分为三种：

(1)不固结不排水剪(UU 试验)：试样在周围压力下施加轴向压力直至剪坏的整个过程中都不允许排水，即土中的含水量始终保持不变，孔隙水压力也不会消散。UU 试验得到的抗剪强度指标用 C_u、φ_u 表示，这种试验方法所对应的实际工程条件，相当于饱和软黏土中快速加荷时的应力状况。

(2)固结不排水剪(CU 试验)：在施加周围压力 σ_3 时，将排水阀门打开，允许试样充分排水，待固结稳定后关闭排水阀门，然后施加轴向应力，使试样在不排水的条件下剪切破坏。在剪切过程中，试样没有任何体积变形。若要在受剪过程中量测孔隙水压力，则要打开试样与孔隙水压力量测系统间的管路阀门。CU 试验得到的抗剪强度指标用 C_{cu}、φ_{cu} 表示，其适用的实际工程条件为一般正常固结土层在工程竣工或在使用阶段受到大量、快速的活荷载或新增荷载的作用下所对应的受力情况。

(3)固结排水剪(CD 试验)：在施加周围压力及轴向应力直至剪坏的整个试验过程中都将排水阀门打开，并给予充分的时间让试样中的孔隙水压力能够完全消散。试验得到的抗剪强度指标用 C_d、φ_d 表示，适用于分析透水性较好、施工速度较慢的受力情况。

(三)三轴剪切试验的特点

三轴剪切试验的优点是能控制排水条件，并可以量测孔隙水压力的变化，试验中试样的应力状态比较明确，剪破面就发生在土样的最薄弱处等，因此现行的《建筑地基基础设计规范》(GB 50007—2002)推荐采用本方法，特别是对于一级建筑物地基土应予采用。三轴剪切试验的主要缺点是土样的受力是轴对称的，并非工程的实际情况，且试样的制备比较麻烦，土样易受扰动。

三、十字板剪切试验

十字板剪切试验是一种土的抗剪强度的原位测试方法，这种试验方法适合于在现场测定饱和黏性土的原位不排水抗剪强度，特别适用于均匀的饱和软黏土。

（一）十字板剪切试验的原理

十字板剪切试验采用的试验设备主要是十字板剪力仪。十字板剪力仪通常由十字板头、扭力装置和量测装置三部分组成。试验时，先把套管打到要求测试深度以下 75 cm，将套管内的土清除，再通过套管将安装在钻杆下的十字板，压入土中至测试的深度。加荷是由地面上的扭力装置对钻杆施加扭矩，使埋在土中的十字板扭转，直至土体剪切破坏（破坏面为十字板旋转所形成的圆柱面）。

设土体剪切破坏时所施加的扭矩为 M，则它应该与剪切破坏圆柱面（包括侧面和上下面）上土的抗剪强度所产生的抵抗力矩相等，即

$$M = \frac{1}{2}\pi D^2 H\tau_{\mathrm{v}} + \frac{1}{6}\pi D^3 \tau_{\mathrm{H}} \tag{5-9}$$

式中　M——剪切破坏时的扭矩，kN · m；

τ_{v}、τ_{H}——剪切破坏时圆柱体侧面和上下面土的抗剪强度，kPa；

H——十字板的高度，m；

D——十字板的直径，m。

天然状态的土体是各向异性的，为了简化计算，假定土体为各向同性体，即 $\tau_{\mathrm{v}} = \tau_{\mathrm{H}}$，并记做 τ_{+}，则式（5-9）可写成

$$\tau_{+} = \frac{2M}{\pi D^2\left(H + \frac{D}{3}\right)} \tag{5-10}$$

式中　τ_{+}——十字板测定的土的抗剪强度，kPa。

（二）十字板剪切试验的特点

十字板剪切试验由于是直接在原位进行试验，不必取土样，故土体所受的扰动较小，被认为是比较能反映土体原位强度的测试方法，但如果在软土层中夹有薄层粉砂，则十字板剪切试验结果就可能偏大。

课题四　地基承载力

在地基基础设计时，应控制建筑物的基底压力在地基土所允许的范围之内。地基在同时满足变形和强度两个条件下，单位面积所能承受的最大荷载，称为地基承载力。

一、地基破坏的形式

地基受到外荷载作用时，首先在基础边缘产生应力集中，地基土出现塑性变形。随着荷载加大，塑性变形区自基础边缘向基底中心及地基深处发展，最后造成地基失稳破坏。试验研究表明，地基剪切破坏的形式一般分为整体剪切破坏、局部剪切破坏和冲剪破坏

（见图 5-7）。

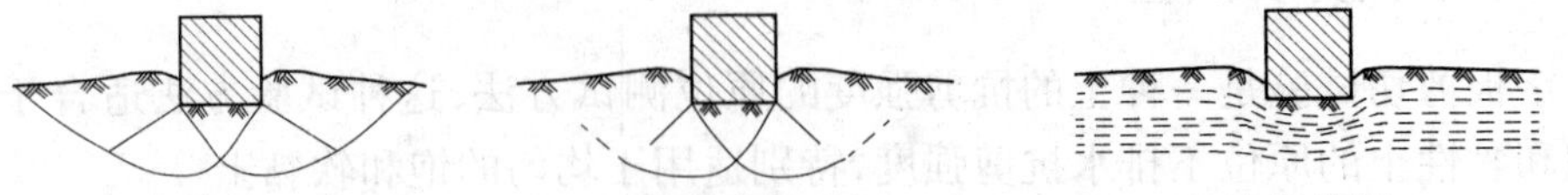

图 5-7　地基的破坏形式

地基的破坏形式主要与土的压缩性有关，一般来说，对于密实砂土和坚硬黏土，将出现整体剪切破坏，而对于压缩性比较大的松砂和软黏土，可能出现局部剪切或冲剪破坏。此外，破坏形式还与基础埋深、加荷速率等因素有关，如表 5-1 所示。

表 5-1　条形基础受铅直中心荷载作用时地基破坏形式及特点

破坏类型	地基中滑动面情况	荷载与沉降曲线的特征	基础两侧地面情况	破坏时基础的沉降情况	基础的表现	设计的控制因素	事故出现情况	适用条件	
								基土	相对埋深①
整体破坏	完整（以致露出地面）	有明显的拐点	隆起	较小	倾倒	强度	突然倾倒	密实的	小
局部破坏	不完整	拐点不易确定	有时微有隆起	中等	可能会出现倾倒	以变形为主	较慢下沉时有倾倒	松软的	中
冲剪破坏	很不完整	拐点无法确定	沿基础出现下陷	较大	只出现下沉	变形	缓慢下沉	软弱的	大

注：①基础相对埋深为基础埋深与基础宽度之比。

通过现场载荷试验，可得到地基土荷载 p 与沉降 s 的关系曲线，即 $p \sim s$ 曲线。不同剪切破坏形式的 $p \sim s$ 曲线形状不同，如图 5-8 所示。

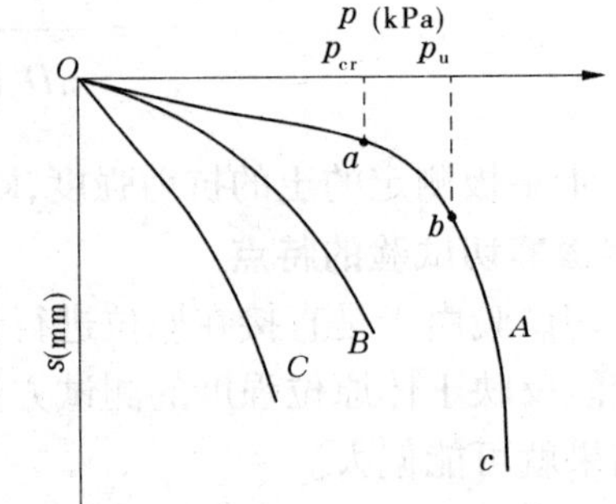

A—整体剪切破坏；B—局部剪切破坏；C—冲剪破坏

图 5-8　地基三种破坏形式的 $p \sim s$ 曲线

二、整体剪切破坏的三个阶段

通过现场载荷试验可得到地基土荷载 p 与沉降 s 的关系曲线，即 $p \sim s$ 曲线，从 $p \sim s$ 曲线形态来看，地基整体剪切破坏的过程一般将经历如下三个阶段。

（一）压密阶段（或称线弹性变形阶段）

在这一阶段，$p \sim s$ 曲线接近于直线，土中各点的剪应力均小于土的抗剪强度，土体处于弹性平衡状态。在这一阶段，荷载板的沉降主要是土的压密变形引起的，如图 5-8 中 A 曲线上的 Oa 段。通常将 a 点对应的荷载称为临塑荷载 p_{cr}（或比例界限荷载）。

（二）剪切阶段（或称弹塑性变形阶段）

在这一阶段，$p \sim s$ 曲线已不再保持线性关系，沉降的增长率随荷载的增大而增加，地基土中局部范围内(首先在基础边缘处)的剪应力达到土的抗剪强度,土体发生剪切破坏,这些区域也称塑性区。随着荷载的继续增加,土中塑性区的范围也逐步扩大,直到土中形成连续的滑动面。因此,剪切阶段也是地基中塑性区的发生与发展阶段,如图 5-8 中 A 曲线上的 ab 段,而 b 点对应的荷载称为极限荷载 p_u(或地基极限承载力)。

(三)破坏阶段

当荷载超过极限荷载后,荷载板急剧下沉,即使不增加荷载,沉降也不能稳定,这表明地基进入了破坏阶段。在这一阶段,由于土中塑性区范围的不断扩展,最后在土中形成连续滑动面,土从载荷板四周挤出隆起,基础急剧下沉或向一侧倾斜,地基发生整体剪切破坏,破坏阶段相当于图 5-8 中 A 曲线上的 bc 段。

三、地基承载力的确定方法

地基承载力特征值表示正常使用极限状态计算时的地基承地力,其涵义是在发挥正常使用功能时所允许采用的抗力设计值。地基承载力特征值的确定,可由载荷试验或其他原位测试、公式计算,并结合工程实践经验等方法综合确定。

(一)按现场载荷试验确定地基承载力

确定地基承载力最直接的方法是现场载荷试验方法。载荷试验是一种基础受荷的模拟试验,是在现场试坑中设计基底标高处的天然土层放置一块刚性载荷板(面积为 0.25 ~0.50 m^2),然后在其上逐级施加荷载,同时测定在各级荷载下载荷板的沉降量,并观察周围土位移情况,直到地基土破坏失稳。根据试验结果可绘出载荷试验的 $p\sim s$ 曲线(见图 5-8),按下列方法确定试验点的地基承载力特征值 f_{ak}:

(1)当 $p\sim s$ 曲线上能够明显地区分其承载过程的三个阶段,则可以较方便地定出该地基的比例界限荷载 p_{cr} 和极限承载力 p_u。此时取该比例界限荷载 p_{cr} 为地基承载力特征值。

(2)当极限荷载小于对应比例界限的荷载值的两倍时,取极限荷载值的一半为地基承载力特征值。

(3)当 $p\sim s$ 曲线上没有明显的三个阶段时,根据《建筑地基基础设计规范》(GB 50007—2002),按载荷板沉降与载荷板宽度或直径之比,即 s/b 的值确定,可取 s/b = 0.01 ~0.015 所对应的压力为地基承载力特征值,但其值不应大于最大加载量的一半。

同一土层参加统计的试验点不应少于三点,当试验实测值的极差不超过其平均值的 30%时,取此平均值作为该土层的地基承载力特征值 f_{ak}。

(二)承载力特征值的修正

当基础宽度大于 3 m 或埋置深度大于 0.5 m 时,从载荷试验或其他原位测试、经验值等方法确定的地基承载力特征值,尚应按下式修正:

$$f_a = f_{ak} + \eta_b\gamma(b-3) + \eta_d\gamma_m(d-0.5) \tag{5-11}$$

式中 f_a——修正后的地基承载力特征值;

f_{ak}——地基承载力特征值;

η_b、η_d——基础宽度和埋深的地基承载力修正系数,按基底下土的类别查表 5-2 取值;

γ、γ_m——基础底面以下土的重度、基础底面以上土的加权平均重度，地下水位以下取浮重度；

b——基础底面宽度，m，基宽小于 3 m 按 3 m 取值，大于 6 m 按 6 m 取值；

d——基础埋置深度，m，一般自室外地面标高算起，在填方整平地区，可自填土地面标高算起，但填土在上部结构施工后完成时，应从天然地面标高算起，对于地下室，当采用箱形基础或筏形基础时，基础埋置深度自室外地面标高算起，当采用独立基础或条形基础时，应从室内地面标高算起。

表 5-2　承载力修正系数

土的类别		η_b	η_d
淤泥和淤泥质土		0	1.0
人工填土、e 或 I_L 大于等于 0.85 的黏性土		0	1.0
红黏土	含水比 $\alpha_w > 0.8$	0	1.2
	含水比 $\alpha_w \leq 0.8$	0.15	1.4
大面积压实填土	压实系数大于 0.95，黏粒含量 $\rho_c \geq 10\%$ 的粉土	0	1.5
	最大干密度大于 2.1 t/m³ 的级配砂石	0	2.0
粉土	黏粒含量 $\rho_c \geq 10\%$ 的粉土	0.3	1.5
	黏粒含量 $\rho_c < 10\%$ 的粉土	0.5	2.0
e 及 I_L 均小于 0.85 的黏性土		0.3	1.6
粉砂、细砂（不包括很湿与饱和时的稍密状态）		2.0	3.0
中砂、粗砂、砾砂和碎石土		3.0	4.4

注：强风化和全风化的岩石，可参照所风化成的相应土类取值；其他状态下的岩石不修正。

【例 5-2】　某建筑物的箱形基础宽 8.5 m，长 20 m，埋深 4 m，土层情况见表 5-3，由载荷试验确定的黏土持力层承载力特征值 $f_{ak} = 189$ kPa，已知地下水位线位于地表下 2 m 处。试修正该地基的承载力特征值。

表 5-3　土工试验成果

层次	土类	层底埋深(m)	土工试验结果
1	填土	1.80	$\gamma = 17.8$ kN/m³
2	黏土	2.00	$\omega = 32.0\%$，$\omega_L = 37.5\%$，$\omega_P = 17.3\%$，$d_s = 2.72$
		7.80	水位以上 $\gamma = 18.9$ kN/m³，水位以下 $\gamma = 19.2$ kN/m³

解　(1)先确定计算参数

因箱形基础宽度 $b = 8.5$ m > 6.0 m，故按 6 m 考虑；箱形基础埋深 $d = 4$ m。

由于持力层为黏性土，根据《建筑地基基础设计规范》(GB 50007—2002)，确定修正系数 η_b、η_d 的指标为孔隙比 e 和液性指数 I_L，可以根据土层条件分别求得：

$$e = \frac{d_s(1 + \omega_0)\gamma_w}{\gamma} - 1 = \frac{2.72 \times (1 + 0.32) \times 9.8}{19.2} - 1 = 0.83$$

$$I_L = \frac{\omega - \omega_P}{\omega_L - \omega_P} = \frac{32.0 - 17.3}{37.5 - 17.3} = 0.73$$

由于 $I_L = 0.73 < 0.85$，$e = 0.83 < 0.85$，从表 5-2 查得 $\eta_b = 0.3$、$\eta_d = 1.6$。

因基础埋在地下水位以下，故持力层浮重度为

$$\gamma' = 19.2 - 10 = 9.2\ (\mathrm{kN/m^3})$$

而基底以上土层的加权平均重度为

$$\gamma_m = \frac{\sum_1^3 \gamma_i h_i}{\sum_1^3 h_i} = \frac{17.8 \times 1.8 + 18.9 \times 0.2 + (19.2 - 10) \times 2.0}{1.8 + 0.2 + 2.0} = \frac{54.22}{4} = 13.6(\mathrm{kN/m^3})$$

(2) 修正后的地基承载力特征值

$$\begin{aligned} f_a &= f_{ak} + \eta_b \gamma'(b - 3) + \eta_d \gamma_m (d - 0.5) \\ &= 189 + 0.3 \times 9.2 \times (6 - 3) + 1.6 \times 13.6 \times (4 - 0.5) \\ &= 189 + 8.28 + 76.16 \\ &= 273.4(\mathrm{kPa}) \end{aligned}$$

(三) 用理论公式计算地基承载力

根据《建筑地基基础设计规范》(GB 50007—2002)，对轴心荷载作用或荷载作用偏心距 $e \leqslant 0.033b$（b 为基础底面宽度）的基础，根据土的抗剪强度指标确定地基承载力特征值的公式如下：

$$f_a = M_b \gamma b + M_d \gamma_m d + M_c C_k \tag{5-12}$$

式中 f_a——由土的抗剪强度指标确定的地基承载力特征值，kPa；

M_b、M_d、M_c——承载力系数，根据基底下一倍短边宽深度内土的内摩擦角标准值 φ_k 按表 5-4 确定；

γ——持力层土的重度；

γ_m——基底以上土层的加权平均重度；

b——基础底面宽度，m，当基础宽度大于 6 m 时按 6 m 取值，对于砂土，小于 3 m 时按 3 m 取值；

表 5-4 承载力系数 M_b、M_d、M_c

土的内摩擦角标准值 φ_k(°)	M_b	M_d	M_c	土的内摩擦角标准值 φ_k(°)	M_b	M_d	M_c
0	0	1.00	3.14	22	0.61	3.44	6.04
2	0.03	1.12	3.32	24	0.80	3.87	6.45
4	0.06	1.25	3.51	26	1.10	4.37	6.90
6	0.10	1.39	3.71	28	1.40	4.93	7.40
8	0.14	1.55	3.93	30	1.90	5.59	7.95
10	0.18	1.73	4.17	32	2.60	6.35	8.55
12	0.23	1.94	4.42	34	3.40	7.21	9.22
14	0.29	2.17	4.69	36	4.20	8.25	9.97
16	0.36	2.43	5.00	38	5.00	9.44	10.80
18	0.43	2.72	5.31	40	5.80	10.84	11.73
20	0.51	3.06	5.66				

d——基础埋置深度，m，一般自室外地面标高算起，特殊情况将根据规范确定；

C_k——基底下一倍短边宽深度内土的黏聚力标准值，kPa。

本公式适用要点：

(1)公式计算的地基承载力已考虑了基础的深度与宽度效应，在用于地基承载力验算时无须再做深、宽修正。

(2)采用本理论公式确定地基承载力时，在验算地基承载力的同时必须进行地基的变形计算。

(3)本公式中的抗剪强度指标 C_k、φ_k，一般应采用不固结不排水三轴压缩试验的结果，当考虑实际工程中有可能是地基产生一定的固结度时，也可以采用固结不排水试验指标。

(4)在位于地下水以下的土层，γ、γ_m 应取浮重度 γ'。

【例5-3】 某基础基底宽度为1.5 m，埋深1.5 m。地下水位在地面下1.0 m。地基为粉土，地下水位以上土的重度 $\gamma = 17.5\ \mathrm{kN/m^3}$，水位以下土的重度 $\gamma = 18.5\ \mathrm{kN/m^3}$，土样内摩擦角 $\varphi_k = 22°$，黏聚力为 $C_k = 12\ \mathrm{kPa}$，试确定该地基的承载力特征值。

解 由 $\varphi_k = 22°$ 查表5-3得：$M_b = 0.61$，$M_d = 3.44$，$M_c = 6.04$，则

$$f_a = M_b \gamma b + M_d \gamma_m d + M_c C_k$$

$$= 0.61 \times (18.5 - 10) \times 1.5 + 3.44 \times \frac{17.5 \times 1.0 + 8.5 \times 0.5}{1.5} \times 1.5 + 6.04 \times 12$$

$$= 155.1\ (\mathrm{kPa})$$

练习题

1. 何谓土的抗剪强度和极限平衡条件？

2. 地基变形的三个阶段各有什么特点？地基三种破坏形式分别易在什么情况下发生？

3. 什么是地基承载力？什么是地基承载力特征值？

4. 某天然地基，取原状土样，用直剪仪进行快剪试验，试验结果如表5-5所示，试求土样的内摩擦角 φ 和黏聚力 C。

表5-5 剪切试验 $\sigma \sim \tau_f$ 结果

法向应力 σ(kPa)	抗剪强度 τ_f(kPa)	法向应力 σ(kPa)	抗剪强度 τ_f(kPa)
100	105	300	207
200	151	400	260

5. 某土样的 $\varphi = 26°$，$C = 20\ \mathrm{kPa}$，承受的大主应力 $\sigma_1 = 450\ \mathrm{kPa}$，小主应力 $\sigma_3 = 100\ \mathrm{kPa}$。试判别该土样是否达到极限平衡状态？

6. 某基础基底为1.5 m×2.5 m，埋深1.5 m。地下水位在地面下1.0 m。地基为粉质黏土，由载荷试验确定的持力层承载力特征值 $f_{ak} = 180\ \mathrm{kPa}$，地下水位以上土的重度

$\gamma=17.8\ kN/m^3$,水位以下土的重度 $\gamma=18.0\ kN/m^3$。试按《建筑地基基础设计规范》(GB 50007—2002)对该地基的承载力特征值进行修正。

7. 某建筑物采用独立基础,基础底面尺寸为 3 m×4 m,基础埋深 1.5 m,拟建场地地下水位距地表 1.0 m,地基土分层分布及主要物理力学指标如表 5-6 所示。按《建筑地基基础设计规范》(GB 50007—2002)的理论公式计算基础持力层地基承载力特征值 f_a。

表 5-6 地基土分层分布及主要物理力学指标

层序	土名	层底深度(m)	含水量 ω(%)	天然重度 γ(kN/m^3)	孔隙比 e	液性指数 I_L	黏聚力 C(kPa)	内摩擦角 φ(°)	压缩模量 E_s(MPa)
①	填土	1.00		18.0					
②	粉质黏土	3.00	30.5	18.7	0.80	0.70	18	20	7.5
③	淤泥质黏土	7.50	48.0	17.0	1.38	1.20	10	11	2.5
④	砂质粉土	16.00	20.5	18.7	0.78	—	5	35	15.8

单元六　土压力与土坡稳定

教学目标

掌握土压力的概念及发生条件；掌握朗肯土压力理论原理和适用条件，理解库仑土压力理论原理和适用条件；了解挡土墙的设计过程；熟悉边坡稳定分析方法；会对工程中挡土结构的土压力及边坡稳定性进行分析。

重点难点

土压力类型及发生条件；朗肯土压力理论；库仑土压力理论；土坡稳定分析方法。

课题一　土压力的类型及影响因素

一、挡土结构和土压力

挡土结构是港口、水利、桥梁、道路及工业民用建筑中常见的一种结构（如图 6-1 所示），该结构主要承担土体的侧向压力。土体作用在挡土结构上的侧向压力称为土压力。土压力是进行挡土结构物设计的重要荷载。

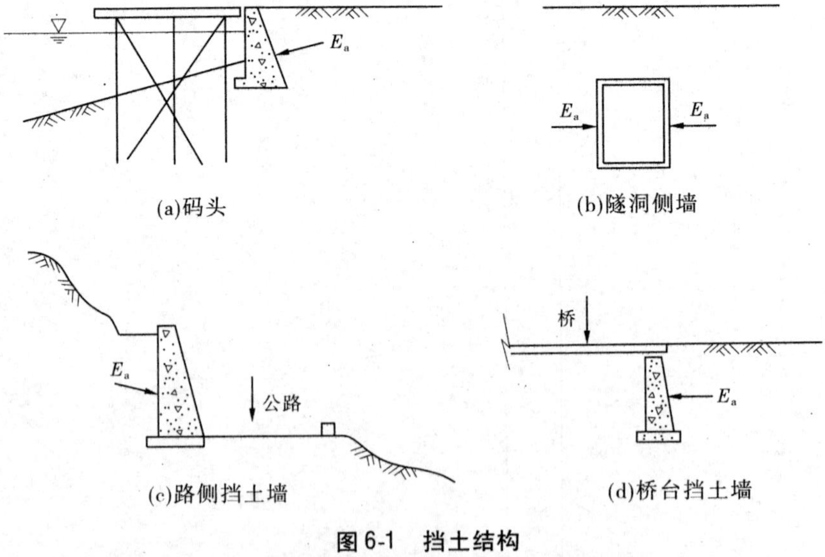

图 6-1　挡土结构

二、土压力的类型

土压力的大小和分布不仅跟挡土墙的高度和填土性质有关外，还与挡土墙的刚度及位移密切相关。按结构的位移情况和墙后土体所处的应力状态，土压力分为三种：静止土压力、主动土压力、被动土压力。

（一）静止土压力

如图6-2（a）所示，当挡土墙的刚度很大，在土压力作用下保持原始位置不动，即不产生移动或转动时，墙后土体处于静止状态，此时作用于墙背上的土压力称为静止土压力，以 E_0 表示。

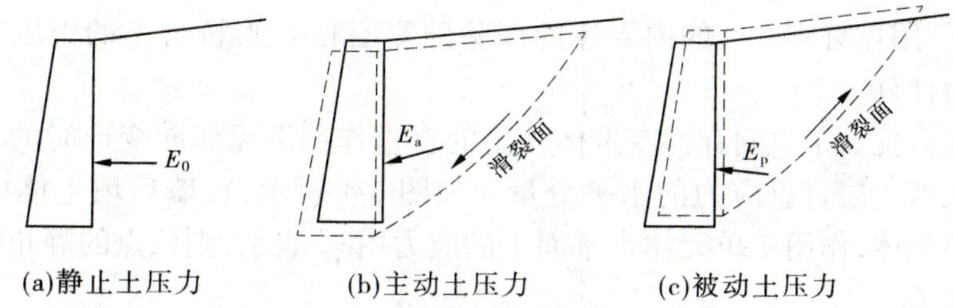

图6-2　挡土墙上的三种土压力

（二）主动土压力

如图6-2（b）所示，当挡土墙在墙后土压力作用下产生背离填土方向的移动或转动时，墙后土体因侧面约束的放松而产生了下滑趋势，为了阻止下滑，土内的滑裂面就产生了剪应力。随着位移量的逐渐增加，滑裂面上的剪应力逐渐增加从而使墙背受到的土压力逐渐减小。当墙的移动或转动达到某一数量时，滑裂面上的剪应力达到抗剪强度，墙后土体就处于极限平衡状态。此时作用于墙背上的土压力就叫主动土压力，以 E_a 表示。

（三）被动土压力

如图6-2（c）所示，当挡土墙在外力（例如桥墩受到桥上荷载传来的推力）作用下向着填土方向移动或转动时，墙压缩填土，使土体产生上滑趋势，为了阻止上滑，土内剪应力反向增加使作用在墙背上的土压力加大。当挡土墙达到一定位移量时，滑裂面上的剪应力达到抗剪强度，墙后土体达到极限平衡状态。此时作用于墙背上的土压力叫被动土压力，以 E_p 表示。

三、土压力的影响因素

1929年，太沙基用挡土墙模型试验研究了土压力与墙体位移之间的关系，得出了如图6-3所示的关系曲线。理论分析与原型试验均证明：对同一挡土墙，在填土的物理力学性质相同的条件下，主动土压力小于静止土压力，而静止土压力远小于被动土压力，即有

$$E_a < E_0 \ll E_p$$

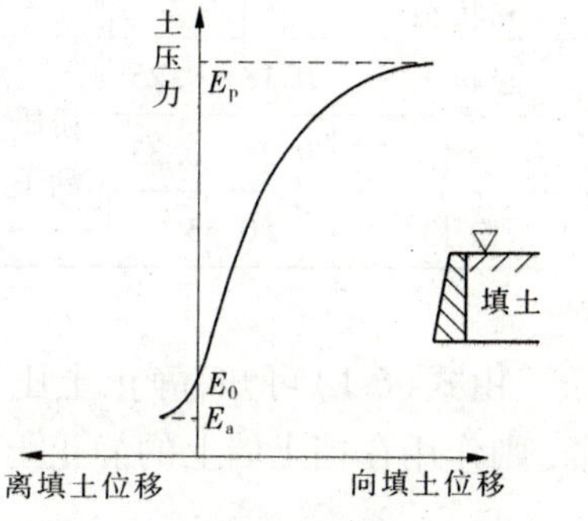

图6-3　土压力与墙位移的关系

挡土墙土压力不是一个常量，其土压力的性质、大小及沿墙高的分布规律与很多因素有关，归纳起来主要有：

（1）挡土墙是否发生位移及位移方向与大小；

（2）挡土墙的形状、墙背的光滑程度和结构形式；

(3)墙后填土的性质,包括填土的重度、含水量、内摩擦角和黏聚力及填土面的倾斜程度。

课题二　静止土压力的计算

静止土压力是挡土墙不发生任何方向的位移或转动时作用在墙背上的土压力。在实际工程中,如作用在有刚度大的内支撑的深基础侧墙和 U 形桥台上的土压力,可近似地按静止土压力计算。

静止土压力犹如半空间弹性变形体在土的自重作用下无侧向变形时的水平侧压力,因此可视为天然土层自重应力的水平分量。如图 6-4 所示,在墙后填土体中任意深度 z 处取一微小单元体,作用于单元体水平面上的应力用 γz 表示,则该点的静止土压力,即静止土压力强度为

$$\sigma_0 = \sigma_{cx} = K_0\sigma_{cz} = K_0\gamma z \tag{6-1}$$

式中　σ_0——静止土压力强度,kPa;

K_0——静止土压力系数,与土的性质、密实程度有关;

γ——墙后填土的重度,kN/m^3;

z——计算土压力点的深度,m。

静止土压力系数的确定方法,可参见本教材单元三中课题一,或按表 6-1 中提供的经验值确定。

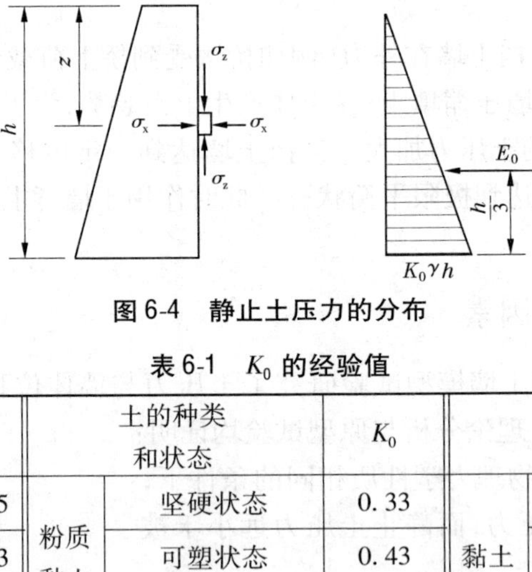

图 6-4　静止土压力的分布

表 6-1　K_0 的经验值

土的种类和状态	K_0	土的种类和状态		K_0	土的种类和状态		K_0
碎石土	0.18~0.25	粉质黏土	坚硬状态	0.33	黏土	坚硬状态	0.33
砂土	0.25~0.33		可塑状态	0.43		可塑状态	0.53
粉土	0.33		软塑及流塑状态	0.53		软塑及流塑状态	0.72

由式(6-1)可知,静止土压力强度沿墙高为三角形分布,如图 6-4 所示,如取单位墙长,则作用在挡土墙上的静止土压力 E_0 即为三角形面积:

$$E_0 = \frac{1}{2}\gamma h^2 K_0 \tag{6-2}$$

式中　E_0——单位墙长的静止土压力,kN/m^3;

h——挡土墙的高度,m。

E_0 的作用点通过三角形的形心,即距墙底 $h/3$ 处,其方向与墙背垂直并指向墙背。

课题三　朗肯土压力理论

朗肯土压力理论是土压力的经典理论之一,是朗肯(Rankine)在1857年提出的。朗肯土压力理论认为:当墙后填土达到极限平衡状态时,与墙体接触的所有土单元体都达到极限平衡状态。根据土单元体处于极限平衡状态的极限平衡条件来建立土压力的计算公式。

朗肯土压力理论的前提条件是:①墙为刚体;②墙背竖直、光滑;③填土面水平。墙背竖直光滑即竖直面内无摩擦力,即无剪应力,根据剪应力互等定理,水平面上剪应力也为零。这样墙后土单元体在水平面和竖直面上的正应力都为主应力。

一、主动土压力

当挡土墙发生背离填土方向的移动或转动时,墙后填土的约束逐渐变小,则作用在墙背微单元上的竖向应力 σ_z 保持不变,而水平应力由于土体抗剪强度的发挥而逐渐减小。当挡土墙位移增大到 Δ_a,墙后土体在某一范围内达到极限平衡状态,墙后土体出现一组滑裂面,它与大主应力作用面(即水平面)的夹角为$(45° + \varphi/2)$,如图6-5所示,水平应力减小到最小值 σ_a,即主动土压力。所以,此时 $\sigma_a = \sigma_x = \sigma_3$ 是小主应力,$\sigma_z = \sigma_1$ 是大主应力。

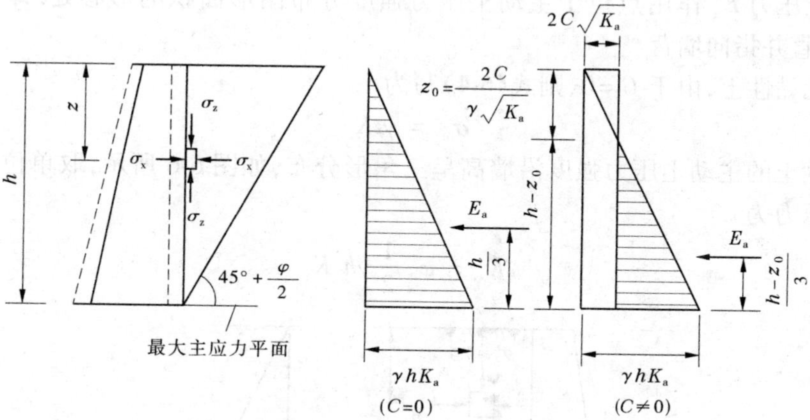

图6-5　朗肯主动土压力强度分布图

由土体的极限平衡条件可知,在极限平衡状态下,黏性土中任一点的大、小主应力满足式(6-3)所示的关系,即

$$\sigma_3 = \sigma_1 \tan^2(45° - \frac{\varphi}{2}) - 2C\tan(45° - \frac{\varphi}{2}) \tag{6-3}$$

将 $\sigma_a=\sigma_x=\sigma_3$、$\sigma_1=\gamma z$ 代入上式，并令 $K_a=\tan^2(45°-\frac{\varphi}{2})$，则公式可写成

$$\sigma_a = \gamma z K_a - 2C\sqrt{K_a} \tag{6-4}$$

式中 σ_a——主动土压力强度，kPa；

K_a——主动土压力系数；

C——填土的黏聚力，kPa；

γ——墙后土体的重度，kN/m^3。

由式(6-4)可见，黏性土的主动土压力由两部分组成：第一部分为土自重产生的土压力 γzK_a，随墙高呈三角形分布；第二部分为黏聚力 C 引起的拉应力 $2C\sqrt{K_a}$，起减少土压力的作用，其值不随深度变化；两项之和使得墙后土压力在 z_0 深度以上出现负值，即拉应力区，但实际工程中墙和填土之间不能抵抗拉应力，所以会使填土与墙背脱开，出现 z_0 范围内的裂缝，如图 6-5 所示，因此 z_0 以上可以认为土压力为零；z_0 以下土压力按三角形分布，z_0 称为临界深度，其值可令式(6-4)为零求得：

$$z_0 = \frac{2C}{\gamma\sqrt{K_a}} \tag{6-5}$$

取单位墙长，主动土压力为主动土压力强度分布图形的面积，则黏性土的主动土压力为

$$E_a = \varphi_c\left[\frac{1}{2}(h-z_0)(\gamma hK_a - 2C\sqrt{K_a})\right] \tag{6-6}$$

式中 φ_c——主动土压力增大系数，土坡高度 $H\leqslant5$ m 取 1.0，5 m $<H\leqslant8$ m 取 1.1，$H>8$ m 取 1.2。

主动土压力 E_a 作用点位于主动土压力强度分布图形面积的形心处，即 $(h-z_0)/3$ 处，方向垂直并指向墙背。

对于无黏性土，由于 $C=0$，则式(6-4)写为

$$\sigma_a = \gamma zK_a \tag{6-7}$$

无黏性土的主动土压力强度沿墙高呈三角形分布，如图 6-6 所示，取单位墙长计算，则主动土压力为

$$E_a = \varphi_c\frac{1}{2}\gamma h^2K_a \tag{6-8}$$

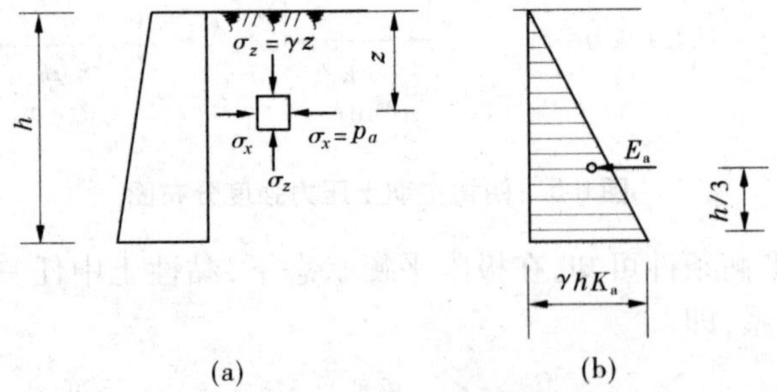

图 6-6 无黏性土主动土压力强度分布图

主动土压力 E_a 作用点位于主动土压力强度分布图形面积的形心处即($h/3$)处,方向垂直并指向墙背。

二、被动土压力

当挡土墙发生向着填土方向的移动或转动时,墙后填土受到挤压,沿某一滑裂面滑动(滑动面与水平面的倾角是 $45° - \frac{\varphi}{2}$),当位移量达到某一极限值时墙后填土处于被动极限平衡状态,某一深度 z 处的土单元体所受的竖向应力是小主应力,而水平向应力则是大主应力。根据极限平衡条件式可知:

$$\sigma_x = \sigma_1 = \gamma z \tan^2(45° + \frac{\varphi}{2}) + 2C\tan(45° + \frac{\varphi}{2}) \tag{6-9}$$

令 $\sigma_p = \sigma_x$,$K_p = \tan^2(45° + \frac{\varphi}{2})$,则式(6-9)可写为

$$\sigma_p = \gamma z K_p + 2C\sqrt{K_p} \tag{6-10}$$

式中 σ_p——被动土压力强度,kPa,为被动土压力沿墙高的应力分布;

K_p——被动土压力系数。

被动土压力为被动土压力强度分布图形的面积,如图 6-7 所示,其计算公式为

黏性土
$$E_p = \frac{1}{2}\gamma h^2 K_p + 2Ch\sqrt{K_p} \tag{6-11}$$

无黏性土
$$E_p = \frac{1}{2}\gamma h^2 K_p \tag{6-12}$$

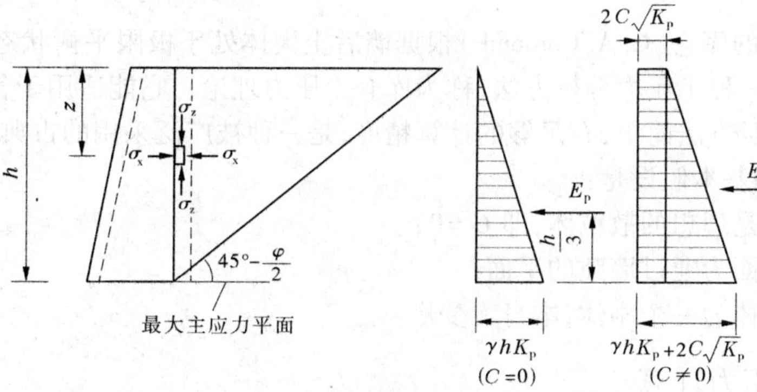

图 6-7 朗肯被动土压力强度分布图

被动土压力作用点位于土压力强度分布图图形形心处,方向与墙背垂直并指向墙背。

【例 6-1】 如图 6-8 所示,有一挡土墙高 5 m,墙背竖直光滑。墙后填土面水平,填土为黏性土,黏聚力 $C = 10$ kPa,重度 $\gamma = 17.2$ kN/m^3,内摩擦角 $\varphi = 20°$。试求主动土压力,并绘出主动土压力强度分布图。

解 (1)计算主动土压力系数

$$K_a = \tan^2(45° - \frac{\varphi}{2}) = \tan^2(45° - \frac{20°}{2}) = 0.49$$

(2)计算临界深度 z_0

$$\sigma_a = \gamma z_0 K_a - 2C\sqrt{K_a} = 0 \Rightarrow z_0 = \frac{2C}{\gamma\sqrt{K_a}} = \frac{2\times 10}{17.2\times\sqrt{0.49}} = 1.66(\text{m})$$

(3)计算墙底的主动土压力强度

$$\sigma_a = \gamma z K_a - 2C\sqrt{K_a} = 17.2\times 5\times 0.49 - 2\times 10\times\sqrt{0.49} = 28.14(\text{kPa})$$

(4)计算主动土压力

$$E_a = \frac{1}{2}\times 28.14\times(5-1.66) = 47(\text{kN/m})$$

主动土压力的作用在距墙底$\frac{5-1.66}{3}=1.1(\text{m})$处，方向与墙背垂直并指向墙背，如图 6-8 所示。

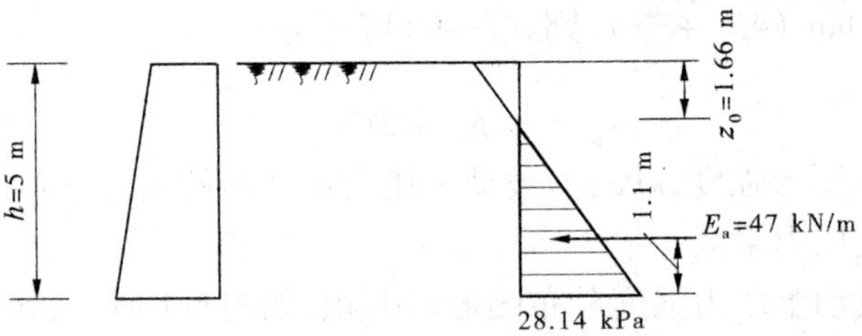

图 6-8　例 6-1 图

课题四　库仑土压力理论

1776 年，法国的库仑(C. A. Coulomb)根据墙后土楔体处于极限平衡状态时的力系平衡条件，提出了另一种土压力分析方法，称为库仑土压力理论。它能适用于各种填土面和不同的墙背条件，且方法简单，有足够的计算精度，是一种被广泛采用的古典土压力理论。库仑土压力理论的基本假设是：

(1)墙后填土是理想的散粒体，即 $C=0$；

(2)滑动破坏面为通过墙踵的平面；

(3)滑动土楔体为一个刚体，本身无变形。

一、主动土压力计算

如图 6-9 所示，设挡土墙高为 h，墙后填土为无黏性土($C=0$)，填土表面与水平面的夹角为 β，墙背材料与填土之间的摩擦角(外摩擦角)为 δ。

当挡土墙向背离填土方向移动或转动时，墙后填土将沿着某一破坏面 AC 和墙背面 AB 向下滑动，形成一滑动土楔体。当达到极限平衡状态时，取滑动土楔体 ABC 为脱离体(见图 6-9(a))，作用在土楔体上的力有：

①土楔体的重力 G。设滑动面 AC 的倾角为 θ，则 $G=\gamma V_{ABC}$。

②滑动面 AC 上的反力 R。其大小是未知的，由于摩擦力向上，R 的方向与滑动面 AC 的法线顺时针成 φ 角(φ 为土的内摩擦角)。

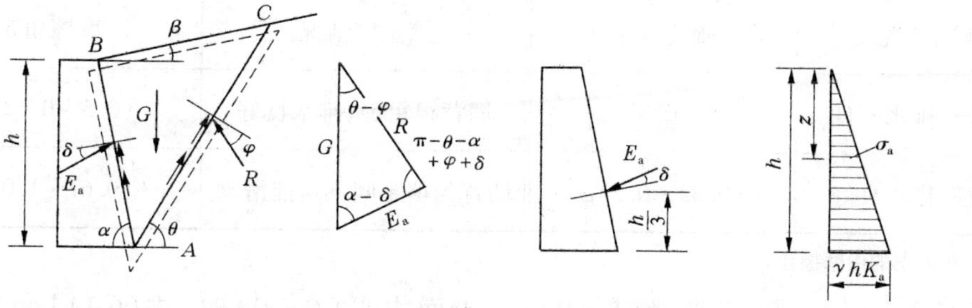

(a)滑动楔体　　(b)力矢三角形　　(c)合力作用点　　(d)土压力强度分布图

图 6-9　库仑主动土压力计算图

③墙背对土楔体的反力 E_a。E_a 与墙背的法线成 δ 角（外摩擦角），当土楔体下滑时，墙对土楔体的阻力是向上的，所以反力 E_a 在 AB 法线的下方。

土楔体 ABC 在 G、R、E_a 三个力的作用下处于静力平衡状态，因此三力必形成一个闭合的力矢三角形（如图 6-9(b)所示），由三角形的正弦定律可得：

$$E_a = G\frac{\sin(\theta - \varphi)}{\sin(\theta + \alpha - \varphi - \delta)} \tag{6-13}$$

从上式可知，不同的 θ 可求出不同的 E_a，即 E_a 是滑动面倾角 θ 的函数。由 $\frac{dE_a}{d\theta}=0$ 可求出 E_{amax} 相应的倾角 θ 所对应的滑动面，即最危险的滑动面。将求出的滑动面倾角 θ 和重力 $G=\gamma \cdot V_{ABC}$ 代入式(6-13)，即可求出主动土压力计算公式：

$$E_a = \frac{1}{2}\gamma h^2 \frac{\sin^2(\alpha + \varphi)}{\sin^2\alpha\sin(\alpha - \delta)\left[1 + \sqrt{\frac{\sin(\varphi + \delta)\sin(\varphi - \beta)}{\sin(\alpha - \delta)\sin(\alpha + \beta)}}\right]^2} \tag{6-14}$$

令

$$K_a = \frac{\sin^2(\alpha + \varphi)}{\sin^2\alpha\sin(\alpha - \delta)\left[1 + \sqrt{\frac{\sin(\varphi + \delta)\sin(\varphi - \beta)}{\sin(\alpha - \delta)\sin(\alpha + \beta)}}\right]^2} \tag{6-15}$$

则式(6-14)可写成

$$E_a = \varphi_c \frac{1}{2}\gamma h^2 K_a \tag{6-16}$$

式中　K_a——库仑主动土压力系数，按式(6-15)确定；

α——墙背与水平面的夹角，(°)；

β——墙后填土面的倾角，(°)；

δ——填土对挡土墙的摩擦角，可查表 6-2 确定；

φ_c——主动土压力增大系数，土坡高度小于 5 m 取 1.0，5 ~ 8 m 取 1.1，大于 8 m 取 1.2。

表 6-2　土对挡土墙背的摩擦角

挡土墙情况	摩擦角 δ	挡土墙情况	摩擦角 δ
墙背平滑，排水不良	$(0\sim0.33)\varphi$	墙背很粗糙，排水良好	$(0.5\sim0.67)\varphi$
墙背粗糙，排水良好	$(0.33\sim0.5)\varphi$	墙背与填土间不可能滑动	$(0.67\sim1.0)\varphi$

注：φ 为墙背填土的内摩擦角。

当墙背竖直（$\alpha=90°$）、光滑（$\delta=0$），填土面水平（$\beta=0$）时，式（6-14）变为 $E_a=\frac{1}{2}\gamma h^2\tan^2\left(45°-\frac{\varphi}{2}\right)$，可见在上述条件下库仑公式和朗肯公式相同。

由式（6-14）可知，主动土压力 E_a 与墙高的平方成正比，为求得离墙顶为任意深度 z 处的主动土压力强度 σ_a，可将 E_a 对 z 取导数，即

$$\sigma_a=\frac{dE_a}{dz}=\frac{d}{dz}\left(\frac{1}{2}\gamma z^2K_a\right)=\gamma zK_a \tag{6-17}$$

可见，主动土压力强度沿墙高呈三角形分布（见图 6-9（d））。主动土压力的作用点在三角形的形心处（即距墙底$\frac{h}{3}$）方向与墙背法线逆时针成 δ 角（见图 6-9（c））。

二、被动土压力计算

如图 6-10 所示，墙背 AB 在外力作用下向着填土方向发生移动或转动时，将迫使土体体积压缩。墙后填土将沿着某一破坏面 AC 和墙背面 AB 向上滑动，形成一滑动土楔体。当达到极限平衡状态时，取滑动土楔体 ABC 为脱离体（见图 6-10（a）），土楔体在重力 G、反力 R 和被动土压力的反作用力 E_p 的作用下处于静力平衡状态，所以形成的力矢三角形必然封闭，R 和 E_p 的方向都分别在 AC 和 AB 法线的上方，根据三角形的正弦定律可求出被动土压力的库仑公式为

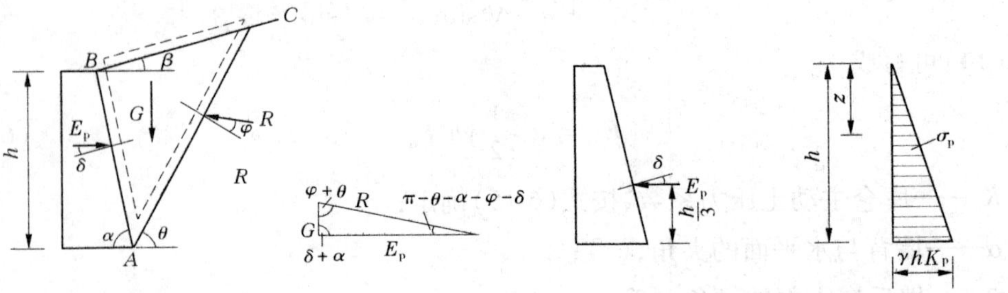

(a)滑动楔体　(b)力矢三角形　(c)合力作用点　(d)土压力强度分布图

图 6-10　库仑被动土压力计算图

$$E_p = \frac{1}{2}\gamma h^2 \frac{\sin^2(\alpha - \varphi)}{\sin^2\alpha\sin(\alpha + \delta)\left[1 - \sqrt{\frac{\sin(\varphi + \delta)\sin(\varphi + \beta)}{\sin(\alpha + \delta)\sin(\alpha + \beta)}}\right]^2} \tag{6-18}$$

令

$$K_p = \frac{\sin^2(\alpha - \varphi)}{\sin^2\alpha\sin(\alpha + \delta)\left[1 - \sqrt{\frac{\sin(\varphi + \delta)\sin(\varphi + \beta)}{\sin(\alpha + \delta)\sin(\alpha + \beta)}}\right]^2} \tag{6-19}$$

则式(6-17)变为

$$E_p = \frac{1}{2}\gamma h^2 K_p \tag{6-20}$$

式中 K_p——库仑被动土压力系数；

其余符号意义同前。

当墙背竖直（$\alpha = 90°$）、光滑（$\delta = 0$），填土面水平（$\beta = 0$）时，式（6-17）变为 $E_p = \frac{1}{2}\gamma h^2 \tan^2\left(45° + \frac{\varphi}{2}\right)$，可见在上式条件下库仑公式和朗肯公式相同。

被动土压力强度可按下式计算

$$\sigma_p = \frac{dE_p}{dz} = \frac{d}{dz}\left(\frac{1}{2}\gamma z^2 K_p\right) = \gamma z K_p \tag{6-21}$$

可见，被动土压力强度沿墙高呈三角形分布（见图 6-10（d））。被动土压力的作用点在三角形的形心处（即距墙底$\frac{h}{3}$处），方向与墙背法线顺时针成 δ 角（见图 6-10（c））。

【例 6-2】 挡土墙高 4.5 m，墙背倾角 $\alpha = 70°$，填土面坡角 $\beta = 15°$，填土为砂土（$C = 0$），$\gamma = 20\ \text{kN/m}^3$，$\varphi = 30°$，填土与墙背的摩擦角 $\delta = \frac{2}{3}\varphi$，求主动土压力 E_a，并画出土压力强度分布图形。

解 用库仑理论计算主动土压力系数

$$K_a = \frac{\sin^2(\alpha + \varphi)}{\sin^2\alpha\sin(\alpha - \delta)\left[1 + \sqrt{\frac{\sin(\varphi + \delta)\sin(\varphi - \beta)}{\sin(\alpha - \delta)\sin(\alpha + \beta)}}\right]^2}$$

将已知条件代入可求出：

$$K_a = \frac{\sin^2(70° + 30°)}{\sin^2 70°\sin(70° - 20°)\left[1 + \sqrt{\frac{\sin(30° + 20°)\sin(30° - 15°)}{\sin(70° - 20°)\sin(70° + 15°)}}\right]^2}$$

$$= 0.629$$

$$E_a = \frac{1}{2}\gamma h^2 K_a = \frac{1}{2} \times 20 \times 4.5^2 \times 0.629$$

$$= 127.4\ (\text{kN/m})$$

土压力作用点距墙底$\frac{4.5}{3} = 1.5$ m 处，方向垂直并指向墙背，如图 6-11 所示。

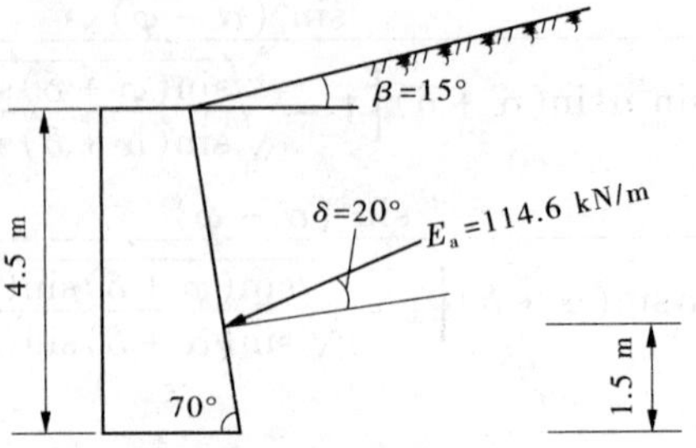

图 6-11　例 6-2 图

课题五　特殊情况的土压力计算

以无黏性土为例说明工程中常见的几种特殊情况下的土压力计算。

一、填土表面有均布荷载

如图 6-12 所示，当挡土墙后填土面上作用有连续均布荷载 q 时，将填土面上的均布荷载看做土重，计入竖向应力中来计算土压力强度

$$\sigma_a = (q + \gamma z)K_a \tag{6-22}$$

则墙顶面处的主动土压力强度为 $\sigma_a = qK_a$，底面处的主动土压力强度为 $\sigma_a = (q+\gamma h)K_a$。

主动土压力强度的分布图形如图 6-12 所示，呈梯形分布，主动土压力作用在梯形的形心处，方向垂直并指向墙背。

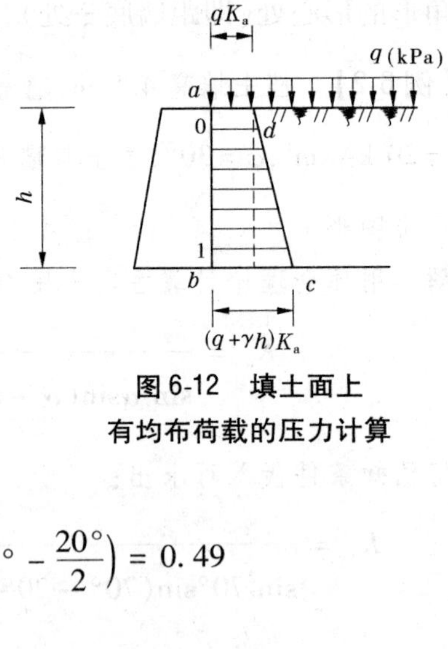

图 6-12　填土面上有均布荷载的压力计算

【例 6-3】 挡土墙高 5 m，墙背竖直、光滑；填土面水平，其上作用有均布荷载 $q = 5\ \text{kN/m}^2$。填土的内摩擦角 $\varphi = 20°$，黏聚力 $C = 5\ \text{kN/m}^2$，重度 $\gamma = 18\ \text{kN/m}^3$，求主动土压力 E_a 并绘出 σ_a 的分布图。

解　根据条件可采用朗肯土压力理论进行求解。

(1) 计算主动土压力系数

$$K_a = \tan^2\left(45° - \frac{\varphi}{2}\right) = \tan^2\left(45° - \frac{20°}{2}\right) = 0.49$$

(2) 计算临界深度 z_0

$$\sigma_a = (q + \gamma z_0)K_a - 2C\sqrt{K_a} = 0 \Rightarrow z_0 = \frac{2C}{\gamma\sqrt{K_a}} - \frac{q}{\gamma} = \frac{2\times 5}{18\times\sqrt{0.49}} - \frac{5}{18} = 0.52(\text{m})$$

(3) 计算主动土压力强度

墙底处　$\sigma_a = (q+\gamma z)K_a - 2C\sqrt{K_a} = (5+18\times 5)\times 0.49 - 2\times 5\times\sqrt{0.49} = 39.55$ (kPa)

主动土压力强度分布图形如图 6-13 所示。

(4)计算主动土压力

$$E_a = 1.0 \times \frac{1}{2} \times 39.55 \times (5 - 0.52)$$

$$= 88.59(\text{kN/m})$$

主动土压力作用在距墙底$\frac{5-0.52}{3}=1.49(\text{m})$处,方向垂直并指向墙背。

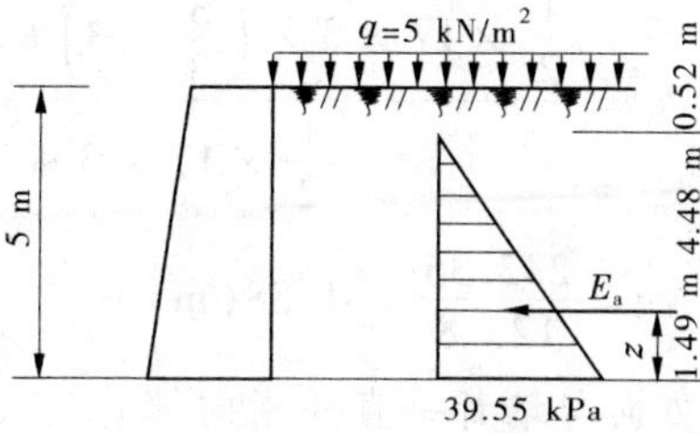

图6-13　例6-3图

二、分层填土

当挡土墙后填土由不同性质的土分层填筑时,各层土具有不同的φ值,若求某层离填土面深度为z处的土压力强度,则需要先求出该处的竖向应力,然后乘以该土层的主动土压力系数,因此土压力强度的分布在土层交界面处出现突变(见图6-14)。

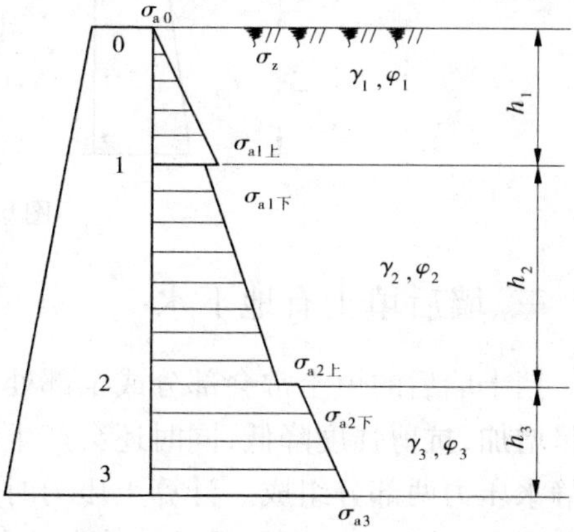

图6-14　分层填土的土压力计算

$$\sigma_{a0} = 0$$

$$\sigma_{a1上} = \gamma_1 h_1 K_{a1}$$

$$\sigma_{a1下} = \gamma_1 h_1 K_{a2}$$

$$\sigma_{a2上} = (\gamma_1 h_1 + \gamma_2 h_2) K_{a2}$$

$$\sigma_{a2下} = (\gamma_1 h_1 + \gamma_2 h_2) K_{a3}$$

$$\sigma_{a3} = (\gamma_1 h_1 + \gamma_2 h_2 + \gamma_3 h_3) K_{a3}$$

【例6-4】 如图6-15所示,挡土墙高6 m,墙背竖直、光滑,墙后填土共两层。求主动土压力E_a,并绘出σ_a分布图。

解 根据条件可采用朗肯土压力理论进行求解。

(1)计算主动土压力系数

$$K_{a1} = \tan^2(45° - \frac{\varphi}{2}) = \tan^2(45° - \frac{30°}{2}) = 0.333$$

$$K_{a2} = \tan^2(45° - \frac{\varphi}{2}) = \tan^2(45° - \frac{24°}{2}) = 0.42$$

(2)计算主动土压力强度

墙顶处 $\sigma_{a0}=0$

第一层底 $\sigma_{a1上}=\gamma_1 h_1 K_{a1}=17\times3\times0.333=17(\text{kPa})$

第二层顶 $\sigma_{a1下}=\gamma_1 h_1 K_{a2}=17\times3\times0.42=21.4(\text{kPa})$

第二层底 $\sigma_{a2上}=(\gamma_1 h_1+\gamma_2 h_2)K_{a2}=(17\times3+18\times3)\times0.42=44.1(\text{kPa})$

主动土压力强度的分布图如图6-15所示。

(3)计算主动土压力

$$E_a = 1.1 \times \left[\frac{1}{2} \times 17 \times 3 + \frac{1}{2}(21.4 + 44.1) \times 3\right] = 136.6(\text{kPa})$$

主动土压力作用在σ_a分布图的形心处,即

$$h_c=\frac{\frac{1}{2}\times17\times3\times\left(\frac{3}{3}+3\right)+21.4\times3\times\frac{3}{2}+\frac{1}{2}\times(44.1-21.4)\times3\times\frac{3}{3}}{\frac{1}{2}\times17\times3+21.4\times3+\frac{1}{2}\times(44.1-21.4)\times3}$$

$$=\frac{232.35}{123.8}=1.88(\mathrm{m})$$

方向与墙背垂直并指向墙背。

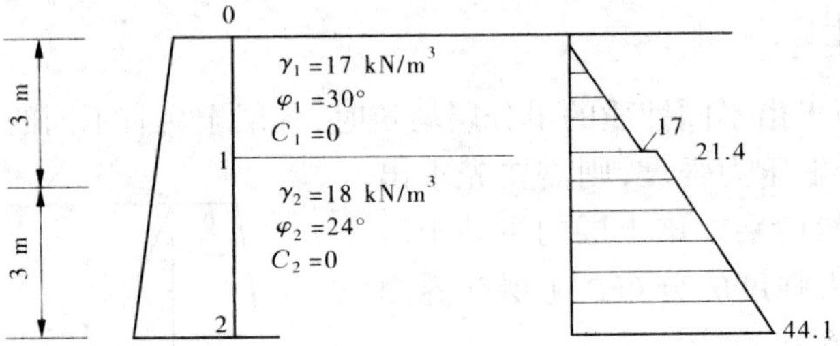

图 6-15　例 6-4 图

三、墙后填土有地下水

挡土墙后的填土常会部分或全部处于地下水位以下，由于地下水的存在将使土的含水量增加，抗剪强度降低，同时还会产生静水压力，因此作用在墙背上的侧压力由土压力和静水压力两部分组成。计算土压力时，地下水位以下土的重度取有效重度，抗剪强度指标若无专门测定时，可假设地下水位上、下土的内摩擦角 φ 相同。作用在挡土墙上的总侧压力应为土压力和静水压力之和，如图 6-16 所示。

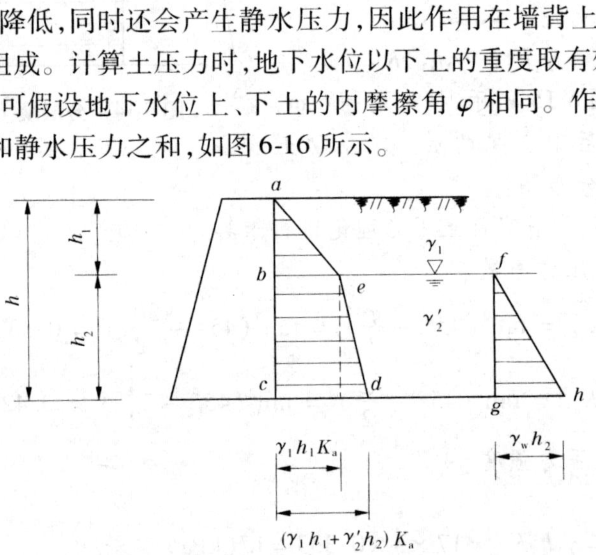

图 6-16　填土中有地下水的土压力计算

以上三种特殊情况推广到黏性土结论同样适用，只是将土压力强度中扣除黏聚力引起的拉应力 $2C\sqrt{K_a}$。

【例 6-5】 如图 6-17 所示，挡土墙高 5 m，墙背竖直光滑，填土面水平。内摩擦角 $\varphi=30°$，黏聚力 $C=0$，重度 $\gamma=18\ \mathrm{kN/m^3}$，$\gamma_{sat}=20\ \mathrm{kN/m^3}$。求挡土墙的总侧压力。

解　根据条件可采用朗肯土压力理论进行求解。

(1)计算主动土压力系数

$$K_a = \tan^2(45° - \frac{\varphi}{2}) = \tan^2(45° - \frac{30°}{2}) = 0.333$$

(2)计算主动土压力强度

墙顶处 $\sigma_{a0} = 0$

地下水位处 $\sigma_{a1} = \gamma h_1 K_a = 18 \times 3 \times 0.333 = 18(\text{kPa})$

墙底处 $\sigma_{a2} = (\gamma h_1 + \gamma' h_2)K_a = [18 \times 3 + (20 - 10) \times 2] \times 0.333 = 24.6(\text{kPa})$

(3)计算静水压力强度

$$\sigma_w = \gamma_w h_w = 10 \times 2 = 20(\text{kPa})$$

(4)计算主动土压力

$$E_a = \frac{1}{2} \times 18 \times 3 + 18 \times 2 + \frac{1}{2} \times (24.6 - 18) \times 2 = 69.6(\text{kN/m})$$

主动土压力作用在主动土压力强度分布图形的形心处,即

$$h_c = \frac{\frac{1}{2} \times 18 \times 3 \times (2 + \frac{3}{3}) + 18 \times 2 \times \frac{2}{2} + \frac{1}{2} \times (24.6 - 18) \times 2 \times \frac{2}{3}}{\frac{1}{2} \times 18 \times 3 + 18 \times 2 + \frac{1}{2} \times (24.6 - 18) \times 2}$$

$$= \frac{121.4}{69.6} = 1.74(\text{m})$$

方向与墙背垂直并指向墙背。

(5)计算静水侧压力

$$P_w = \frac{1}{2} \times 20 \times 2 = 20(\text{kN/m})$$

(6)计算总侧压力

$$P = 69.6 + 20 = 89.6(\text{kN/m})$$

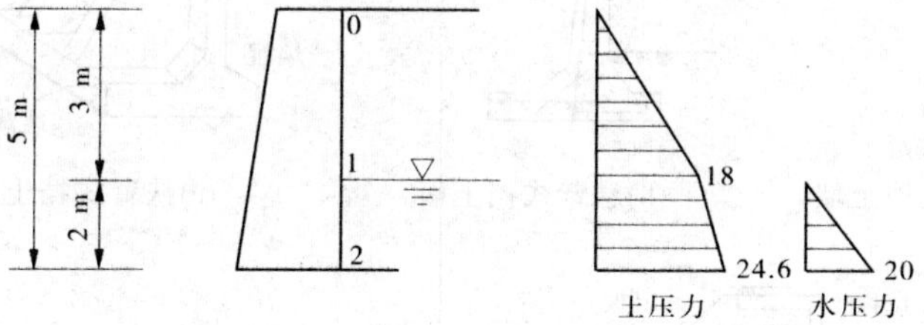

图6-17 例6-5图

课题六 挡土墙设计

一、挡土墙的类型

挡土墙根据结构形式可以分为以下几类。

（一）重力式挡土墙

重力式挡土墙一般由块石或素混凝土砌筑而成。靠自身重力来维持墙体稳定，墙体的抗拉、抗剪强度都较低。墙身截面尺寸较大，一般用于低挡土墙。它具有结构简单、施工方便、取材较易等优点，是工程中应用较广的一种挡土墙（见图6-18(a)）。

（二）悬臂式挡土墙

悬臂式挡土墙一般用钢筋混凝土建造，它由三个悬臂板组成，即立臂、墙趾悬臂和墙踵悬臂。墙体的稳定性主要靠墙踵悬臂上的土重维持，墙体内的拉应力由钢筋承担。这类挡土墙的优点是能充分利用钢筋混凝土的受力特性，故这类挡土墙截面尺寸较小，在市政工程及厂矿贮库中较常采用（见图6-18(b)）。

（三）扶臂式挡土墙

当墙高较大，悬臂式挡土墙的立臂受推力作用产生的弯矩与挠度均较大时，为了增加立臂的抗弯性能和减少钢筋用量，可在悬臂式挡土墙的墙长方向每隔一定间距（0.8～1.08 h，h 为挡土墙高）设一道扶臂，挡土墙稳定性由扶臂间填土重维持（见图6-18(c)）。

（四）锚杆式与锚定板式挡土墙

锚定板式挡土墙由预制的钢筋混凝土面板立柱、钢拉杆和埋入土中的锚定板组成，挡土墙板的稳定性由拉杆和锚定板来保证。锚杆式挡土墙则是利用伸入岩层的灌浆锚杆承受土压力的挡土结构（见图6-18(d)）。这两种结构一般单独采用，有时也联合使用。

（五）板桩墙

板桩墙是深基坑开挖的一种临时性支护结构，由统长的钢板桩或预制钢筋混凝土板桩组成。也可在板桩上加设支撑，以改善其受力性能（见图6-18(e)）。

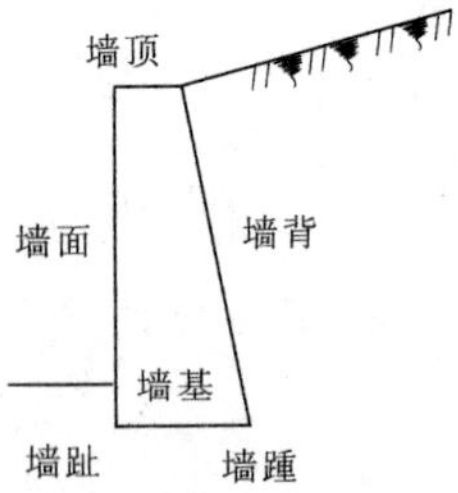

(a)重力式挡土墙

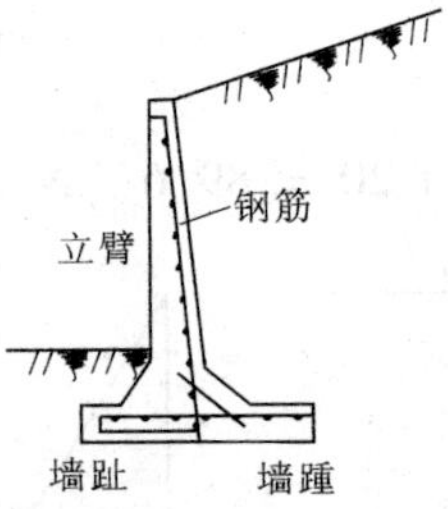

(b)悬臂式挡土墙

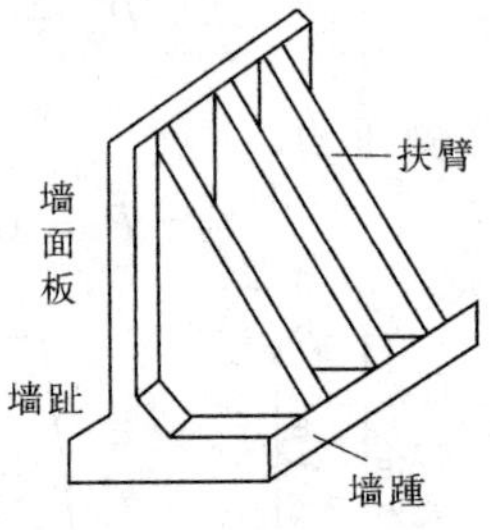

(c)扶臂式挡土墙

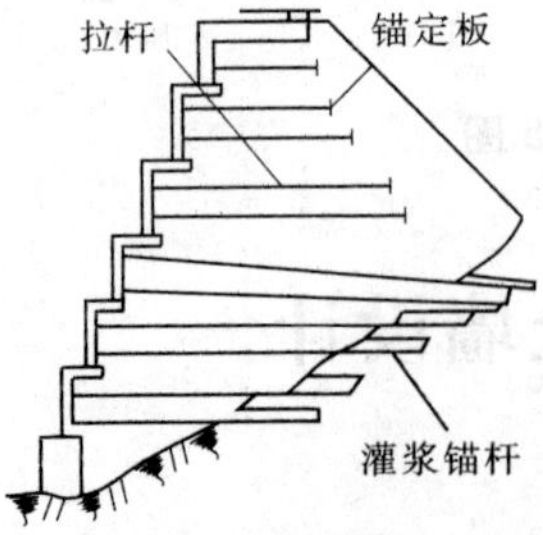

(d)锚杆式与锚定板式挡土墙

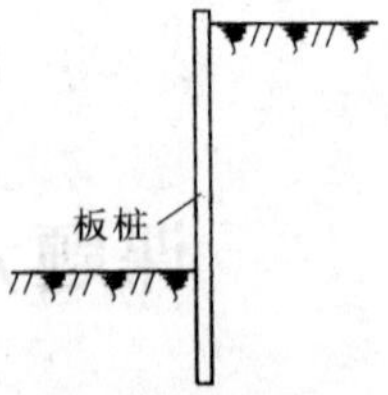

(e)板桩墙

图6-18　挡土墙主要类型图

二、重力式挡土墙的设计

（一）重力式挡土墙的设计内容

设计挡土墙时，一般是先根据荷载大小、地基土工程地质条件、填土的性质、建筑材料等条件凭经验初步拟定截面尺寸，然后逐项进行验算。若不满足，则修改截面尺寸或采取其他措施。

挡土墙的验算一般包括下列内容：

(1)稳定性验算。包括抗倾覆和抗滑移验算两大内容，必要时应进行地基的深层稳定性验算（可采用圆弧滑动面法）。

(2)地基承载力验算。要求及方法见后面章节。

(3)墙身强度验算。具体方法参见《混凝土结构设计规范》(GB 50010—2002)。

（二）挡土墙的稳定性验算

1. 抗滑移稳定性验算

如图6-19所示，在土压力作用下，挡土墙有可能沿基础底面发生滑动。验算时，将土压力 E_a 及墙重力 G 各分解为垂直和平行于基底的分力（E_{at}、E_{an} 及 G_t、G_n）。分力 E_{at} 和 G_t 的合力使墙沿基底平面滑移，E_{an} 及 G_n 产生摩擦力抵抗滑移，抗滑移稳定性应按下式验算：

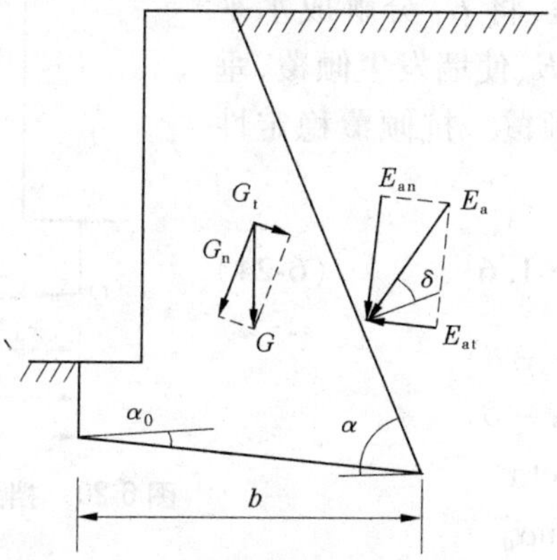

图6-19　挡土墙抗滑移稳定验算示意图

$$\frac{(G_n + E_{an})\mu}{E_{at} - G_t} \geqslant 1.3 \tag{6-23}$$

$$G_n = G\cos\alpha_0$$

$$G_t = G\sin\alpha_0$$

$$E_{at} = E_a\sin(\alpha - \alpha_0 - \delta)$$

$$E_{an} = E_a\cos(\alpha - \alpha_0 - \delta)$$

式中　G——挡土墙每延米自重，kN/m；

α_0——挡土墙基底的倾角，(°)；

α——挡土墙墙背的倾角，(°)；

δ——土对挡土墙墙背的摩擦角，可按表6-2选用，(°)；

μ——土对挡土墙基底的摩擦系数，由试验确定，也可按表6-3选用。

表 6-3　土对挡土墙基底的摩擦系数 μ

土的类别		摩擦系数 μ
黏性土	可塑	0.25～0.30
	硬塑	0.30～0.35
	坚硬	0.35～0.45
粉土		0.30～0.40
中砂、粗砂、砾砂		0.40～0.50
碎石土		0.40～0.60
软质岩		0.40～0.60
表面粗糙的硬质岩		0.65～0.75

注：1. 对易风化的软质岩和塑性指数 I_P 大于 22 的黏性土，基底摩擦系数应通过试验确定。

2. 对碎石土，可根据其密实程度、填充物状况、风化程度等确定。

2. 抗倾覆稳定性验算

如图 6-20 所示，挡土墙在土压力作用下可能绕墙趾 O 点向外转动而倾覆，将 E_a 分解成水平及垂直两个分力。水平分力 E_{ax} 使墙发生倾覆，垂直分力 E_{az} 及墙重力 G 抵抗倾覆。抗倾覆稳定性应按下式验算：

$$\frac{Gx_0 + E_{az}x_f}{E_{ax}z_f} \geqslant 1.6 \qquad (6\text{-}24)$$

$$E_{ax} = E_a\sin(\alpha - \delta)$$

$$E_{az} = E_a\cos(\alpha - \delta)$$

$$x_f = b - z\cot\alpha$$

$$z_f = z - b\tan\alpha_0$$

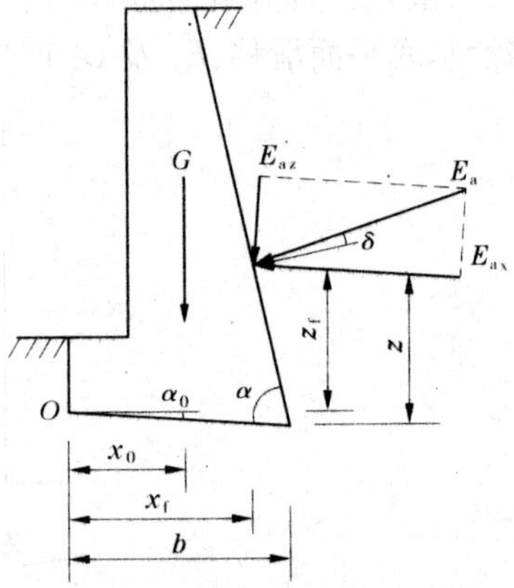

图 6-20　挡土墙抗倾覆稳定性验算示意图

式中　G——挡土墙每延米自重，kN/m；

α_0——挡土墙基底的倾角，(°)；

α——挡土墙墙背的倾角，(°)；

z——土压力作用点离墙踵的高度，m；

x_0——挡土墙重心离墙趾的水平距离，m；

b——基底的水平投影宽度，m。

（三）重力式挡土墙的构造

（1）重力式挡土墙适用于高度小于 6 m、地层稳定、开挖土石方时不会危及相邻建筑物安全的地段。

（2）重力式挡土墙根据墙背的倾角不同可分为仰斜式（$\alpha > 90°$）、垂直式（$\alpha = 90°$）、俯斜式（$\alpha < 90°$）（见图 6-21）。墙背的倾斜形式应根据使用要求、地形和施工条件等综合考虑决定。如用相同的计算方法和计算指标，其主动土压力以仰斜式为最小，垂直式居

中,俯斜式最大。在实际工程中若先开挖护坡再做挡土墙,则仰斜式最为合理;若先做挡土墙再填土,则俯斜式和垂直式较合理。

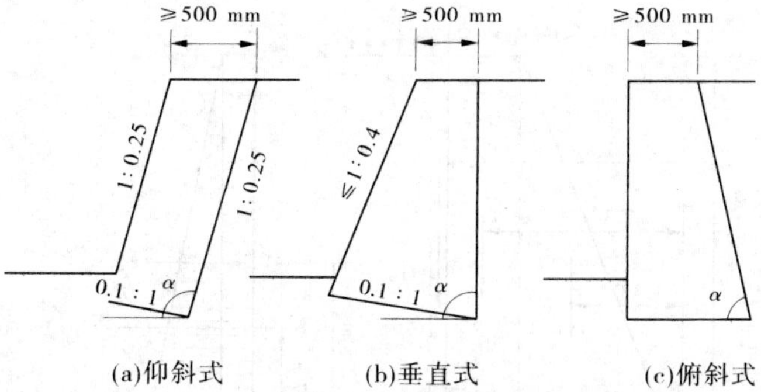

图 6-21　重力式挡土墙类型

(3)为了增加挡土墙的抗滑稳定性,重力式挡土墙可在基底设置逆坡。对于土质地基,基底逆坡坡度不宜大于 1∶10;对于岩质地基,基底逆坡坡度不宜大于 1∶5。

(4)块石挡土墙的墙顶宽度不宜小于 400 mm,混凝土挡土墙的墙顶宽度不宜小于 200 mm。基底宽为墙高的$\frac{1}{3}\sim\frac{1}{2}$。

(5)重力式挡土墙的基础埋置深度,应根据地基承载力、水流冲刷、岩石裂隙发育及风化程度等因素进行确定。在特强冻胀、强冻胀地区应考虑冻胀的影响。在土质地基中,基础埋置深度不宜小于 0.5 m;在软质岩地基中,基础埋置深度不宜小于 0.3 m。

(6)重力式挡土墙应每隔 10 ~ 20 m 设置一道伸缩缝。当地基有变化时宜加设沉降缝。在挡土结构的拐角处,应采取加强的构造措施。

(7)挡土墙常因雨水下渗而又排水不良,地表水渗入墙后填土,使填土的抗剪强度降低,土压力增大,这对挡土墙的稳定不利。如果墙后积水,则会产生水压力。积水自墙面渗出,还会产生渗流压力。水位较高时,静、动水压力对挡土墙的稳定更是较大威胁。因此,挡土墙必须有良好的排水设施,以免墙后填土因积水而造成地基松软,从而导致承载力不足。若填土冻胀,则会使挡土墙开裂或倒塌。故常沿墙长设置间距为 2 ~ 3 m,直径不小于 100 mm 的泄水孔。墙后做好滤水层和必要的排水盲沟,在墙顶地面铺设防水层。当墙后有山坡时,还应在坡下设置截水沟(见图 6-22)。

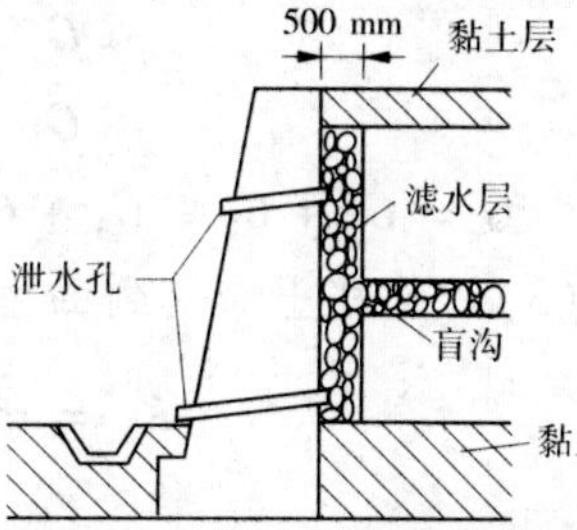

图 6-22　挡土墙排水设施

(8)墙后填土宜选择透水性较强的填料,如砂土、砾石、碎石等,因为这类土的抗剪强度较稳定,易于排水。当采用黏性土作为填料时,宜掺入适量的块石。在季节性冻土地区,墙后填土应选用非冻胀性填料(如矿渣、碎石、粗砂等),不应采用淤泥、耕植土、膨胀性黏土等作为填料。填土料中还不应杂有大的冻结土块、木块或其他杂物。填土应分层夯实。

【例 6-6】　如图 6-23 所示,某挡土墙高 5 m,墙背竖直光滑,填土面水平。采用 MU30

毛石和 M5 混合砂浆砌筑。已知砌体重度 $\gamma_0 = 22\ \text{kN/m}^3$，填土重度 $\gamma = 16\ \text{kN/m}^3$，内摩擦角 $\varphi = 30°$，黏聚力 $C = 0$，地面荷载 $q = 2\ \text{kN/m}^2$，基底摩擦系数 $\mu = 0.5$，验算挡土墙的稳定性。

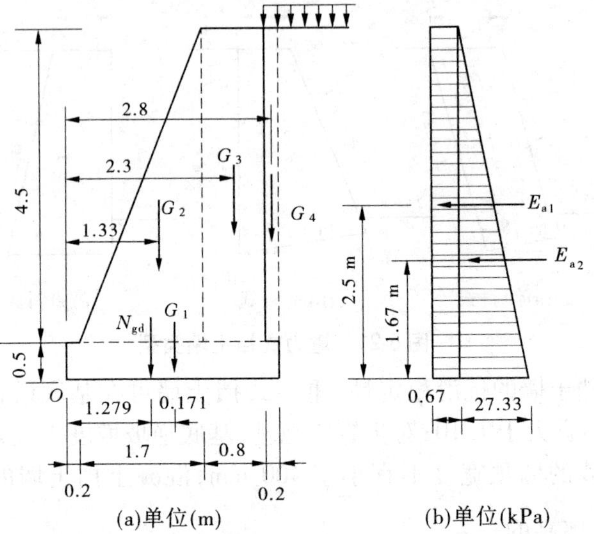

图 6-23　例 6-6 图

解　(1)确定挡土墙的截面尺寸

因为该挡土墙由块石砌筑而成，根据构造要求，墙顶宽度为 0.8 m > 0.4 m，墙底宽度为 2.9 m $\approx (\frac{1}{2} \sim \frac{1}{3})h$。

(2)计算挡土墙自重和土重

$$G_1 = 0.5 \times 2.9 \times 22 = 31.9(\text{kN/m})$$
$$G_2 = 0.5 \times 1.7 \times 4.5 \times 22 = 84.15(\text{kN/m})$$
$$G_3 = 0.8 \times 4.5 \times 22 = 79.2(\text{kN/m})$$
$$G_4 = 0.2 \times 4.5 \times 16 = 14.4(\text{kN/m})$$
$$G = G_1 + G_2 + G_3 + G_4 = 31.9 + 84.15 + 79.2 + 14.4 = 209.65(\text{kN/m})$$

(3)计算挡土墙受到的主动土压力

$$K_a = \tan^2\left(45° - \frac{\varphi}{2}\right) = \tan^2\left(45° - \frac{30°}{2}\right) = \frac{1}{3}$$

墙顶处　$\sigma_a = (q + \gamma z)K_a = (2 + 0) \times \frac{1}{3} = 0.67(\text{kPa})$

墙底处　$\sigma_a = (q + \gamma z)K_a = (2 + 16 \times 5) \times \frac{1}{3} = 27.33(\text{kPa})$

主动土压力　$E_{a1} = 0.67 \times 5 = 3.35(\text{kN/m})$

$$E_{a2} = \frac{1}{2} \times (27.33 - 0.67) \times 5 = 66.66(\text{kN/m})$$

(4)抗滑移验算

$$\frac{(G_n + E_{an})\mu}{E_{at} - G_t} = \frac{(209.65 + 0) \times 0.5}{3.35 + 66.66} = 1.5 > 1.3$$

(5)抗倾覆验算

$$M_{抗倾覆} = Gx_0 + E_{az}x_f$$
$$= 31.9 \times 1.45 + 84.15 \times 1.33 + 79.2 \times 2.3 + 14.4 \times 2.8$$
$$= 380.65(\text{kN} \cdot \text{m})$$

$$M_{倾覆} = E_{ax}z_f = 3.35 \times 2.5 + 66.66 \times \frac{5}{3} = 119.48(\text{kN} \cdot \text{m})$$

$$\frac{Gx_0 + E_{az}x_f}{E_{ax}z_f} = \frac{380.65}{119.48} = 3.2 > 1.6$$

所以挡土墙满足稳定性要求。

课题七　土坡稳定性分析

一、土坡的类型及引起土坡失稳的因素

土坡就是具有倾斜坡面的土体,简单土坡如图6-24所示。由自然地质作用所形成的土坡,如山坡、江河的岸坡等,称为天然土坡。由人工开挖或回填而形成的土坡,如基坑、渠道、土坝、路堤等的边坡,称为人工土坡。

在土建工程中会经常遇到土坡稳定问题,如果处理不当,土坡失稳产生滑动,不仅影响工程进展,还会危及人的生命安全和造成工程事故。土坡的滑动是由于土体重力及渗透力等在坡体内引起剪应力,如果剪应力大于土的抗剪强度,就会产生剪切破坏,如果靠坡面处剪切破坏的面积很大,则将产生一部分土体相对于另一部分土体滑动的现象,这种现象称为滑坡(见图6-25)。因此,在有关土坡问题的设计中,必须进行稳定分析,以保证土坡具有足够的稳定性。

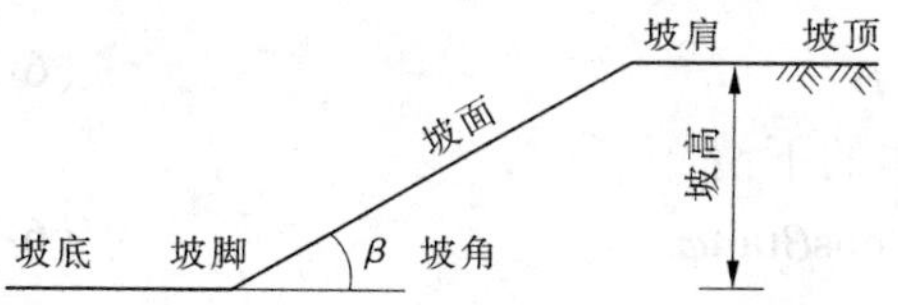

图6-24　简单土坡断面形式

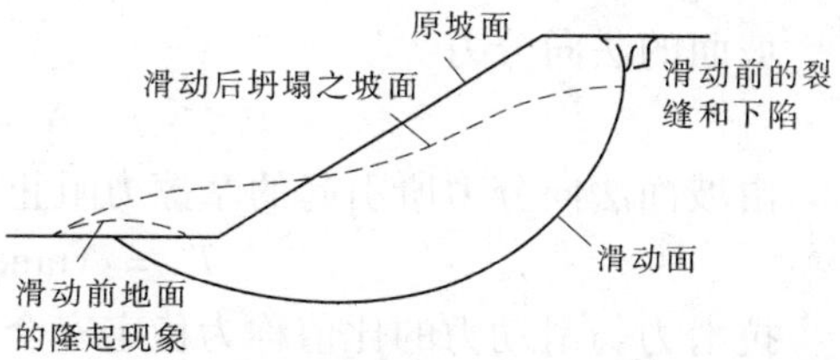

图6-25　滑坡示意图

影响土坡稳定性的因素有多种,包括土坡的边界条件、土质条件和外界条件。

(1)土坡坡度:土坡坡度可用坡角表示,也可用土坡高度与水平尺寸之比来表示,坡角越小,土坡的稳定性越好。

(2)土坡高度:土坡高度指坡脚至坡顶之间的垂直距离。在其他条件相同时,坡高越小,土坡稳定性越好。

(3)土的性质:土的性质越好,土坡的稳定性越好。例如,土的重度和土的抗剪强度

越大,土坡的稳定性越好。

(4)气象条件:晴朗时土坡处于干燥状态,土的强度大,土坡稳定性好。若连续大雨使大量雨水渗入,则土坡产生侧向推力进而滑动,而且土的抗剪强度较低也容易使土坡滑动。

(5)地下水的渗流作用:当土坡中有地下水渗流且动水压力与滑动方向相同时,对土坡的稳定不利。

(6)土坡作用力发生变化:如人工开挖坡脚、坡顶荷载增加,或由于打桩、车辆行驶、爆破、地震等引起的振动改变了的平衡状态。

土坡稳定分析是一个比较复杂的问题,本单元主要介绍简单土坡的稳定分析。所谓简单土坡,是指土坡的顶面和底面都是水平面,并伸至无穷远,土坡由均质土组成。

二、无黏性土土坡稳定分析

由粗粒土所堆筑的土坡称为无黏性土土坡。无黏性土土坡的稳定分析比较简单。如图6-26所示一均质的无黏性土土坡,不考虑渗流的影响,颗粒之间无黏聚力,其抗剪强度只由摩擦力提供。设坡角为β、内摩擦角为φ,现从坡面上取一小块土体来分析它的稳定性,设小土体所受到的重力为W。W垂直于坡面和平行于坡面的分力分别为N和T。

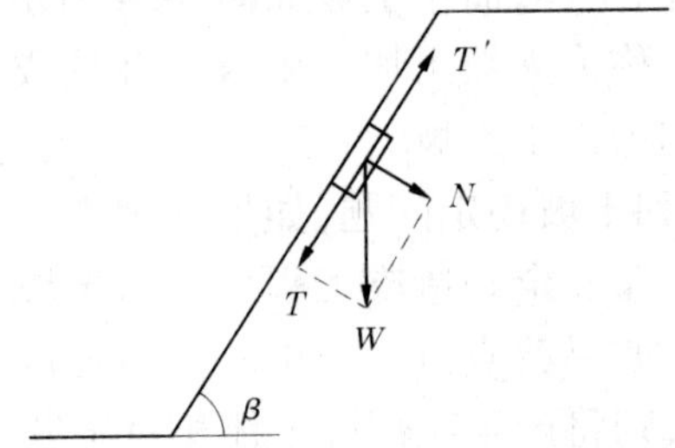

图6-26 无黏性土土坡的稳定性分析

坡面的滑动力为

$$T = W\sin\beta \tag{6-25}$$

坡面的法向分力

$$N = W\cos\beta \tag{6-26}$$

由坡面法向分力所引起的摩擦力阻止了土体的下滑

$$T' = N\tan\varphi = W\cos\beta\tan\varphi \tag{6-27}$$

抗滑力与滑动力的比值称为稳定安全系数

$$K = \frac{T'}{T} = \frac{W\cos\beta\tan\varphi}{W\sin\beta} = \frac{\tan\varphi}{\tan\beta}$$

由上式可知,无黏性土土坡稳定的极限坡角β等于该土的内摩擦角,即当$\beta=\varphi$时($K=1$),土坡处于极限平衡状态。故砂土的内摩擦角也称为自然休止角。无黏性土土坡的稳定性与坡高无关,仅取决于坡角β,只要$\beta<\varphi$($K>1$),土坡就是稳定的。为了保证土坡的稳定有一定的安全储备,工程中安全系数一般取$K=1.1\sim1.5$。

上述分析只适用于无黏性土土坡的最简单情况,即只受重力作用,且土的内摩擦角是常数。工程实际只有均质干土坡才完全符合这些条件。对有渗透水流的土坡、部分浸水土坡及高应力水平下的 φ 角变小的土坡，则不完全符合这些条件。这些情况下的无黏性土土坡稳定分析可参考有关书籍。

三、黏性土土坡稳定分析

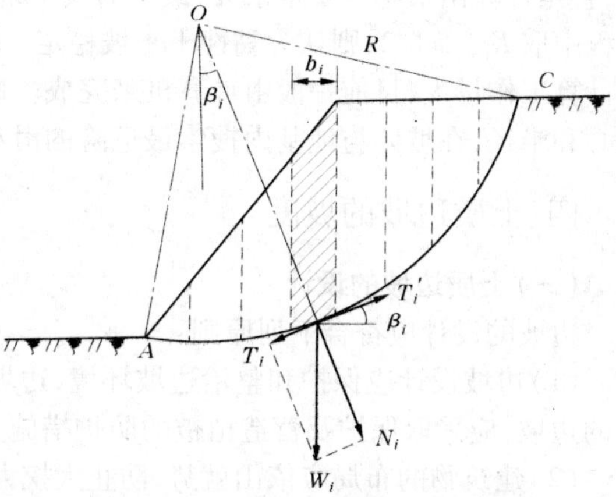

图 6-27　黏性土土坡稳定性分析

黏性土土坡的滑动情况如图 6-27 所示。土坡失稳前一般在坡顶产生张拉裂缝，然后沿着某一曲面产生整体滑动，同时伴随变形。为了简化计算，在稳定分析中假定滑动面为一圆弧面。

黏性土土坡稳定分析有很多方法，最常用的是条分法。条分法是瑞典工程师 W. 费兰纽斯（Fellenius，1922）首先提出的。该方法假设滑动面为一通过坡脚的圆弧面，并认为条块间的作用力对边坡的整体稳定性影响不大，可以忽略。取单位长度滑动体，采用垂直界面将滑动土体分成若干相同密度或相同宽度的土条，土条间侧向接触面上的作用力忽略不计，设第 i 土条所受到的重力为 W_i，其沿着滑动面上的法向分力和切向分力分别为

法向分力　$$N_i = W_i\cos\beta_i \tag{6-28}$$

切向分力　$$T_i = W_i\sin\beta_i \tag{6-29}$$

各土条对圆心的滑动力矩为 $\sum_{i=1}^{n} T_i R$，各土条对圆心的抗滑动力矩是由下列两种力引起：

由黏聚力 C 产生的抗滑动力矩 $\sum_{i=1}^{n} C\Delta l_i R$，由 N_i 引起的摩擦力对圆心产生的抗滑动力矩

$$\sum_{i=1}^{n} T_i' R = \sum_{i=1}^{n} N_i R\tan\varphi$$

定义稳定安全系数为

$$K = \frac{\sum_{i=1}^{n} W_i\cos\beta_i\tan\varphi + \sum C\Delta l_i}{\sum_{i=1}^{n} W_i\sin\beta_i} \tag{6-30}$$

式中　φ——土的内摩擦角标准值，(°)；

β_i——土条弧面的切线与水平线的夹角，(°)；

C——土的黏聚力标准值，(°)；

Δl_i——土条的弧面长度，m；

W_i——土条自重，kN，$W_i = \gamma b_i h_i$；

b_i——土条宽度，m；

h_i——土条中心高度，m。

由于滑动圆弧是任意选定的，所以不一定是最危险的滑动面，因此必须对其他滑动面进行验算，变换弧心位置和半径，可绘出不同的圆弧滑动面及计算出对应的稳定安全系数，直至计算出最小的安全系数，最小的安全系数对应的滑动面即为最危险的滑动面。在工程中取 $K_{min} \geq 1.2$，则认为黏性土土坡稳定。所以，条分法是一种试算法，由于这种方法的计算工作量大，目前一般由计算机来完成。即根据具体的边坡和土质，假设滑动圆弧的圆心和半径，在坡体与地基内搜索最危险的滑动面，同时确定最小的安全系数。

四、土质边坡的坡度

（一）土质边坡的设计

边坡的设计应符合下列原则：

（1）边坡设计应保护和整治边坡环境，边坡水系应因势利导，设置排水措施。对于稳定的边坡，应采取保护及营造植被的防护措施。

（2）建筑物的布局应依山就势，防止大挖大填。场地平整时，应采取确保周边建筑物安全的施工顺序和工作方法。由于平整场地而出现的新边坡，应及时进行支挡或构造防护。

（3）边坡工程在设计前，应进行详细的工程地质勘察，并对边坡的稳定性做出准确的评价；对周围环境的危害性做出预测；对岩石边坡的结构面调查清楚，指出主要结构面的所在位置；提供边坡设计所需要的各项参数。

（4）边坡的支挡结构应进行排水设计。对于可以向坡外排水的支挡结构，应在支挡结构上设置排水孔。排水孔应沿着横竖两个方向设置，其间距宜取 2 ~ 3 m，排水孔外斜坡度宜为 5%，孔眼尺寸不宜小于 100 mm。支挡结构后面应做好滤水层，必要时应做排水暗沟。支挡结构后面有山坡时，应在坡脚处设置截水沟。对于不能向坡外排水的边坡，应在支挡结构后面设置排水暗沟。

（5）支挡结构后面的填土，应选择透水性强的填料。当采用黏性土作填料时，宜掺入适量的碎石。在季节性冻土地区，应选择炉渣、碎石、粗砂等非冻胀性填料。

（二）边坡的坡度

土质边坡的大小，应根据土质条件、开挖深度、地下水位、施工方法及开挖后边坡留置时间的长短、坡顶有无荷载，以及相邻建筑物情况等因素而定。当地质条件良好、土质均匀且地下水位低于基坑（槽）底面标高时，挖方边坡可做成直立壁不加支撑，但深度不宜超过表 6-4 的规定。

表 6-4　直立壁不加支撑挖方深度

土的类别	挖方深度（m）
密实、中密的砂土和碎石类土（充填物为砂土）	1.00
硬塑、可塑的砂土及粉质黏土	1.25
硬塑、可塑的黏土和碎石类土（充填物为黏性土）	1.50
坚硬的黏土	2.00

若不符合上述要求，可采用放坡开挖。边坡的坡度允许值应根据当地经验，参照同类土层的稳定坡度确定。当土质良好且均匀、无不良地质现象、地下水不丰富时，可按表6-5确定。

表6-5　土质边坡坡度允许值

土的类别	密实度或状态	坡度允许值(高宽比)	
		坡高在5 m以内	坡高为5~10 m
碎石土	密实	1:0.35~1:0.50	1:0.50~1:0.75
	中密	1:0.50~1:0.75	1:0.75~1:1.00
	稍密	1:0.75~1:1.00	1:1.00~1:1.25
黏性土	坚硬	1:0.75~1:1.00	1:1.00~1:1.25
	硬塑	1:1.00~1:1.25	1:1.25~1:1.50

注：1. 表中碎石土的充填物为坚硬或硬塑状态的黏性土。

2. 对于砂土或充填物为砂土的碎石土，其边坡坡度允许值均按自然休止角确定。

土质边坡开挖时，应采取排水措施，边坡的顶部应设置截水沟。在任何情况下不允许在坡脚及坡面上积水。边坡开挖应由上往下开挖，依次进行。弃土应分散处理，不得将弃土堆置在坡顶及坡面上。当必须在坡顶或坡面上设置弃土转运站时，应进行坡体稳定性验算，严格控制堆栈的土方量。边坡开挖后，应立即对边坡进行防护处理。

练习题

1. 什么是主动土压力、被动土压力及静止土压力？

2. 朗肯理论和库仑理论各有什么基本假定和适用条件？

3. 常见的挡土墙有哪些类型？并用于什么场合？

4. 墙背积水对挡土墙的稳定性有何影响？

5. 导致土坡失稳的因素有哪些？

6. 挡土墙高4.5 m，墙背竖直、光滑，填土面水平。填土的黏聚力 $C=6$ kPa，$\varphi=22°$，$\gamma=18$ kN/m^3。求主动土压力 E_a。当填土表面作用 $q=10$ kN/m^2 的均布荷载时，主动土压力又是多大？

7. 挡土墙墙高6 m，填土分两层，各层土的物理及力学性质指标如图6-28所示，试绘出主动土压力强度分布图，并求出主动土压力的大小。

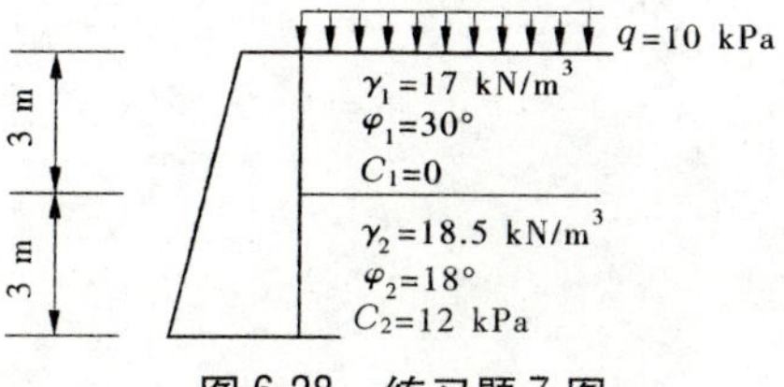

图6-28　练习题7图

8. 如图 6-29 所示挡土墙，墙背竖直光滑，墙高 10 m，填土面水平，其上作用着均布荷载，填土由两层无黏性土组成，土的物理性质指标及地下水位如图 6-29 所示，试求主动土压力的大小和总侧压力的大小及作用位置。

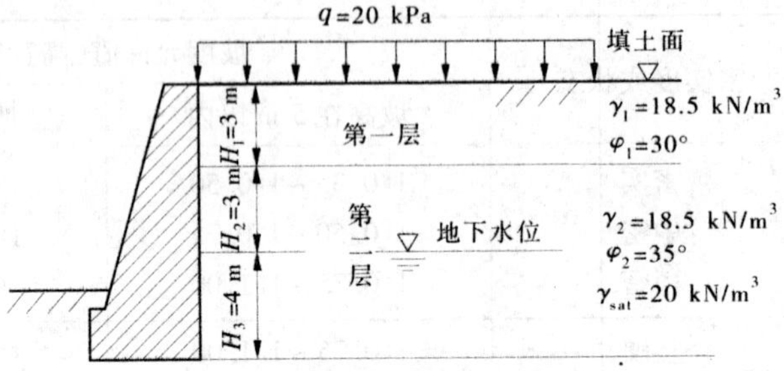

图 6-29 练习题 8 图

9. 如图 6-30 所示，挡土墙高 4 m，$\varphi=30°$，$\beta=0°$，$\alpha=90°$，$\delta=0°$，墙后填土重度 $\gamma=18.5$ kN/m^3，基底的摩擦系数 $\mu=0.5$，墙身由 MU30 毛石和 M5 混合砂浆砌筑，砌体重度 $\gamma_0=22$ kN/m^3，试验算挡土墙的稳定性。

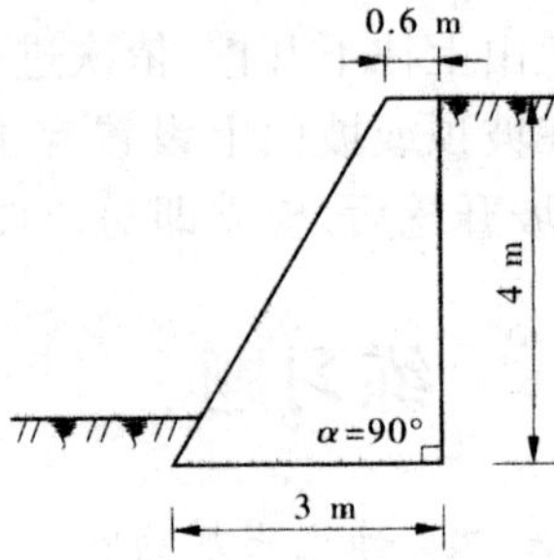

图 6-30

单元七　建筑场地的工程地质勘察

教学目标

熟悉地基勘察的各种方法和验槽内容；了解地基勘察任务和勘察报告的编写内容；了解地基局部处理的方法；会阅读和使用工程地质勘察报告。

重点难点

地基勘察方法和验槽内容；工程地质勘察报告的阅读与使用。

课题一　工程地质勘察概述

在兴建任何工程建筑，特别是重大工程建筑之前，都需要进行工程地质勘察工作。工程地质勘察是运用工程地质理论和各种勘察测试技术手段及方法，为解决工程建设中的地质问题而进行的调查研究工作。工程地质勘察是土木工程建设的基础，其资料成果是工程项目决策、设计和施工的重要依据。

工程地质勘察必须符合国家和行业制定的现行有关标准及规范的规定。工程地质勘察的现行标准，除水利、铁路、公路、桥隧工程执行相关的行业标准外，一律执行国家《岩土工程勘察规范》(GB 50021—2001)，各行业标准应逐渐向国家标准靠拢。

一、工程地质勘察的目的和任务

(一)工程地质勘察的目的

工程地质勘察的目的是查明工程建筑地区的工程地质条件，分析评价可能出现的工程地质问题，对建筑地区做出工程地质评价，为工程建设规划、设计、施工提供可靠的地质依据，以充分利用有利的自然地质条件，避开或改造不利的地质因素，保证工程建筑物的安全稳定、经济合理和正常使用。

(二)工程地质勘察的任务

工程地质勘察的基本任务是按照各类工程不同勘察阶段的要求，为工程的设计、施工及岩土体治理加固等工程提供地质资料和必要的技术参数，对有关的工程地质问题做出论证和评价。其具体任务归纳如下：

(1)阐述建筑场地或线路的工程地质条件，指出场地或线路内不良地质现象的发育情况及其对工程建设的影响，对场地稳定性和适宜性做出评价。

(2)查明工程范围内岩土体的分布、性状和地下水活动条件，提供设计、施工和整治所需的地质资料和岩土技术参数。

(3)分析研究与工程建筑有关的工程地质问题，并做出评价结论。

(4)对场地内建筑总平面布置、各类岩土工程设计、岩土体加固处理、不良地质现象整治等具体方案做出论证和建议。

(5)预测工程施工和运行过程中对地质环境和周围建筑物的影响,并对保护措施提出建议。

二、工程地质勘察阶段的划分

一项工程建设尤其是大型的工程建设,从规划、设计到施工需多次反复论证才能实施,不同的设计阶段对工程地质资料有不同的要求。工程地质勘察是为工程的设计、施工服务的,必须与工程设计的进度密切配合。工程设计分为可行性研究、初步设计和施工图设计三个阶段。为了提供设计阶段所需的工程地质资料,勘察工作也相应分为可行性研究勘察、初步勘察和详细勘察三个阶段。对于地质条件复杂或有特殊施工要求的重大建筑物地基,尚应进行施工勘察;对于地质条件简单、场地较小且无特殊要求的工程,其勘察阶段可适当合并简化。当建筑物平面布置已经确定,且场地或其附近已有岩土工程资料时,可根据实际情况,直接进行详细勘察。

各勘察阶段的任务和工作内容如下。

(一)可行性研究勘察

可行性研究勘察的目的是取得几个场址方案的主要工程地质资料,对拟选场地的稳定性和适宜性做出工程地质评价和方案比较。

选择场址时,应进行技术经济分析。一般情况下,宜避开下列工程地质条件恶劣的地区或地段:不良地质现象发育且对建筑物构成直接危害或潜在威胁的场地;设计地震烈度为 8 度或 9 度的地震断裂带;受洪水威胁或地下水不利影响严重的场地;在可开采的地下矿床或矿区的未稳定采空区上的场地。

可行性研究阶段的勘察工作,主要侧重于收集和分析区域地质、地形地貌、地震、矿产和附近地区的工程地质、岩土工程和建筑经验等资料,并在充分收集和分析已有资料的基础上,通过踏勘了解场地的地层岩性、地质构造、岩石和土的性质、地下水情况及不良地质作用等工程地质条件。当拟建场地工程地质条件复杂,已有资料不能满足要求时,也可以进行工程地质测绘并辅以必要的勘探工作。

(二)初步勘察

经过可行性研究勘察,对场地稳定性做出全局评价以后,还存在建筑地段局部稳定性(包括地震效应在内)的评价问题。初勘的任务之一就在于查明建筑场地不良地质现象的成因、分布范围、危害程度及其发展趋势,并对场地的稳定性做出评价,对抗震设防烈度等于或大于 6 度的场地,应对场地和地基的地震效应做出初步评价,以便使场地内主要建筑物(如工业主厂房)的布置避开不良地质现象发育地段,确定建筑总平面布置。初步勘察的任务还在于初步查明地层及其构造、岩石和土的物理力学性质、地下水埋藏条件及土的冻结深度,为主要建筑物的地基基础方案及对不良地质现象的防治方案提供工程地质资料。

初步勘察时勘探线、点的布置一般应符合下列要求:

(1)勘探线应垂直于地貌单元的边界线、地质构造线和地层界线。

(2)每个地貌单元均应布置勘察点，在单元交接部位和地层变化较大的地段，勘探点应予以加密(见表7-1)。

表7-1　初步勘察勘探线、勘探点间距　(单位:m)

地基复杂程度等级	勘探线间距	勘探点间距
一级(复杂)	50～100	30～50
二级(中等复杂)	75～150	40～100
三级(简单)	150～300	75～200

(3)在地形平坦、土层分布简单的地区，可按方格网布置勘探点。

对每个地貌单元或每幢重要建筑物，都应设有控制性勘探孔(勘探孔是指钻孔、探井、触探孔等)到达预定深度，其他一般性勘探孔只需达到适当深度即可。前者一般占勘探孔总数的1/5～1/3。通过控制性勘探孔可掌握场地地层结构的总貌，包括对可能与建筑物总平面布置和基础设计方案的论证有关的较深的地层及它们的岩土技术性质的必要了解。如岩土工程勘察规范中对于一级重要工程的控制性勘探孔的深度就做出了孔深应大于30 m的规定。各个等级的工程一般性勘探孔和控制性勘探孔深度可根据岩土工程重要性等级按《岩土工程勘察规范》(GB 50021—2001)选定。在井、孔中取试样或进行原位测试的竖向间距应按地层的特点和土的均匀性确定，各土层一般需采取试样或取得测试数据，详见《岩土工程勘察规范》(GB 50021—2001)的规定。

(三)详细勘察(详勘)

1.工作内容

经过可行性研究和初步勘察之后，场地工程地质条件已基本查明，详勘的任务就在于针对具体建筑物或建筑群提出详细的岩土工程资料和设计、施工所需的岩土参数，对建筑地基做出岩土工程评价，并对地基类型、基础形式、地基处理、基坑支护、工程降水和不良地质作用的防治等提出建议。详勘阶段主要应进行下列工作：

(1)收集附有坐标和地形的建筑总平面图，场区的地面整平标高，建筑物的性质、规模、荷载、结构特点，基础形式，埋置深度，地基允许变形等资料。

(2)查明不良地质作用的类型、成因、分布范围、发展趋势和危害程度，提出整治方案的建议。

(3)查明建筑范围内的岩土层类型、深度、分布、工程特性，分析和评价地基的稳定性、均匀性和承载力。

(4)对需进行沉降计算的建筑物，提供地基变形计算参数，预测建筑物的变形特征。

(5)查明埋藏的河道、沟浜、墓穴、防空洞、孤石等对工程不利的埋藏物。

(6)查明地下水的埋藏条件和腐蚀性、地层的透水性和水位变化规律等情况。

2.勘探点布置要求

详勘的手段主要以勘探、原位测试和室内土工试验为主，必要时可以补充一些物探和工程地质测绘与调查工作。详勘勘探点的间距宜按地基复杂程度等级确定，如表7-2所示。

勘探点的布置尚应满足下列规定：

表 7-2　详细勘察勘探点间距　（单位:m）

地基复杂程度等级	勘探点间距
一级(复杂)	10 ~ 15
二级(中等复杂)	15 ~ 30
三级(简单)	30 ~ 50

(1)勘探点宜按建筑物的周边线和角点布置,对无特殊要求的其他建筑物可按建筑物或建筑群的范围布置。

(2)同一建筑物范围内的主要受力层或有影响的下卧层起伏较大时,应加密勘探点,查明其变化。

(3)重大设备基础应单独布置勘探点,重大的动力机器基础或高耸构筑物,勘探点数量不宜少于 3 个。

详勘勘探孔深度以能控制地基主要受力层为原则。当基础底面宽度不大于 5 m,且在地基沉降计算深度内又无软弱下卧层存在时,勘探孔深度对条形基础不应小于基础底面宽度的 3 倍,对单独基础不应小于 1.5 倍,但不应小于 5 m。对须进行变形验算的地基,控制性勘探孔应超过地基沉降计算深度。在一般情况下,控制性勘探孔深度应考虑建筑物基础宽度,地基土的性质和相邻基础影响,按《岩土工程勘察规范》(GB 50021—2001)选定。

试样和进行原位测试的井、孔数量,应按地基土层的均匀性、代表性和设计要求确定,一般占勘探孔总数的 1/2 ~ 2/3,对地基基础设计等级为甲级的建筑物,每幢不得少于 3 个。试样或进行原位测试部位的竖向间距,一般在地基主要受力层内间隔 1 ~ 2 m,但对每个场地或每幢独立的重要建筑物,每一主要土层的原状土样一般不少于 6 个,原位测试数据一般不少于 6 组。对位于地基主要受力层内厚度大于 0.5 m 的夹层或透镜体,一般需采取试样或进行原位测试。

三、工程地质勘察等级

工程建设项目的岩土工程勘察任务、工作内容、勘察方法、工作量的大小等取决于工程的技术要求和规模、工程的重要性、建筑场地和地基的复杂程度等因素。

(1)根据工程的规模和特征,以及由于岩土工程问题造成工程破坏或影响正常使用的后果,岩土工程可分为三个工程重要性等级。

①一级工程:重要工程,后果很严重。

②二级工程:一般工程,后果严重。

③三级工程:次要工程,后果不严重。

(2)根据场地复杂程度,岩土工程可分为三个场地等级:①一级场地(复杂场地);②二级场地(中等复杂场地);③三级场地(简单场地)。

(3)根据地基复杂程度,岩土工程可分为三个地基等级:①一级地基(复杂地基);②二级地基(中等复杂地基);③三级地基(简单地基)。

(4)《岩土工程勘察规范》(GB 50021—2001)根据工程重要性等级、场地复杂程度等级和地基复杂程度等级,按下列条件划分岩土工程勘察等级。

①甲级。在工程重要性、场地复杂程度和地基复杂程度等级中,有一项或多项为一级。

②乙级。除勘察等级为甲级和丙级以外的勘察项目。

③丙级。工程重要性、场地复杂程度和地基复杂程度等级均为三级。

另外,建筑在岩质地基上的一级工程,当场地复杂程度等级和地基复杂程度等级均为三级时,岩土工程勘察等级可定为乙级。

四、工程地质勘探方法

工程地质勘探是在工程地质测绘的基础上,为进一步查明有关工程地质问题,取得深部更详细的地质资料而进行的。按勘探方法不同可分为坑探、钻探、触探和物探等。勘探工作的主要任务是:

(1)查明建筑场地地下有关的地质情况,如地层岩性、地质构造、地下水位、岩溶发育程度、滑动面位置等。

(2)提取岩土样及水样,供室内试验、分析、鉴定之用。勘探形成的坑孔还可提供现场原位试验地点,如岩土的力学性试验、地应力测量、水文地质试验等。

(3)利用勘探井孔布设地下水和各种物理地质现象的长期观测点,进行井下摄影、井下电视或灌浆试验。

(一)坑探

坑探(Subsurface Excavation)是用人工或机械掘进的方式来探明地表以下浅部的工程地质条件,它包括:探坑、探槽、浅井和斜井、竖井、平硐、石门等(见图7-1)。前三种方法一般称为轻型坑探,后几种方法称为重型坑探。轻型坑探是除去地表覆盖土层以揭露出基岩的类型和构造情况,往往是房屋建筑工程和公路工程中广泛采用的方法;重型坑探则在大型工程中(如大中型水利水电工程、大型桥梁、重型建筑工程等)使用较多。坑探的特点是使用工具简单,技术要求不高,应用广泛,揭露的面积较大,可直接观察地质现象,采取原状结构试样,并可用来做现场大型原位测试。但勘探深度受到一定限制,且成本高。

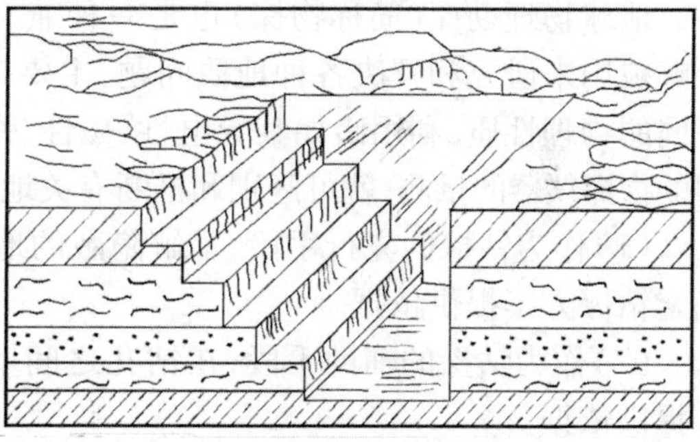

图7-1　坑探示意图

(二)钻探

钻探是用钻机在地层中钻孔,以鉴别和划分地层,观测地下水位,并可沿孔深取样,用以测定岩石和土层的物理力学性质。此外,土的某些性质也可直接在孔内进行原位测试。

钻探方法一般分回转式、冲击式、振动式和冲洗式四种。回转式是利用钻机的回转器带动钻具旋转,磨削孔底地层而钻进,通常使用管状钻具,能取柱状岩芯标本;冲击式是利用钻具的重力和向下冲击力使钻头击碎孔底地层形成钻孔后以抽筒提取岩石碎块或扰动土样;振动式是将振动器高速振动所产生的振动力,通过连接杆及钻具传到圆筒形钻头周围土中，使钻头依靠钻具和振动器的重量进入土层；冲洗式则是在回转钻进和冲击钻进的过程中使用了冲洗液。《岩土工程勘察规范》(GB 50021—2001)根据岩土类别和勘察要求，给出了各种钻探方法的适用范围。

另外，对浅部土层的勘探可采用人力钻，如小口径麻花钻（或提土钻）、小口径勺形钻、洛阳铲。

（三）触探

触探是通过探杆用静力或动力将金属探头贯入土层，并量测能表征土对触探头贯入的阻抗能力的指标，从而间接地判断土层及其性质的一类勘探方法和原位测试技术。作为勘探手段，触探可用于划分土层，了解地层的均匀性，但应与钻探等其他勘探方法配合使用，以取得良好的效果；作为测试技术，则可估计地基承载力和土的变形指标。触探分为静力触探和动力触探。

(1)静力触探：用静力匀速将标准规格的探头压入土中，利用电测技术同时量测探头阻力，测定土的力学特性，具有勘探和测试双重功能。适用于软土、一般黏性土、粉土、砂土和含少量碎石的土。

(2)动力触探：将一定质量的穿心锤，以一定高度自由下落，将探头贯入土中，然后记录贯入一定深度的锤击次数，以此判别土的性质。动力触探设备主要由触探头、触探杆和穿心锤三部分组成。根据探头的形式不同，分为标准贯入试验和圆锥动力触探试验两种类型。

（四）地球物理勘探

地球物理勘探（简称物探）也是一种兼有勘探和测试双重功能的技术。物探之所以能够被用来研究和解决各种地质问题，主要是因为不同的岩石、土层和地质构造往往具有不同的物理性质，利用诸如其导电性、磁性、弹性、湿度、密度、天然放射性等的差别，通过专门的物探仪器的量测，就可区别和推断有关地质问题。对地基勘探的下列方面可采用物探：

(1)作为钻探的先行手段，了解隐蔽的地质界线、界面或异常点、异常带，为经济合理确定钻探方案提供依据。

(2)作为钻探的辅助手段，在钻孔之间增加地球物理勘探点，为钻探成果的内插、外推提供依据。

(3)作为原位测试手段，测定岩土体某些特殊参数，如波速、动弹性模量、土对金属的腐蚀性等。

常用的物探方法主要有电法、电磁法、地震波法和声波法、电视测井等。

课题二　工程地质勘察报告

工程地质勘察报告是整个勘察工作的总结，它是根据勘测设计阶段任务书的要求，结合工程建筑的特点和测区工程地质情况而编写的。内容力求简明扼要、论证确切，所依据的原始资料必须真实可靠。勘察报告一般由文字和图表两部分组成。

一、勘察报告的基本内容

地基勘察的最终成果是以报告书的形式提出的。勘察工作结束后，把取得的野外工作和室内试验记录与数据，以及收集到的各种直接、间接资料分析整理、检查校对、归纳总结后做出建筑场地的工程地质评价，最后以简要明确的文字和图表编成报告书。

岩土工程勘察报告应根据任务要求、勘察阶段、工程特点和地质条件等具体情况编写。岩土工程勘察报告应资料完整、真实准确、数据无误、图表清晰、结论有据、建议合理、便于使用和适宜长期保存，并应因地制宜、重点突出，有明确的工程针对性。一般应包括下列内容：

(1)勘察目的、任务要求和依据的技术标准。

(2)拟建工程概况。

(3)勘察方法和勘察工作布置。

(4)场地地形、地貌、地层、地质构造、岩土性质及其均匀性。

(5)各项岩土性质指标，岩土的强度参数、变形参数、地基承载力的建议值。

(6)地下水埋藏情况、类型、水位及其变化。

(7)土和水对建筑材料的腐蚀性。

(8)可能影响工程稳定的不良地质作用的描述和对工程危害程度的评价。

(9)场地稳定性和适宜性的评价。

岩土工程勘察报告应对岩土利用、整治和改造的方案进行分析论证，提出建议；对工程施工和使用期间可能发生的岩土工程问题进行预测，提出监控和预防措施的建议。

成果报告应附下列图件：

(1)勘探点平面布置图；

(2)工程地质柱状图；

(3)工程地质剖面图；

(4)原位测试成果图表；

(5)室内试验成果图表。

当需要时，尚可附综合工程地质图、综合地质柱状图、地下水等水位线图、素描、照片、综合分析图表，以及岩土利用、整治和改造方案的有关图表、岩土工程计算简图及计算成果图表等。

上述内容并不是每一项均必须具备的，而应视具体要求和实际情况有所侧重并以充分说明问题为准。对丙级岩土工程勘察的成果报告内容可适当简化，采用以图表为主，辅以必要的文字说明；对甲级岩土工程勘察的成果报告除应符合上述规范规定外，尚可对专门性的岩土工程问题提交专门的试验报告、研究报告或监测报告。

二、常用图表的编制方法

(一)勘探点平面布置图

勘探点平面布置图是在建筑场地地形图上，把建筑物的位置，各类勘探、测试点的编号、位置用不同的图例表示出来，并注明各勘探、测试点的标高和深度、剖面线及其编号等。

(二)钻孔柱状图

钻孔柱状图是根据钻孔的现场记录整理出来的。记录中除注明钻进的工具、方法和具体事项外，其主要内容是关于地层的分布(层面的深度、层厚)和地层的名称与特征的描述。绘制柱状图前，应根据土工试验成果及保存于钻孔岩芯箱中的土样对分层情况和野外鉴别记录进行认真的校核，并做好分层和并层工作。当测试成果与野外鉴别不一致时，一般应以测试成果为主，只是当试样太少且缺乏代表性时才以野外鉴别为准。绘制柱状图时，应自上而下对地层进行编号和描述，并用一定的比例尺、图例和符号绘图，在柱状图中还应同时标出取土深度、地下水位等资料，如图 7-2 所示。

勘察编号	9502	钻孔桩状图	孔口标高	29.8 m
工程名称	××××		地下水位	27.6 m
钻孔编号	ZK1		钻探日期	1995年2月7日

地质代号	层底标高(m)	层底深度(m)	分层厚度(m)	层序号	地质柱状 1:200	岩芯采取率(%)	工程地质简述	标贯$N_{63.5}$ 深度(m)	标贯$N_{63.5}$ 实际击数/校正击数	岩土样 编号/深度(m)	备注
Q^{ml}		3.0	3.0	①		75	填土：杂色、松散、内有碎砖、瓦片混凝土块、粗砂及黏性土，钻进时常遇混凝土板				
Q^{al}		10.7	7.7	②	● ▲	90	黏土：黄褐色，冲积、可塑、具黏滑感，顶部为灰黑色耕作层，底部土中含较多粗颗粒	10.85~11.15	31/25.7	ZK1-1/10.5-10.7	
		14.3	3.6	④		70	砾石：土黄色，冲积、松散-稍密，上部以砾、砂为主，含泥量较大，下部颗粒变粗，含砾石卵石，粒径一般2~5 cm，个别达7~9 cm，磨圆度好				
Q^{el}		27.3	13.0	⑤	● ▲	85	砂质黏性土：黄褐色带白色斑点，残积，为花岗岩风化产物，硬塑-坚硬，土中含较多粗石英粒，局部为砾质黏土	20.55~20.85	42/29.8	ZK1-2/20.2-20.4	
γ_5^2		32.4	5.1	⑥	■	80	花岗岩：灰白色-肉红色，粗粒结晶，中-微风化，岩质坚硬，性脆，可见矿物成分有长石、石英、角闪石、云母等。岩芯呈柱状			ZK1-3/31.2-31.3	

图号9502-7

▲ 标贯位置　　■ 岩样位置　　● 土样位置

拟编：　　审核

图 7-2　钻孔柱状图

(三) 工程地质剖面图

柱状图只反映场地某一勘探点处地层的竖向分布情况，剖面图则反映某一勘探线上地层沿竖向和水平向的分布情况。由于勘探线的布置常与主要地貌单元或地质构造轴线相垂直，或与建筑物的轴线相一致，故工程地质剖面图是勘察报告的最基本的图件。

剖面图的垂直距离和水平距离可采用不同的比例尺。绘图时，首先将勘探线的地形剖面线画出，标出勘探线上各钻孔中的地层层面。然后在钻孔的两侧分别标出层面的高程和深度，再将相邻钻孔中相同的土层分界点以直线相连。当某地层在邻近钻孔中缺失时，该层可假定于相邻两孔中间尖灭。剖面图中还应标出原状土样的取样位置和地下水位深度。各土层应用一定的图例表示，可以只绘出某一地段的图例，该层未绘出图例部分可由地层编号识别，这样可使图面更为清晰。在柱状图和剖面图上也可同时附上土的主要物理力学性质指标及某些试验曲线（如触探和标准贯入试验曲线等）。

（四）工程地质柱状图

为了简明扼要地表示所勘察的地层的层次及其主要特征和性质次序，自上而下以1:50～1:200的比例绘成柱状图。图上注明层厚或土的特征，对性质进行概括的描述。这种图件称为工程地质柱状图。

（五）室内试验成果总表

岩石土的物理力学性质指标是地基基础设计的重要依据。应将土的试验和原位测试所得的成果汇总列表表示。

三、勘察报告的阅读和使用

岩土工程勘察报告书是建（构）筑物基础设计和基础施工的依据，因此对设计和施工人员来说正确阅读、理解和使用勘察报告是非常重要的。应当全面熟悉勘察报告的文字和图表内容，了解勘察的结论建议和岩土参数的可靠程度，把拟建场地的工程地质条件与拟建建筑物的具体情况和要求联合起来进行综合分析。在确定基础设计方案时，要结合场地具体的工程地质条件，充分挖掘场地有利的条件，通过对若干方案的对比、分析、论证，选择安全可靠、经济合理且在技术上可以实施的较佳方案。以下几点应当引起设计施工人员的重视。

（一）场地稳定性评价

场地稳定性评价涉及区域稳定性和场地稳定性两个方面的问题。前者是指一个地区或区域的整体稳定，如有无新的、活动的构造断裂带通过。后者是指一个具体的工程建筑场地有无不良地质现象及其对场地稳定性的直接与潜在的危害。原则上采取区域稳定性和地基稳定性相结合的观点。当地区的区域稳定性条件不利时，找寻一个地基好的场地，会改善区域稳定性条件。对勘察中指明宜避开的危险场地，则不宜布置建筑物，如不得不在其中较为稳定的地段进行建设，须事先采取有效的防范措施，以免中途更改场地或花费极高的处理费用。对建筑场地可能发生的不良地质现象，如泥石流、滑坡、崩塌、岩溶、塌陷等，应查明其成因、类型、分布范围、发展趋势及危害程度，采取适当的整治措施。因此，勘察报告的综合分析首先是评价场地的稳定性和适宜性，然后才是地基土的承载力和变形问题。

（二）持力层的选择

如果建筑场地是稳定的，或在一个不太利于稳定的区域选择了相对稳定的建筑地段，地基基础的设计必须满足地基承载力和基础沉降要求；如果建筑物受到的水平荷载较大或建在倾斜场地上，尚应考虑地基的稳定性问题。基础的形式有深、浅之分，前者主要把所承受的荷载相对集中地传递到地基深部，而后者则通过基础底面，把荷载扩散分布于浅部地层，因而基础形式不同，持力层选择时侧重点不一样。

对浅基础(天然地基)而言,在满足地基稳定和变形要求的前提下,基础应尽量浅埋。如果上层土的地基承载力大于下层土,尽量利用上层土作基础持力层。若遇软弱地基,有时可利用上部硬壳层作为持力层。冲填土、建筑垃圾和性能稳定的工业废料,当均匀性和密实度较好时,亦可利用,作为持力层,而不应一概予以挖除。如果荷载影响范围内的地层不均匀,有可能产生不均匀沉降,应采取适当的防治措施,或加固处理,或调整上部荷载的大小。如果持力层承载力不能满足设计要求,则可采取适当的地基处理措施,如软弱地基的深层搅拌、预压堆载、化学加固,湿陷性地基的强夯密实等。需要指出的是,由于勘察详细程度有限,加之地基土特殊的工程性质和勘察手段本身的局限性,勘察报告不可能做到完全准确地反映场地的全部特征,因而在阅读和使用勘察报告时,应注意分析和发现问题,对有疑问的关键性问题应设法进一步查明,布置补充勘察,确保工程万无一失。

对深基础而言,主要的问题是合理选择桩端持力层。一般地,桩端持力层宜选择层位稳定的硬塑 - 坚硬状态的低压缩性黏性土层和粉土层,中密以上的砂土和碎石土层,中 - 微风化的基岩。当以第四系松散沉积层作桩端持力层时,持力层的厚度宜超过 6 ~ 10 倍桩身直径或桩身宽度。持力层的下部不应有软弱地层和可液化地层。当持力层下的软弱地层不可避免时,应从持力层的整体强度及变形要求考虑,保证持力层有足够的厚度。此外,还应结合地层的分布情况和岩土层特征,考虑成桩时穿过持力层以上各地层的可能性。地基的承载力和变形特性是选择持力层的关键,而地基承载力和变形特性实际上由众多的因素所决定,单纯依靠某种方法确定承载力指标和变形参数未必十分合理,因此其取值可以通过多种测试手段,并结合当地的实践经验适当予以调整。

(三)考虑环境效应

任何一个基础设计方案的实施不可能仅局限于拟建场地范围内,它或多或少、或直接或间接地要对场地周围的环境甚至工程本身产生影响。如降排水时地下水位要下降,基坑开挖时要引起坑外土体的位移变形和坑底土的回弹,打桩时产生挤土效应,灌注桩施工时泥浆排放对环境产生污染,等等。因此,选定基础方案时就要预测到施工过程中可能出现的岩土工程问题,并提出相应的防治措施和合理的施工方法。《岩土工程勘察规范》(GB 50021—2001)已经对这些问题的分析、计算与论证作了相应的规定,设计和施工人员在阅读和使用勘察报告时,应不仅仅局限于掌握有关的工程地质资料,而要从工程建设的全过程出发来分析和考虑问题。

四、勘察报告实例

现将某场地的岩土工程勘察报告摘录如下。

1. 工程概况、勘察要求及工作概况

根据项目委托书,拟建工程为 6 ~ 7 层住宅楼,初步确定采用浅基础。设计要求查明场地土层的构成、分布及埋深,获取各土层的物理力学性质指标,判定地基土是否会产生液化,提供地基基础的选型及设计参数。

勘察工作按施工图设计阶段(亦称详细勘察阶段)的要求进行,采取野外钻探取样、现场原位测试及室内土工试验相结合的方法。勘察工作自 × × × × 年 × 月 × 日开始,至×月×日完成，完成工作量××。

2. 场地地形地貌

拟建场地地貌上属长江冲积高漫滩，地形较平坦。勘察时原有住宅楼未拆除。地表标高 10.85 ~ 10.90 m。

3. 场地土层划分

经钻探揭示，拟建场地土层分布可分 5 层，自上而下为：

第①-1 层填土。灰色、松散，层厚 1.60 ~ 2.60 m。

第①-2 层塘泥。灰黑色，软-流塑，层厚 1.60 ~ 2.00 m，仅在 J18、G20 孔附近分布。

第②-1 层粉土、粉砂。灰黑色-灰色，饱和，粉土软塑-可塑，粉砂稍密，层厚 9.30 ~ 7.20 m，层顶标高 7.20 ~ 9.29 m。

第②-2 层粉土夹薄层粉砂。灰色，饱和，粉土软塑，粉砂稍密，层厚 7.10 ~ 10.50 m，层顶标高 1.70 ~ 3.90 m。

第②-3 层粉砂。青灰色，饱和，中密，层顶标高 -9.15 ~ 6.65 m，本层未钻透。

4. 附表

各土层主要物理力学性质指标值和地基承载力标准值见表 7-3。

表 7-3　某场地土的物理力学性质指标值

主要指标	天然含水率 ω (%)	天然重度 γ (kN/m^3)	孔隙比 e	塑性指数 I_P	液性指数 I_L	压缩系数 a_{1-2} (MPa^{-1})	压缩模量 E_{s1-2} (MPa)	直剪强度指标标准值 C_k (kPa)	直剪强度指标标准值 φ_k (°)	比贯入阻力 p_s (MPa)	标贯击数 N_k (击)	地基承载力特征值 f_a (kPa)
②-1	27.2	18.9	0.803	8.1	0.55	0.19	10.7	22.2	26.2	6.1	11.1	150
②-2	32.7	18.2	0.961	9.9	0.92	0.25	8.6	30.6	22.2	3.1	8.4	120
②-3	28.5	18.7	0.840			0.17	11.0	0.0	26.7	8.4	16.4	170

注：地基承载力特征值是综合土工试验、原位测试所得结果的建议值。

除直剪强度指标和标贯击数为标准值、地基承载力为特征值外，其余指标为算术平均值或加权平均值。

5. 地下水情况

该场地地下水类型为潜水，地下水位随季节变化，勘察期间测得的稳定地下水位为 1.80 ~ 2.00 m，据水质试验分析资料，地下水对混凝土无侵蚀性。

6. 场地抗震评价

根据《建筑抗震设计规范》(GB 50011—2001)的判别标准：

(1)该场地土类型为中软场地土，建筑场地类别为Ⅱ类。

(2)拟建场地在 20.0 m 深度范围内分布有饱和粉土、粉砂，本地区设防烈度为 7 度，且设计地震分组为Ⅰ组，由标准贯入试验和颗粒分析成果资料判断，第②-1 层粉土、粉砂为不液化土层；由于采用天然地基，且上覆非液化土层厚度满足规范要求，故可不考虑第②-2 层粉土的液化问题。

7. 结论和建议

拟建场地土层分布较均匀，主要为高漫滩冲积形成的粉土、粉砂等土层。根据前述各土层物理力学性质指标值及抗震评价结果并结合上部建筑物的特点，用浅基础方案是合理的。建议将第①-1层填土及第①-2层塘泥挖除，以第②-1层作为基础持力层，该层的地基承载力特征值$f_a=150$ kPa。

8. 报告书附件

(1)勘察点平面布置图1张；

(2)工程地质剖面图10张；

(3)静力触探试验成果分层统计表1张；

(4)标准贯入试验分层统计表3张；

(5)饱和粉土、粉砂液化判别表1张；

(6)水质分析成果表1张；

(7)土工试验成果分层统计表4张；

(8)土工试验成果总表6张。

课题三　基槽检验与地基局部处理建议

一、验槽的目的和内容

验槽是一般岩土工程勘察工作的最后一个环节。当施工单位将基槽(坑)开挖完毕并普遍钎探后，由建设单位会同质检、勘察、设计、监理、施工单位技术负责人，共同到施工现场验槽。

(一)验槽的目的

(1)检验通过有限钻孔资料得到的勘察成果是否与实际符合，勘察报告的结论与建议是否正确和切实可行。

(2)根据基槽开挖实际情况，研究解决新发现的问题和勘察报告遗留的问题。

(二)验槽的内容

(1)首先检查基槽开挖的平面位置和尺寸与设计图纸是否相符，其次检查开挖深度、标高是否符合设计要求。

(2)观察槽壁、槽底的土质类型、均匀程度，是否存在疑问土层，是否与勘察报告一致。

(3)检验基槽中有无旧房基、古井、洞穴、古墓及其他地下掩埋物。

(4)检查基槽边坡外缘与附近建筑物的距离对建筑物稳定有无影响。

二、验槽的方法和注意事项

(一)观察法

观察槽壁、槽底的土质情况，验证基槽开挖深度，初步验证基槽底部土质是否与勘察报告相符，观察槽底土质结构是否被人为地破坏。验槽时应重点观察柱基、墙角、承重墙下或其他受力较大部位，基槽边坡是否稳定。

(二)钎探法

钎探是用直径为22～25 mm的钢筋作钢钎,钎尖呈60°锥状,长度1.8～2.0 m,每300 mm做一刻度。钎探时,用质量为4～5 kg的穿心锤以500～700 mm的落距将钢钎打入土中,记录每打入300 mm的锤击数,根据锤击次数和入土难易程度来判断土的软硬情况及有无古井、古墓、洞穴、地下掩埋物等。钎探后的孔要用砂灌实。

(三)轻型动力触探

遇到下列情况之一时,应在基坑底普遍进行轻型动力触探(现场也可用轻型动力触探替代钎探):

(1)持力层明显不均匀。

(2)浅部有软弱下卧层。

(3)有浅埋的坑穴、古墓、古井等,直接观察难以发现时。

(4)勘察报告或设计文件规定应进行轻型动力触探时。

验槽时应注意以下事项:

(1)验槽要抓紧时间,基槽挖好后立即钎探并组织验槽,避免下雨泡槽、冬季冰冻等不良影响。

(2)槽底设计标高若位于地下水位以下较深时,必须做好基槽排水,保证槽底不泡水。当槽底标高在地下水位以下不深时,可先挖至地下水面验槽,验完槽后再挖至基底设计标高。

(3)验槽时应查看新鲜土面,清除超挖回填的虚土。冬季冻结的表土和夏季日晒后干土似很坚硬,但都是虚假状态,应用铁铲铲去表层再检验。

(4)当持力层下埋藏有下卧砂层而承压水头高于基底时,不宜进行钎探,以免造成涌砂。

三、基槽的局部处理

(一)松土坑、墓坑的处理

当坑在基槽中的范围较小时,将坑中松土杂物挖除,使坑底及四壁均见天然土为止,回填与天然土压缩性相近的材料。当天然土为砂土时,用砂或级配砂石回填;当天然土为较密实的黏性土时,用3:7灰土分层回填夯实;当天然土为中密可塑的黏性土或新近沉积黏性土时,可用1:9或2:8灰土分层回填夯实,每层厚度不大于20 cm。

当坑在基槽中的范围较大且超过基槽边沿时,因条件限制,槽壁挖不到天然土层时,则应将该范围内的基槽适当加宽。

当坑范围较大,且长度超过5 m时,如坑底土质与一般槽底土质相同,可将此部分基础加深,做1:2踏步与两端相接,每步高不大于50 cm,长度不小于100 cm。

当坑较深,且大于槽宽或1.5 m时,按以上要求处理后,还应适当考虑加强上部结构的强度,以防产生过大的局部不均匀沉降。

当松土坑地下水位较高,坑内无法夯实时,可将坑中软弱的松土挖去后,再用砂土、砂石或混凝土代替灰土回填。

(二)砖井、土井的处理

当砖井、土井在室内基础附近时,将水位降低到最低可能限度,用中、粗砂及块石、卵石或碎砖等回填到地下水位以上 50 cm。砖井应将四周砖圈拆至坑(槽)底以下 1 m 或更多些,然后用素土分层回填并夯实。

当砖井、土井在基础下或 3 倍条形基础宽度或 2 倍柱基宽度范围内时,先用素土分层回填夯实,至基础底下 2 m 处,将井壁四周松软部分挖去,有砖井圈时,将井圈拆至槽底以下 1 ~ 1.5 m。当井内有水时,应用中、粗砂及块石、卵石或碎砖回填至水位以上 50 cm,然后按上述方法处理;当井内已填有土,但不密实,且挖除困难时,可在部分拆除后的砖石井圈上加钢筋混凝土盖封口,上面用素土或 2:8 灰土分层回填、夯实至槽底。

当砖井、土井在房屋转角处,且基础部分或全部压在井上时,除用以上办法回填处理外,还应对基础加固处理。当基础压在井上部分较少,可采用从基础中挑钢筋混凝土梁的办法处理。当基础压在井上部分较多,用挑梁的方法较困难或不经济时,则可将基础沿墙长方向向外延长出去,使延长部分落在天然土上,落在天然土上基础总面积应等于或稍大于井圈范围内原有基础的面积,并在墙内配筋或用钢筋混凝土梁来加强。

(三)基础下局部硬土或硬物的处理

当基底下有旧墙基、老灰土、化粪池、树根、路基、基岩、孤石等,应尽可能挖除或拆掉,然后分层回填与基底天然土压缩性相近的材料或 3:7 灰土,并分层夯实。如硬物挖除困难,可在其上设置钢筋混凝土过梁跨越,并与硬物间保留一定空隙,或在硬物上部设置一层软性褥垫(砂或土砂混合物)以调整沉降。

(四)"橡皮土"的处理

当地基为黏性土且含水量很大,趋于饱和时,夯(拍)打后,地基土变成踩上去有一种颤动感觉的土,称为"橡皮土"。故对趋于饱和的黏性土应避免直接夯打,而应暂停一段时间施工,通过晾槽降低土的含水量,或将土层翻起并粉碎均匀,掺加石灰粉以吸收水分水化,同时改变原土结构成为灰土,使之具有一定强度和水稳性。如地基已成"橡皮土",则可在上面铺一层碎石或碎砖后再进行夯击,将表土层挤紧,或挖去"橡皮土",重新填好土或级配砂石夯实。

练习题

1. 工程地质勘察的目的和任务是什么?
2. 工程地质勘察方法有哪些?
3. 工程地质勘察阶段是如何划分的?各勘察阶段的任务和工作是什么?
4. 工程地质勘察报告一般由哪几部分组成?
5. 为何要验槽?验槽包含哪些内容?应注意哪些问题?
6. 验槽后发现不良地质现象,应采取哪些措施或局部处理方法?

单元八　天然地基上的浅基础

教学目标

掌握浅基础的类型和设计步骤；熟悉基础埋置深度的确定方法；了解不均匀沉降产生的原因、危害及减轻基础不均匀沉降的措施。

重点难点

基础埋置深度的确定；基础底面尺寸的确定；浅基础的结构要求。

课题一　地基基础设计的基本规定

一、地基基础设计等级

《建筑地基基础设计规范》(GB 50007—2002)根据地基复杂程度、建筑物规模和功能特征，以及由于地基问题可能造成建筑物破坏或影响正常使用的程度，将地基基础设计分为三个设计等级，设计时应根据具体情况，按表8-1确定。

表8-1　地基基础设计等级

设计等级	建筑和地基类型
甲级	重要的工业与民用建筑物 30层以上的高层建筑 体型复杂，层数相差超过10层的高低层连成一体建筑物 大面积的多层地下建筑物(如地下车库、商场、运动场等) 对地基变形有特殊要求的建筑物 复杂地质条件下的坡上建筑物(包括高边坡) 对原有工程影响较大的新建建筑物 场地和地基条件复杂的一般建筑物 位于复杂地质条件及软土地区的二层及二层以上地下室的基坑工程
乙级	除甲级、丙级以外的工业与民用建筑物
丙级	场地和地基条件简单、荷载分布均匀的七层及七层以下民用建筑及一般工业建筑物、次要的轻型建筑物

二、概述

(一)具体规定

根据建筑物地基基础设计等级及长期荷载作用下地基变形对上部结构的影响程度，地基基础设计应符合下列规定：

(1)所有建筑物的地基计算均应满足承载力计算的有关规定。

（2）设计等级为甲级、乙级的建筑物，均应按地基变形设计。

（3）表 8-2 所列范围内设计等级为丙级的建筑物可不作变形验算，如有下列情况之一时，仍应作变形验算：

①地基承载力特征值小于 130 kPa，且体型复杂的建筑；

②在基础上及其附近有地面堆载或相邻基础荷载差异较大，可能引起地基产生过大的不均匀沉降时；

③软弱地基上的建筑物存在偏心荷载时；

④相邻建筑距离过近，可能发生倾斜时，或地基内有厚度较大或厚薄不均的填土，其自重固结未完成时。

（4）对经常受水平荷载作用的高层建筑、高耸结构和挡土墙等，以及建造在斜坡上或边坡附近的建筑物和构筑物尚应验算其稳定性。

（5）基坑工程应进行稳定性验算。

（6）当地下水埋藏较浅，建筑地下室或地下构筑物存在上浮问题时，尚应进行抗浮验算。

表 8-2　可不作地基变形计算，设计等级为丙级的建筑物范围

<table>
<tr><td rowspan="2">地基主要受力层情况</td><td colspan="3">地基承载力特征值 f_{ak}（kPa）</td><td>60≤ f_{ak} <80</td><td>80≤ f_{ak} <100</td><td>100≤ f_{ak} <130</td><td>130≤ f_{ak} <160</td><td>160≤ f_{ak} <200</td><td>200≤ f_{ak} <300</td></tr>
<tr><td colspan="3">各土层坡度（%）</td><td>≤5</td><td>≤5</td><td>≤10</td><td>≤10</td><td>≤10</td><td>≤10</td></tr>
<tr><td rowspan="8">建筑类型</td><td colspan="3">砌体承重结构、框架结构（层数）</td><td>≤5</td><td>≤5</td><td>≤5</td><td>≤6</td><td>≤6</td><td>≤7</td></tr>
<tr><td rowspan="7">单层排架结构（6 m）柱距</td><td rowspan="2">单跨</td><td>吊车额定起重量（t）</td><td>5～10</td><td>10～15</td><td>15～20</td><td>20～30</td><td>30～50</td><td>50～100</td></tr>
<tr><td>厂房跨度（m）</td><td>≤12</td><td>≤18</td><td>≤24</td><td>≤30</td><td>≤30</td><td>≤30</td></tr>
<tr><td rowspan="2">多跨</td><td>吊车额定起重量（t）</td><td>3～5</td><td>5～10</td><td>10～15</td><td>15～20</td><td>20～30</td><td>30～75</td></tr>
<tr><td>厂房跨度（m）</td><td>≤12</td><td>≤18</td><td>≤24</td><td>≤30</td><td>≤30</td><td>≤30</td></tr>
<tr><td>烟囱</td><td>高度（m）</td><td>≤30</td><td>≤40</td><td>≤50</td><td colspan="2">≤75</td><td>≤100</td></tr>
<tr><td rowspan="2">水塔</td><td>高度（m）</td><td>≤15</td><td>≤20</td><td>≤30</td><td colspan="2">≤30</td><td>≤30</td></tr>
<tr><td>容积（m^3）</td><td>≤50</td><td>50～100</td><td>100～200</td><td>200～300</td><td>300～500</td><td>500～1 000</td></tr>
</table>

注：1. 地基主要受力层是指条形基础底面下深度为 $3b$（b 为基础底面宽度）、独立基础下为 $1.5b$ 且厚度均不小于 5 m 的范围（二层以下一般的民用建筑除外）。

2. 地基主要受力层中如有承载力特征值小于 130 kPa 的土层，表中砌体承重结构的设计应符合《建筑地基基础设计规范》第七章的有关要求。

3. 表中砌体承重结构和框架结构均指民用建筑，对于工业建筑可按厂房高度荷载情况折合成与其相当的民用建筑层数。

4. 表中吊车额定起重量、烟囱高度和水塔容积的数值是指最大值。

（二）两种极限状态与承载力计算

1. 承载力极限状态

保证地基具有足够的强度和稳定性。

当轴心荷载作用时应符合下式要求：

$$P_k \leqslant f_a \tag{8-1}$$

式中 P_k——相应于荷载效应标准组合时，基础底面处的平均压力值；

f_a——修正后的地基承载力特征值。

当偏心荷载作用时，除符合式（8-1）要求外，尚应符合下式要求：

$$P_{kmax} \leqslant 1.2f_a \tag{8-2}$$

式中 P_{kmax}——相应于荷载效应标准组合时，基础底面边缘的最大压力值。

2. 正常使用极限状态

保证地基的变形值控制在建筑物所允许的范围内。建筑物允许的变形值是指地基在荷载及其他因素影响下，基础所产生的均匀沉降或不均匀沉降不至于影响建筑物的安全和正常使用，不能妨碍其设计功能的发挥。

地基的变形值应符合下式要求：

$$S \leqslant [S] \tag{8-3}$$

式中 S——建筑物地基变形的计算值；

$[S]$——建筑物地基变形的允许值。

三、地基基础设计资料和步骤

（一）设计资料

设计资料包括：

（1）建筑场地的地形图；

（2）建筑场地的工程地质勘察资料；

（3）建筑物的平面、立面、剖面图及使用要求，作用在基础上的荷载、设备基础及各种设备管道的布置和标高；

（4）建筑物材料的供应情况。

（二）地基基础设计步骤

地基基础设计步骤为：

（1）选择基础的材料和构造形式；

（2）确定基础的埋置深度；

（3）确定地基土的承载力特征值；

（4）确定基础底面尺寸，存在软弱下卧层时要进行软弱下卧层强度验算；

（5）设计等级为甲级、乙级的建筑物及不符合表 8-2 的丙级建筑物进行地基变形验算；

（6）对经常受水平荷载作用的高层建筑、高耸结构和挡土墙等，以及建造在斜坡上或边坡附近的建筑物和构筑物，尚应验算其稳定性；

（7）确定基础的剖面尺寸，根据基础的类型进行基础结构设计；

（8）绘制基础施工图。

课题二　浅基础的类型

浅基础是相对于深基础而言的。浅基础是指基础的埋置深度小于 5 m、使用常规方法施工的基础，深基础指基础的埋置深度大于 5 m、使用特殊方法施工的基础。

浅基础根据使用材料的性能和受力特点不同，分为无筋扩展基础和扩展基础。按构造形式不同可分为独立基础、条形基础（包括墙下条形基础和柱下条形基础）、筏形基础和箱形基础等。

一、无筋扩展基础

无筋扩展基础是指由砖、毛石、混凝土或毛石混凝土、灰土和三合土等材料组成的不配筋的墙下条形基础或柱下独立基础。无筋扩展基础多适用于多层民用建筑和轻型厂房。根据材料的不同，无筋扩展基础可分为以下几种类型。

（一）砖基础

砖基础多用于低层建筑的墙下基础。其优点是可就地取材，砌筑方便，但强度低且抗冻性差。因此，在寒冷而又潮湿地区采用不理想。为保证耐久性，砖的强度等级不低于 MU10，砌筑砂浆不低于 M5。砖基础剖面一般砌成阶梯形，通常称其为大放脚。大放脚从垫层上开始砌筑，为保证大放脚的刚度，宜采用两皮一收方式或两皮一收与一皮一收相间砌筑（即二一间隔收砌筑法）。每砌一阶，基础两边各收 1/4 砖长，一皮即一层砖，尺寸为 60 mm。如图 8-1 所示。

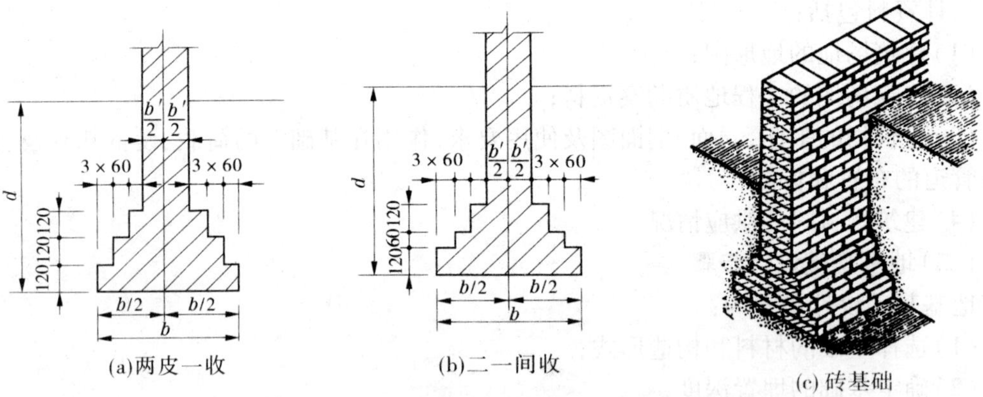

图 8-1　砖基础

（二）毛石基础

毛石基础是用强度等级不低于 MU20 的毛石，强度等级不低于 M5 的砂浆砌筑而成。由于毛石尺寸差别较大，为保证砌筑质量，毛石基础每台阶高度和基础墙厚不宜小于 400 mm，每阶两边各伸出宽度不宜大于 200 mm。石块应错缝搭砌，缝内砂浆应饱满，且每步台阶不应少于两皮毛石，如图 8-2 所示。毛石基础的抗冻性较好，在寒冷潮湿地区可用于 6 层以下建筑物基础。

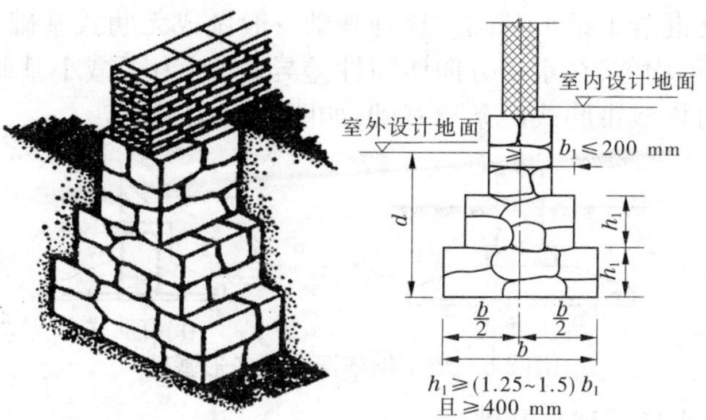

图 8-2　毛石基础

(三)灰土基础

灰土基础是用熟化石灰和粉土或黏性土,按体积配合比3∶7或2∶8加适量水拌和均匀,铺在基槽内分层夯实(每层虚铺220~250 mm厚,夯实至150 mm)。灰土基础造价低,可节约水泥和砖石材料,多用于五层及五层以下的民用建筑,如图8-3所示。

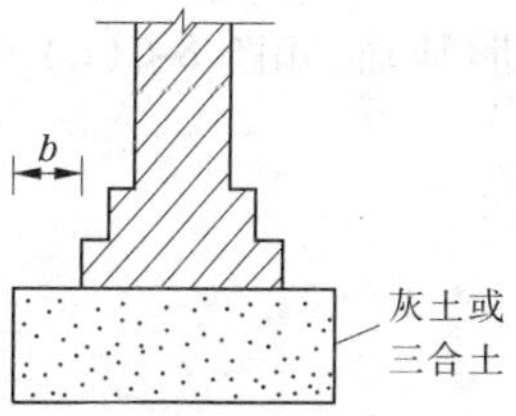

图 8-3　灰土、三合土基础

(四)三合土基础

三合土是由石灰、砂和骨料(矿渣、碎砖或石子),按体积比为1∶2∶4或1∶3∶6拌和均匀后分层夯实而成的(每层虚铺220 mm厚,夯实至150 mm)。三合土基础强度较低,一般用于四层及四层以下的民用房屋,如图8-3所示。

(五)混凝土和毛石混凝土基础

混凝土基础的强度、耐久性和抗冻性均较好,其混凝土强度等级一般采用C15,常用于荷载较大的墙柱基础。当浇筑较大基础时,为了节约混凝土用量,可在混凝土内掺入15%~25%(体积比)的毛石做成毛石混凝土基础,如图8-4所示。掺入毛石的尺寸不得大于300 mm,使用前须冲洗干净。

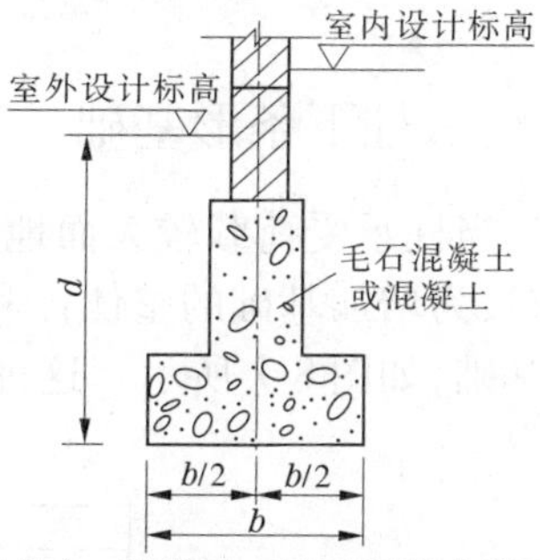

图 8-4　混凝土、毛石混凝土基础

上述基础一般称为刚性基础,都是用抗弯性能较差的材料建造的,在受弯时很容易因弯曲变形过大而拉坏。因此,必须限制基础的悬挑长度。

二、扩展基础

将上部结构传来的荷载,通过向侧边扩展成一定底面积,使作用在基底的压应力等于或小于地基土的允许承载力,而基础内部的应力应同时满足材料本身的强度要求,这种起到压力扩散作用的基础称为扩展基础。这类基础抗弯、抗剪强度都很高,耐久性和抗冻性都较理想,特别适用于荷载大、土质较软弱,需要基底面积较大而又必须浅埋的情况。一般多为柱下钢筋混凝土独立基础和墙下钢筋混凝土条形基础。

(一)墙下钢筋混凝土条形基础

条形基础是承重墙下基础的主要形式。当上部结构荷载较大而地基土质又较软弱时，可采用墙下钢筋混凝土条形基础。这种基础一般做成无肋式基础，如图 8-5(a)所示。如果地基土质分布不均匀，在水平方向压缩性差异较大，为了减小基础的不均匀沉降，增加基础的整体性，可做成带肋式的条形基础，如图 8-5(b)所示。

(a)无肋式　(b)有肋式

图 8-5　墙下钢筋混凝土条形基础

(二)钢筋混凝土柱下独立基础

钢筋混凝土独立基础主要用于柱下，也用于一般的高耸构筑物。现浇柱下独立基础的截面可做成阶梯形(如图 8-6(a)所示)或锥形(如图 8-6(b)所示)。预制柱一般采用杯形基础，如图 8-6(c)所示。

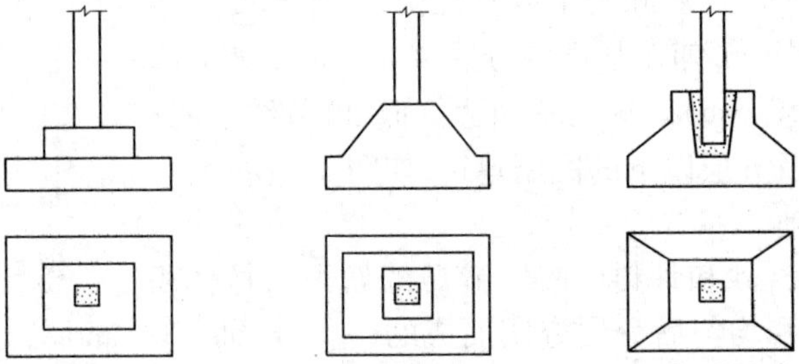

(a)阶梯形基础　(b)锥形基础　(c)杯形基础

图 8-6　柱下独立基础

三、柱下条形基础

当柱承受荷载较大而地基土软弱，采用柱下独立基础，基础底面积很大而几乎相互连接时，为增加基础的整体性和抗弯刚度，可将同一柱列的柱下基础连通做成钢筋混凝土条形基础，如图 8-7 所示。这种基础常在框架结构中采用。

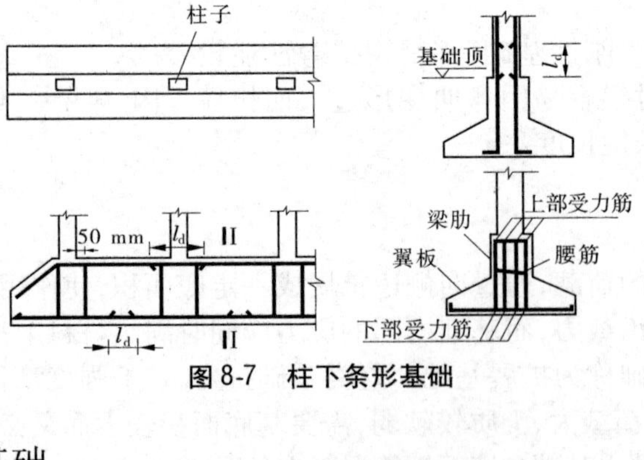

图 8-7　柱下条形基础

四、十字交叉基础

荷载较大的高层建筑，如果地基土较软且两个方向分布不均，需要基础两个方向具有一定的抗弯刚度来调整基础的不均匀沉降，可在柱网下沿纵横两个方向都设置钢筋混凝土条形基础,这就形成了十字交叉基础,如图8-8所示。

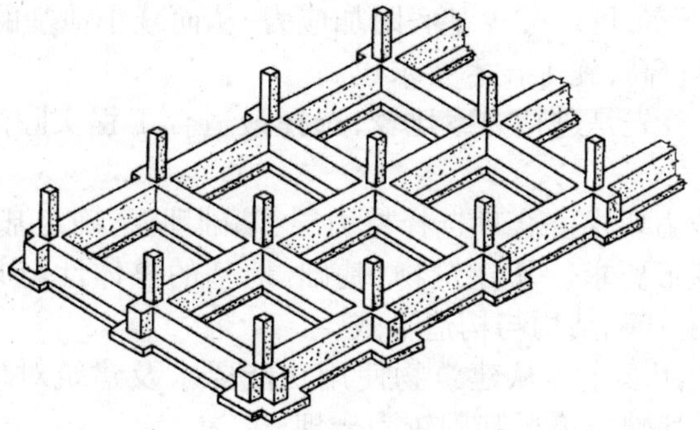

图8-8　十字交叉基础

五、筏形基础

如果地基很软弱,荷载很大,采用墙下条形基础或柱下十字交叉基础仍不能满足要求;或相邻基础距离很小,或设置地下室时,可把基础底板做成一个整体的等厚度的钢筋混凝土连续板,形成平板式筏形基础,如图8-9(a)所示。为增加基础刚度,当在柱间设有梁时则为梁板式筏形基础,分上梁和下梁式两种,如图8-9(b)、(c)所示。筏形基础整体性好,刚度大,能有效地调整基础各部分的不均匀沉降。

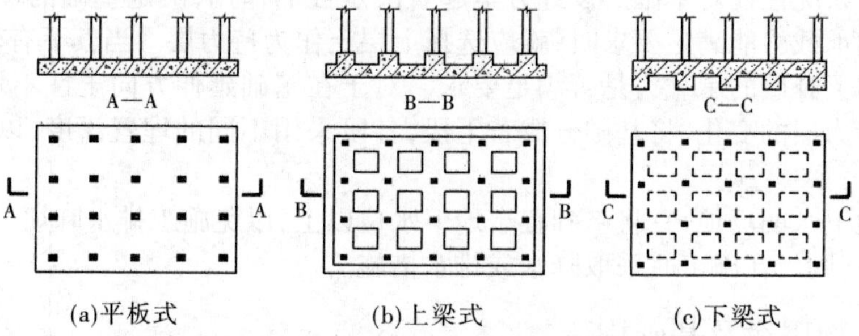

图8-9　筏形基础

六、箱形基础

当柱荷载很大,地基又特别软弱时,基础可做成由钢筋混凝土底板、顶板、侧墙及纵横交叉的隔墙组成的箱形基础,如图8-10所示。

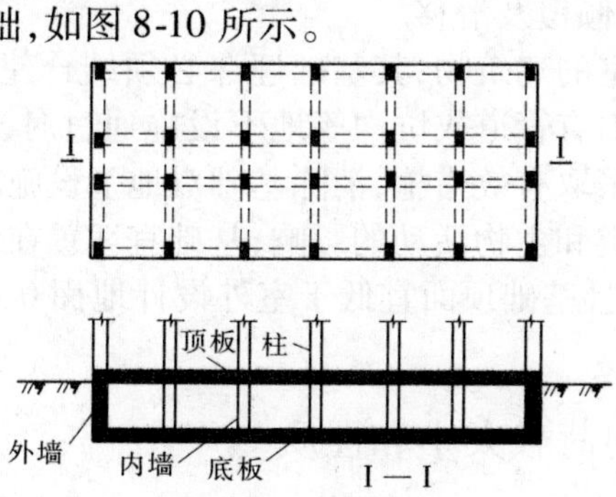

图8-10　箱形基础

箱形基础具有整体性好、抗弯刚度大且空腹深埋等特点，可相应增加建筑物层数，基础空心部分可作为地下室，可以减少基底附加应力，从而减小地基的变形。但基础的钢筋和水泥用量很大，造价较高，施工技术要求也高。

基础设计计算时，首先是进行方案比较，选择最适合工程实际的基础类型，一般从以下三方面考虑：

(1)满足地基承载力要求。合理选择持力层、基础埋深，确定基础形式。

(2)满足建筑物变形要求。从建筑物、基础、地基的整体性与共同工作角度出发，根据荷载、地基情况，确定基础结构与构造形式。

(3)满足建筑物使用要求。从建筑物使用功能要求及建筑对地基变形要求考虑，当有地下室时，采用箱形基础与筏形基础较为合理。

课题三　基础埋置深度的选择

基础的埋置深度指从设计地面(一般指室外设计地面)至基础底面的垂直距离。选择基础的埋置深度是基础设计工作中的重要一环，它关系到地基是否可靠、施工的难易及造价的高低。影响基础埋深选择的因素很多，设计时要从实际情况出发综合考虑。

一、工程地质与水文地质条件

工程地质状况往往对基础的设计方案起着决定性的作用，决定基础的埋置深度。一般当上层土的承载力能满足要求时，就应选择上层土作为持力层。当其下有软弱土层时，则应验算软弱下卧层的承载力是否满足要求。对于在基础延伸方向土性不均匀的地基，有时可根据持力层的变化，将基础分成若干段，各段采用不同的埋置深度，以减少基础的不均匀沉降。

对于有地下水的场地，宜将基础置于地下水位以上，以免施工排水麻烦。若必须放在地下水位以下，则应在施工时采取降水或排水措施。

二、建筑物用途及基础构造

确定基础埋深时，应了解建筑物的用途及使用要求。在保证建筑物基础安全、正常使用、稳定、耐久的前提下，应尽量浅埋，以便节省投资，方便施工。

对高层建筑物尤其应该注意到基础的埋置深度必须满足地基变形和稳定的要求，以减少建筑的整体倾斜，防止倾覆及滑移。

具有地下室或半地下室的建筑物，其基础埋深必须结合建筑物地下部分的设计标高来选定。如果在基础范围内有管道或坑沟等地下设施通过时，基础的顶板原则上应低于这些设施的底面。否则应采取有效措施，消除基础对地下设施的不利影响。

为了保护基础不受人类和生物活动的影响，基础宜埋置在地表以下，除岩石地基外其他地基最小埋深为0.5 m，且基础顶面宜低于室外设计地面0.1 m，同时又要便于建筑物周围排水沟的布置。

三、作用在地基上的荷载大小和性质

荷载大小及性质不同，对持力层的要求也不同。某一深度的土层，对荷载小的基础可能是很好的持力层,而对荷载大的基础就可能不宜作为持力层。

荷载的性质对基础埋置深度也有影响。对于承受水平荷载的基础,必须有足够的埋置深度来获得土的侧向抗力,以保证基础的稳定性;对于承受上拔力的基础(如输电塔基础),也要求有较大的埋深以提供足够的抗拔阻力;对于承受动荷载的基础,则不宜选择饱和疏松的粉细砂作为持力层,以免这些土层由于振动液化而丧失承载力,造成基础失稳。

四、相邻建筑物基础埋深的影响

在确定基础埋深时,应保证相邻原有建筑物的安全和正常使用。一般新建筑物基础埋深不宜大于相邻原有建筑物基础。当必须深于原有建筑物基础时,两相邻基础之间应保持一定净距,其数值应根据原有建筑荷载大小和土质情况确定,一般取两相邻基础底面高差的1~2倍,如图8-11所示。若不能满足上述要求,应采取分段施工,设临时加固支撑,打板桩或浇筑地下连续墙等施工措施。

此外,当墙下条形基础有不同埋深时,应沿基础纵向做成台阶形,并由深到浅逐渐过渡,台阶做法如图8-12所示。在使用期间,还要注意由于新基础的荷载作用,是否将引起原有建筑物产生不均匀沉降。

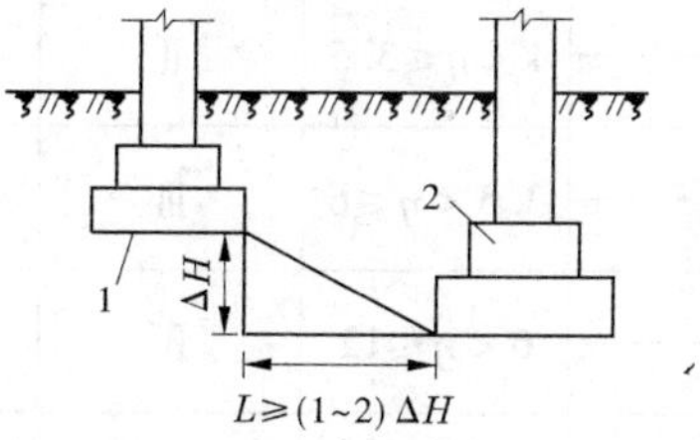

1—原有基础;2—新基础

图8-11 相邻基础的埋深

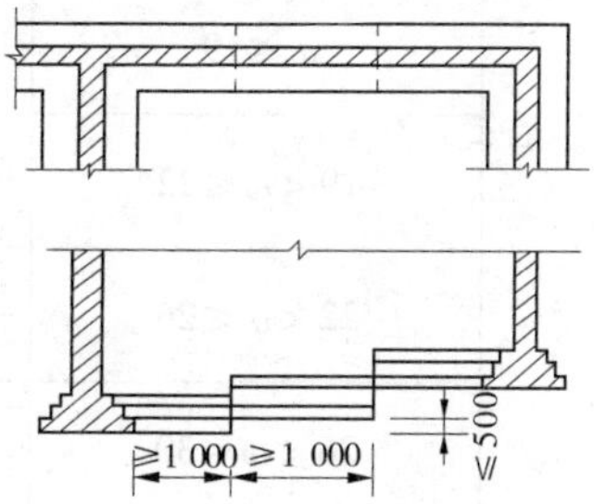

图8-12 墙下基础埋深变化时台阶做法

五、地基土的冻胀和融陷影响

地表以下一定深度的地层温度是随大气温度而变化的。当地层温度低于0~1 ℃时,土中部分孔隙水将冻结形成冻土。冻土可分为季节性冻土和多年冻土两类。季节性冻土指地表层冬季冻结、夏季全部融化的土;多年冻土则是指冻结状态持续2年或2年以上的土。我国季节性冻土主要分布在东北、西北和华北地区,季节性冻土层厚度都在0.5 m以上,且最大厚度可达3 m左右。

(一)地基土冻胀性分类与基础最小埋深

土的冻结不一定是冻胀,冻胀是指土冻结后其体积增大的现象,而冻土融化后引起地基土沉陷的现象称为融陷。土的冻胀主要是由于土中水从未冻结区向冻结区转移造成的,而冻胀的程度取决于当地气温、土的类别、冻前含水量、地下水位置等因素。确定基础埋深应考虑地基的冻胀性影响。《建筑地基基础设计规范》(GB 50007—2002)将地基的冻胀类别根据冻土层平均冻胀率的大小分为五类:不冻胀、弱冻胀、冻胀、强冻胀、特强冻胀,如表8-3所示。

表 8-3　地基土的冻胀性分类

土的名称	冻前天然含水率 ω(%)	冻结期间地下水位距冻结面的最小距离 h_w(m)	平均冻胀率 η(%)	冻胀等级	冻胀类别
碎(卵)石、砾、粗砂、中砂(粒径小于 0.075 mm)颗粒含量大于 15%,细砂(粒径小于 0.075 mm,颗粒含量大于 10%)	$\omega \leqslant 12$	>1.0	$\eta \leqslant 1$	Ⅰ	不冻胀
		≤1.0	$1 < \eta \leqslant 3.5$	Ⅱ	弱冻胀
	$12 < \omega \leqslant 18$	>1.0			
		≤1.0	$3.5 < \eta \leqslant 6$	Ⅲ	冻胀
	$\omega > 18$	>0.5			
		≤0.5	$6 < \eta \leqslant 12$	Ⅳ	强冻胀
粉砂	$\omega \leqslant 14$	>1.0	$\eta \leqslant 1$	Ⅰ	不冻胀
		≤1.0	$1 < \eta \leqslant 3.5$	Ⅱ	弱冻胀
	$14 < \omega \leqslant 19$	>1.0			
		≤1.0	$3.5 < \eta \leqslant 6$	Ⅲ	冻胀
	$19 < \omega \leqslant 23$	>1.0			
		≤1.0	$6 < \eta \leqslant 12$	Ⅳ	强冻胀
	$\omega > 23$	不考虑	$\eta > 12$	Ⅴ	特强冻胀
粉土	$\omega \leqslant 19$	>1.5	$\eta \leqslant 1$	Ⅰ	不冻胀
		≤1.5	$1 < \eta \leqslant 3.5$	Ⅱ	弱冻胀
	$19 < \omega \leqslant 22$	>1.5			
		≤1.5	$3.5 < \eta \leqslant 6$	Ⅲ	冻胀
	$22 < \omega \leqslant 26$	>1.5			
		≤1.5	$6 < \eta \leqslant 12$	Ⅳ	强冻胀
	$26 < \omega \leqslant 30$	>1.5			
		≤1.5	$\eta > 12$	Ⅴ	特强冻胀
	$\omega > 30$	不考虑			
黏性土	$\omega \leqslant \omega_P + 2$	>2.0	$\eta \leqslant 1$	Ⅰ	不冻胀
		≤2.0	$1 < \eta \leqslant 3.5$	Ⅱ	弱冻胀
	$\omega_P + 2 < \omega \leqslant \omega_P + 5$	>2.0			
		≤2.0	$3.5 < \eta \leqslant 6$	Ⅲ	冻胀
	$\omega_P + 5 < \omega \leqslant \omega_P + 9$	>2.0			
		≤2.0	$6 < \eta \leqslant 12$	Ⅳ	强冻胀
	$\omega_P + 9 < \omega \leqslant \omega_P + 15$	>2.0			
		≤2.0	$\eta > 12$	Ⅴ	特强冻胀
	$\omega > \omega_P + 15$	不考虑			

注:1. ω_P 为塑限含水量(%),ω 为在冻层内冻前天然含水率的平均值。

2. 盐渍化冻土不在表列。

3. 塑性指数大于 22 时,冻胀性降低一级。

4. 粒径小于 0.005 mm 的颗粒含量大于 60% 时,为不冻胀土。

5. 碎石类土当充填物大于全部质量的 40% 时,其冻胀性按充填物土的类别判断。

6. 碎石土、砾砂、粗砂、中砂(粒径小于 0.075 mm 的颗粒含量不大于 15%)、细砂(粒径小于 0.075 mm 颗粒含量不大于 10%)均按不冻胀考虑。

季节性冻土在冻融过程中，反复地产生冻胀和融陷，使土的强度降低，压缩性增大。当基础埋深浅于冻深时，即基础位于冻胀区内，在基础侧面作用着切向冻胀力 T，在基础底面作用着法向冻胀力 p，如图 8-13 所示。如果作用在基础顶面上的荷载 F 和基础自重 G 不能足以平衡这些冻胀力，那么基础受冻胀力的作用而上抬。当春季融化时，冻胀力消失，基础产生下沉。由于融陷和上抬往往都是不均匀的，致使建筑物产生方向相反、相互交叉的斜裂缝。

为了使建筑免遭冻害，对于埋置在冻胀土中的基础，应保证基础有相应的最小埋置深度 d_{min}，以消除基底冻胀力。基础最小埋深按下式计算：

$$d_{min} = z_d - h_{max} \tag{8-4}$$

式中 z_d——设计冻深，m，当当地有多年实测资料时，可按 $z_d = h' - \Delta z$ 计算（h'、Δz 分别为实测冻土层厚度和地表冻胀量），当无实测资料时，z_d 应按下式计算：

$$z_d = z_0 \cdot \psi_{zs} \cdot \psi_{zw} \cdot \psi_{ze}$$

式中 z_0——标准冻深，m，系采用在地表平坦、裸露、城市之外的空旷场地中不少于 10 年实测最大冻深的平均值，当无实测资料时，按《建筑地基基础设计规范》（GB 50007—2002）附录 F 采用；

ψ_{zs}——土的类别对冻深的影响系数，按表 8-4 查取；

ψ_{zw}——土的冻胀性对冻深的影响系数，按表 8-5 查取；

ψ_{ze}——环境对冻深的影响系数，按表 8-6 查取；

h_{max}——基础底面下允许残留冻土层的最大厚度，m，如图 8-14 所示，可按《建筑地基基础设计规范》（GB 50007—2002）附表 G. 0. 2 取值。

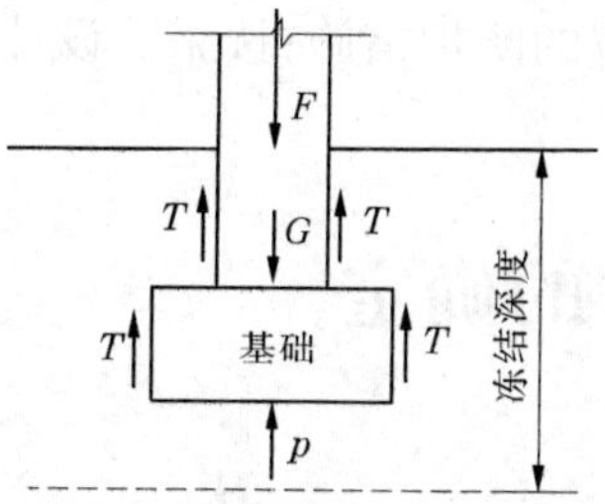

图 8-13 作用在基础上的冻胀力

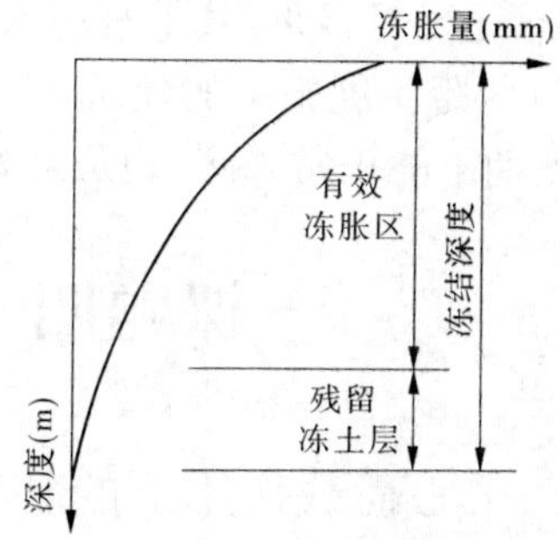

图 8-14 土的冻胀量示意图

表 8-4 土的类别对冻深的影响系数 ψ_{zs}

土的类别	影响系数 ψ_{zs}	土的类别	影响系数 ψ_{zs}
黏性土	1.00	中、粗、砾砂	1.30
细砂、粉砂、粉土	1.20	碎石土	1.40

表 8-5 土的冻胀性对冻深的影响系数 ψ_{zw}

冻胀性	影响系数 ψ_{zw}	冻胀性	影响系数 ψ_{zw}
不冻胀	1.00	强冻胀	0.85
弱冻胀	0.95	特强冻胀	0.80
冻胀	0.90		

表 8-6　环境对冻深的影响系数 ψ_{ze}

周围环境	影响系数 ψ_{ze}	周围环境	影响系数 ψ_{ze}
村、镇、旷野	1.00	城市市区	0.90
城市近郊	0.95		

注：环境影响系数，当城市市区人口为 20 万～50 万时，按城市近郊取值；当城市市区人口大于 50 万小于或等于 100 万时，按城市市区取值；当城市市区人口超过 100 万时，按城市市区取值，5 km 以内的郊区应按城市近郊取值。

（二）地基防冻害措施

在冻胀、强冻胀、特强冻胀地基上，应采用下列防冻害措施：

（1）对在地下水位以上的基础，基础侧面应回填非冻胀性的中砂或粗砂，其厚度不应小于 100 mm。对在地下水位以下的基础，可采用桩基础、自锚式基础（冻土层下有扩大板或扩底短桩）或采取其他有效措施。

（2）宜选择地势高、地下水位低、地表排水良好的建筑场地。对低洼场地，宜在建筑四周向外一倍冻深距离范围内，使室外地坪至少高出自然地面 300～500 mm。

（3）防止雨水、地表水、生产废水、生活污水浸入建筑地基，应设置排水设施。在山区应设截水沟，或在建筑物下设置暗沟，以排走地表水和潜水流。

（4）在强冻胀性土和特强冻胀性地基上，其基础结构应设置钢筋混凝土圈梁和基础梁，并控制上部建筑物的长高比，增强房屋整体刚度。

（5）当独立基础联系梁下或桩基础承台下有冻土时，应在梁或承台下留有相当于该土层冻胀量的空隙，以防止因土的冻胀将梁或承台拱裂。

（6）外门斗、室外台阶和散水坡等部位宜与主体结构断开，散水坡分段不宜超过 1.5 m，坡度不宜小于 3%，其下宜填入非冻胀性材料。

（7）对跨年度施工的建筑，入冬前应对地基采取相应的防护措施；按采暖设计的建筑物，若冬期不能正常采暖，也应对地基采取保温措施。

课题四　基础底面尺寸的确定

一、中心荷载作用下的基础

如图 8-15 所示，在中心荷载作用下，基础底面上的平均压力应小于或等于经修正后的地基承载力特征值，即

$$p_k = \frac{F_k + G_k}{A} = \frac{F_k + \gamma_G A d}{A} \leq f_a \quad (8\text{-}5)$$

由此可以得到基础底面积为

$$A \geq \frac{F_k}{f_a - \gamma_G d} \quad (8\text{-}6)$$

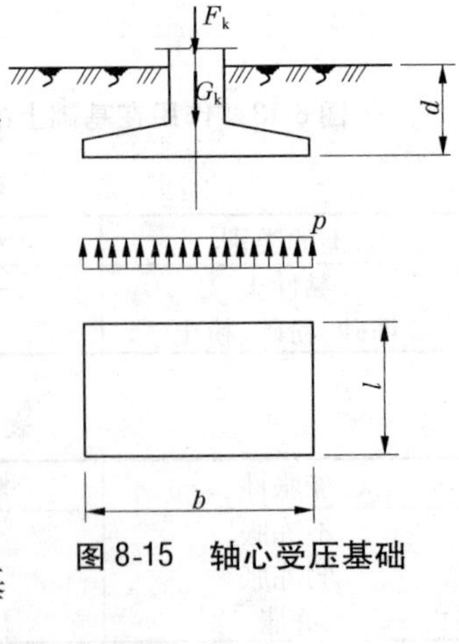

图 8-15　轴心受压基础

式中　A——基础底面面积，m^2；

F_k——相应于荷载效应标准组合时，上部结构传至基

础顶面的竖向力值,kN;

G_k——基础自重和基础上的土重,kN;

f_a——修正后的基础承载力特征值,kPa;

p_k——相应于荷载效应标准组合时,基础底面处的平均压力值,kPa;

γ_G——基础及其上回填土的平均重度,一般可近似取 20 kN/m³,在地下水位以下尚应扣除水的浮力作用;

d——基础的埋置深度,m。

(一)柱下独立基础

如果是矩形基础,取 $l/b=n$(一般 $n=1.5\sim2.0$),则基础底宽为

$$b \geqslant \sqrt{\frac{A}{n}} = \sqrt{\frac{F_k}{n(f_a-\gamma_G d)}} \tag{8-7}$$

长为

$$l = n \cdot b$$

方形基础底宽为

$$b = l \geqslant \sqrt{\frac{F_k}{f_a-\gamma_G d}} \tag{8-8}$$

(二)墙下条形基础

墙下条形基础通常沿墙纵向取单位长度($l=1$ m)为计算单元,F_k 即为每延长米的荷载(kN/m),则条形基础宽度为

$$b \geqslant \frac{F_k}{f_a-\gamma_G d} \tag{8-9}$$

应当指出,当计算带有窗洞口的墙下基础时,应取一个开间(即相邻窗洞中心线间的距离)为荷载计算单元,其荷载可以由相邻窗洞中心线间的荷载除以窗洞中心线的距离得到。

二、偏心受压基础

单层工业厂房的柱基础是典型的偏心受压基础,如图 8-16 所示。在 F_k+G_k 和 M_k 共同作用下,可以假定基底压力呈直线分布,在满足 $p_{jmin}>0$ 条件下,基底压力呈梯形分布。在确定基底尺寸时,可暂不考虑基础底面的水平荷载,仅考虑基底形心处的竖向荷载和单向力矩(荷载作用在某一主轴上)。在偏心荷载作用下,基础底面积通常采用试算的方法确定,其具体步骤如下:

(1)先假定基础底宽 $b\leqslant3$ m,进行承载力深度修正,初步确定地基承载力特征值 f_a。

(2)按中心受压情况,用式(8-6)估算基础面积,然后考虑偏心荷载的影响,将基底面积 A_0 扩大10% ~

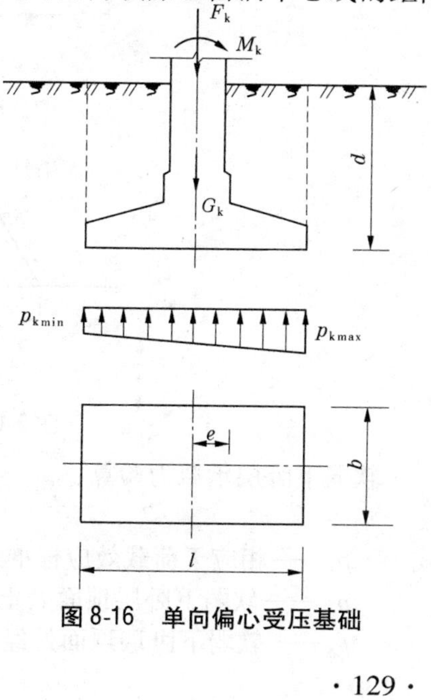

图 8-16 单向偏心受压基础

40%。偏心距小时可用10%,偏心距大时可用40%,即

$$A = (1.1 \sim 1.4)A_0 = (1.1 \sim 1.4)\frac{F_k}{f_a - \gamma_G d} \tag{8-10}$$

(3)对于矩形基础,取基底长短边之比 $l/b = 1.5 \sim 2.0$,初步确定基底的长短边尺寸。

(4)计算基底边缘最大与最小应力分别为

$$p_{kmax} = \frac{F_k + G_k}{A} + \frac{M_k}{W} \tag{8-11}$$

$$p_{kmin} = \frac{F_k + G_k}{A} - \frac{M_k}{W} \tag{8-12}$$

式中 M_k——相应于荷载效应标准组合时作用于基础底面的力矩值,kN·m;

W——基础底面的抵抗矩,对于矩形基础,$W = lb^2/6$,m^3;

p_{kmax}——相应于荷载效应标准组合时基础底面边缘处的最大压力值,kPa;

p_{kmin}——相应于荷载效应标准组合时基础底面边缘处的最小压力值,kPa。

(5)基底应力验算:

$$\frac{1}{2}(p_{kmax} + p_{kmin}) \leqslant f_a \tag{8-13}$$

$$p_{kmax} \leqslant 1.2f_a \tag{8-14}$$

如果不满足地基承载力要求,需重新调整基底尺寸,直至符合要求。

三、地基软弱下卧层承载力验算

当地基受力层范围内有软弱下卧层时,要求作用在软弱下卧层顶面的附加应力与自重应力之和不超过下卧层的承载力,如图8-17所示。

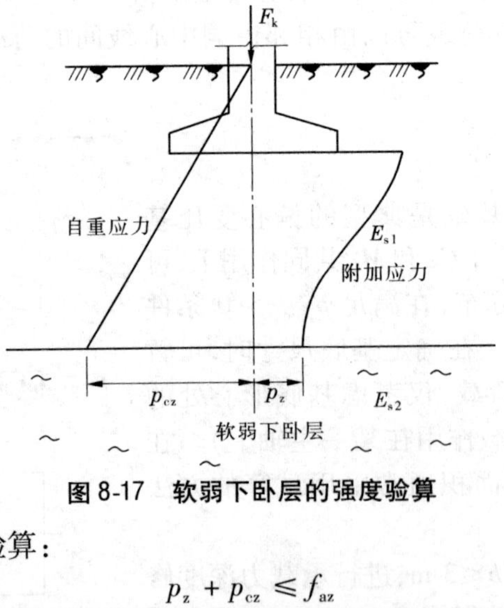

图8-17 软弱下卧层的强度验算

软弱下卧层承载力验算:

$$p_z + p_{cz} \leqslant f_{az} \tag{8-15}$$

式中 p_z——相应于荷载效应标准组合时软弱下卧层顶面处的附加压力值;

p_{cz}——软弱下卧层顶面处土的自重压力值;

f_{az}——软弱下卧层顶面处经深度修正后地基承载力特征值。

对于条形基础和矩形基础，式(8-15)中的 p_z 可按下式简化计算。

条形基础

$$p_z = \frac{b(p_k - p_c)}{b + 2z\tan\theta} \tag{8-16}$$

矩形基础

$$p_z = \frac{lb(p_k - p_c)}{(b + 2z\tan\theta)(l + 2z\tan\theta)} \tag{8-17}$$

式中 b——矩形基础或条形基础底边的宽度，m；

l——矩形基础底边的长度，m；

p_k——基础底面处的平均压力值，kPa；

p_c——基础底面处土的自重压力值，kPa；

z——基础底面至软弱下卧层顶面的距离，m；

θ——地基压力扩散线与垂直线的夹角，如图 8-18 所示，可按表 8-7 采用。

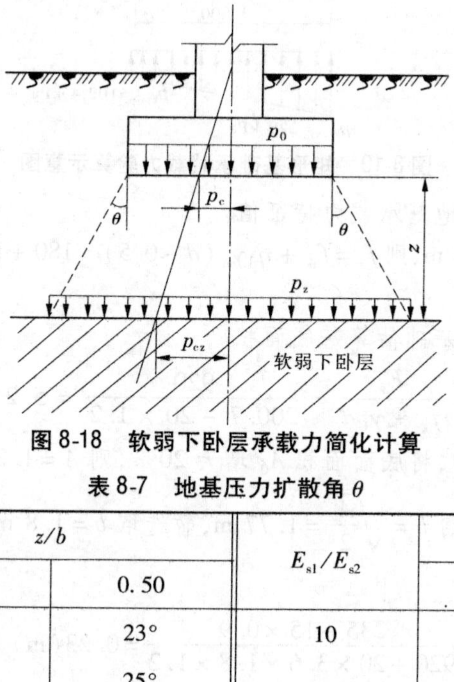

图 8-18 软弱下卧层承载力简化计算

表 8-7 地基压力扩散角 θ

E_{s1}/E_{s2}	z/b		E_{s1}/E_{s2}	z/b	
	0.25	0.50		0.25	0.50
3	6°	23°	10	20°	30°
5	10°	25°			

注：1. E_{s1} 为上层土压缩模量；E_{s2} 为下层土压缩模量。

2. $z/b<0.25$ 时取 $\theta=0°$，必要时，宜由试验确定；$z/b>0.5$ 时 θ 值不变。

【例 8-1】 某墙下条形基础，在荷载效应标准组合时，作用在基础顶面上的轴向力 $F_k=310$ kN/m，基础埋深 $d=1.6$ m，室内外高差 0.6，地基为黏土($\eta_b=0.3$，$\eta_d=1.6$)，其重度 $\gamma=18$ kN/m^3，地基承载力特征值 $f_{ak}=160$ kPa。试确定该条形基础宽度。

解 (1)求修正后的地基承载力特征值。

假定基础宽度 $b<3$ m，因埋深 $d>0.5$ m，故仅进行地基承载力深度修正。

$$f_a = f_{ak} + \eta_d\gamma_m(d - 0.5) = 160 + 1.6 \times 18 \times (1.6 - 0.5) = 191.68(\text{kPa})$$

(2)求基础宽度。

因为室内外高差为0.6 m,故基础自重计算高度 $d=1.6+0.6/2=1.9(\text{m})$,基础宽度 $b \geqslant \dfrac{F_k}{f_a-\gamma_G d}=\dfrac{310}{191.68-20\times1.9}=2.02(\text{m})$,取 $b=2.1$ m,与假定相符。

【例8-2】 某柱下矩形单独基础,如图8-19所示。已知按荷载效应标准组合时传至基础顶面的内力值 $F_k=920$ kN,$V_k=15$ kN,$M_k=235$ kN·m,地基为粉质黏土,其重度 $\gamma=18.5\ \text{kN/m}^3$,地基承载力特征值 $f_{ak}=180$ kPa($\eta_b=0.3,\eta_d=1.6$),基础埋深 $d=1.2$ m。试确定基础底面尺寸。

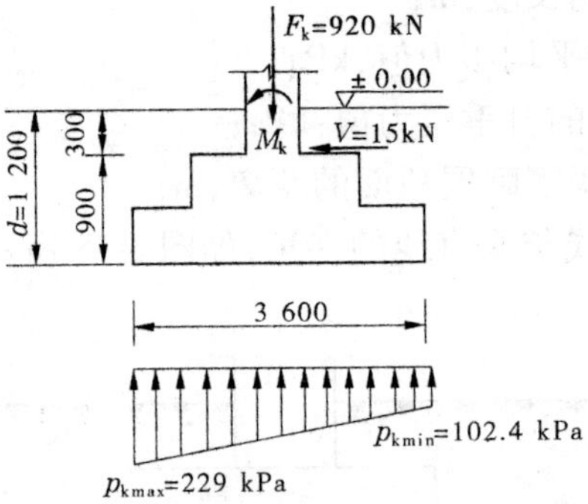

图8-19 矩形基础承载载力验算示意图

解 (1)求修正后的地基承载力特征值。

先假定基础宽度 $b<3$ m,则 $f_a=f_{ak}+\eta_d\gamma_m(d-0.5)=180+1.6\times18.5\times(1.2-0.5)=200.7(\text{kPa})$

(2)初步按轴心受压基础估算基底面积。

$$A_0=\frac{F_k}{f_a-\gamma_G d}=\frac{920}{200.7-20\times1.2}=5.2(\text{m}^2)$$

考虑偏心荷载的影响,将底面面积 A_0 增大20%,则 $A=1.2\times5.2=6.24(\text{m}^2)$。取基底长短边之比 $l/b=2.0$,得 $b=\sqrt{\dfrac{A}{2}}=1.77$ m,暂选取 $b=1.8$ m,$l=3.6$ m。

(3)验算地基承载力。

偏心矩 $e=\dfrac{M_k}{F_k+G_k}=\dfrac{235+15\times0.9}{920+20\times3.6\times1.8\times1.2}=0.23(\text{m})<\dfrac{l}{6}=0.6$ m

基底边缘的压力 $p_{kmax}=\dfrac{F_k+G_k}{A}(1+\dfrac{6e}{l})=229$ kPa

同理 $p_{kmin}=102.4$ kPa

因 $p_{kmax}=229\ \text{kPa}<1.2f_a=240.86$ kPa,且

$\dfrac{1}{2}(p_{kmax}+p_{kmin})=165.7\ \text{kPa}<f_a=200.7$ kPa

满足要求,故基底尺寸长 $l=3.6$ m、宽 $b=1.8$ m 合适。

【例8-3】 有一轴心受压基础,上部结构传来轴向力 $F_k=900$ kN,地质条件如图8-20所示。试根据图示地质资料,验算软弱下卧层承载力是否满足要求。

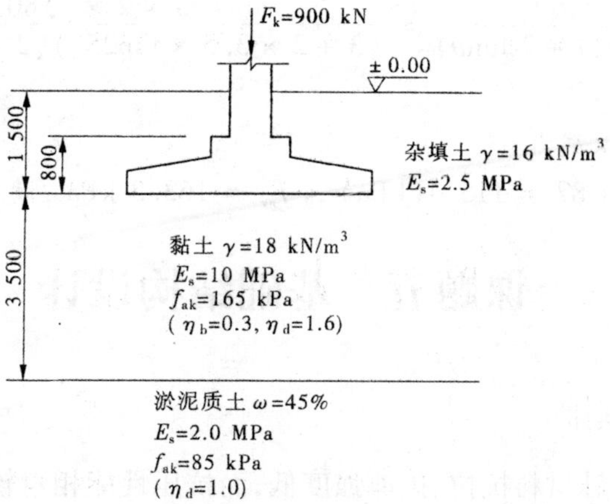

图 8-20 工程地质剖面图

解 (1)求修正后的地基承载力特征值。

先假定基础宽度 $b<3$ m,则

$$f_a = f_{ak} + \eta_d \gamma_m (d - 0.5)$$
$$= 165 + 1.6 \times 18 \times (1.5 - 0.5) = 193.8(\text{kPa})$$

基础面积:

$$b \times l \geqslant \frac{F_k}{f_a - \gamma_G d} = \frac{900}{193.8 - 20 \times 1.5} = 5.5(\text{m}^2)$$

取 $b=2$ m,$l=3$ m,经验算,满足承载力的要求(验算过程从略)。

(2)计算下卧层经修正后的地基承载力特征值。

已知按持力层承载力求得的基底尺寸为 $b=2$ m,$l=3$ m,持力层厚 $z=3.5$ m,基础埋深 $d=1.5$ m,下卧层埋深应为 $d+z=5$ m。

下卧层埋深范围内土的加权平均重度为

$$\gamma_m = \frac{\gamma_1 d + \gamma_2 z}{d + z} = \frac{16 \times 1.5 + 18 \times 3.5}{1.5 + 3.5} = 17.4(\text{kN/m}^3)$$

经深度修正下卧层承载力特征值为

$$f_{az} = f_{ak} + \eta_d \gamma_m (d_z - 0.5) = 85 + 1.0 \times 17.4 \times (5 - 0.5) = 163.3(\text{kPa})$$

(3)下卧层顶面处的自重应力为

$$p_{cz} = \gamma_z d_z = 17.4 \times 5 = 87(\text{kPa})$$

(4)确定地基压力扩散角 θ。

按持力层与下卧层压缩模量之比 $E_{s1}/E_{s2}=10/2=5$ 及 $z/b=3.5/2=1.75>0.5$,查表 8-7 得 $\theta=25°$。

(5)计算基底压力和土的自重压力

$$p_k = \frac{F_k + G_k}{A} = \frac{900 + 20 \times 3 \times 2 \times 1.5}{2 \times 3} = 180(\text{kPa})$$

$$p_c = \gamma_1 d = 16 \times 1.5 = 24(\text{kPa})$$

(6)计算下卧层顶面处的附加压力 p_z

$$p_z=\frac{lb(p_k-p_c)}{(b+2z\tan\theta)(l+2z\tan\theta)}=\frac{3\times2\times(180-24)}{(3+2\times3.5\times\tan25^\circ)(2+2\times3.5\times\tan25^\circ)}$$

$$=28.4(\text{kPa})$$

(7)验算下卧层承载力

$p_z+p_{cz}=28.4+87=115.4(\text{kPa})<f_{az}=163.3\ \text{kPa}$，满足要求。

课题五　基础结构设计

一、无筋扩展基础

由于无筋扩展基础材料抗拉、抗剪强度低，而抗压性能相对较高，在地基反力作用下，基础挑出部分如同悬臂梁一样向上弯曲，基础外伸长度越大，基础越容易因弯曲而拉裂。因此，必须减少外伸悬臂长度或增加基础高度，使基础宽高比减小而刚度增大。无筋扩展基础的构造图如图 8-21 所示。

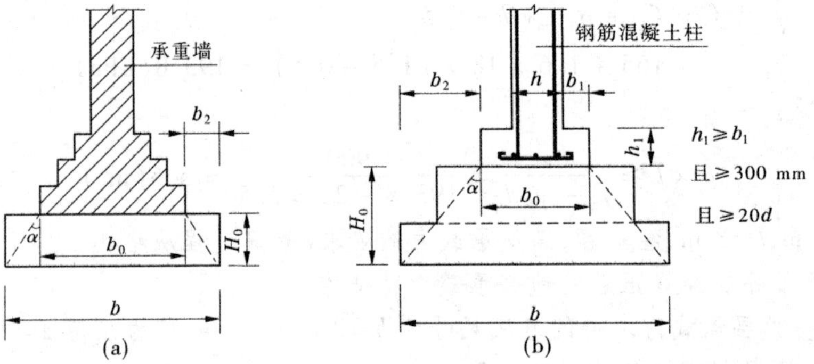

d—柱中纵向钢筋直径

图 8-21　无筋扩展基础构造图

大量试验研究和实践表明，对无筋扩展基础，当材料及基础底面积确定后，只要限制基础台阶宽高比 $b_2:H_0$ 小于表 8-8 允许值要求，就可以保证基础不会因受弯、受剪而破坏。

表 8-8　无筋扩展基础台阶宽高比的允许值

基础材料	质量要求	台阶宽高比的允许值		
		$p_k \leqslant 100$	$100<p_k \leqslant 200$	$200<p_k \leqslant 300$
混凝土基础	C15 混凝土	1:1.00	1:1.00	1:1.25
毛石混凝土基础	C15 混凝土	1:1.00	1:1.25	1:1.50
砖基础	砖不低于 MU10，砂浆不低于 M5	1:1.50	1:1.50	1:1.50
毛石基础	砂浆不低于 M5	1:1.25	1:1.50	—

续表 8-8

基础材料	质量要求	台阶宽高比的允许值		
		$p_k \leqslant 100$	$100 < p_k \leqslant 200$	$200 < p_k \leqslant 300$
灰土基础	体积比为3∶7或2∶8的灰土，其最小干密度： 粉土 1.55 t/m^3 粉质黏土 1.50 t/m^3 黏土 1.45 t/m^3	1∶1.25	1∶1.50	—
三合土基础	体积比 1∶2∶4 ~ 1∶3∶6（石灰∶砂∶骨料），每层约虚铺 220 mm，夯至 150 mm	1∶1.50	1∶2.00	—

注：1. p_k 为荷载效应标准组合时基础底面处的平均压力值（kPa）。

2. 阶梯形毛石基础的每阶伸出宽度，不宜大于 200 mm。

3. 当基础由不同材料叠合组成时，应对接触部分作抗压验算。

4. 基础底面处的平均压力值超过 300 kPa 的混凝土基础，尚应进行抗剪验算。

基础高度应符合下式要求

$$H_0 \geqslant \frac{b - b_0}{2\tan\alpha} \tag{8-18}$$

式中 b——基础底面宽度；

b_0——基础顶面的墙体宽度或柱脚宽度；

H_0——基础高度；

b_2——基础台阶宽度；

$\tan\alpha$——基础台阶宽高比 $b_2 : H_0$，其允许值可按表 8-8 选取。

采用无筋扩展基础的钢筋混凝土柱，其柱脚高度 h_1 不得小于 b_1（如图 8-21 所示），并不应小于 300 mm 且不小于 $20d$（d 为柱中的纵向受力钢筋的最大直径）。当柱纵向钢筋在柱脚内的竖向锚固长度不满足锚固要求时，可沿水平方向弯折，弯折后的水平锚固长度不应小于 $10d$ 也不应大于 $20d$。

【例 8-4】 某学校一教学楼拟采用刚性基础，承重墙厚 240 mm，地基第一层土为 0.8 m 厚的杂填土，重度为 17 kN/m^3；第二层为粉质黏土层，厚 5.4 m，重度为 17 kN/m^3，地基承载力特征值 $f_{ak} = 170$ kPa，$\eta_b = 0.3$，$\eta_d = 1.6$。已知上部结构传来的竖向荷载标准值 $F_k = 200$ kN/m，试对该承重墙下条形基础进行设计。

解 （1）计算经修正后的地基承载力特征值。

选择粉质黏土层作为持力层，初步确定基础埋深 $d = 1.0$ m。

$$\begin{aligned} f_a &= f_{ak} + \eta_d \gamma_m (d - 0.5) \\ &= 170 + 1.6 \times 17 \times (1.0 - 0.5) \\ &= 183.6 (\text{kPa}) \end{aligned}$$

（2）确定基础宽度。

$$b \geqslant \frac{F_k}{f_a - \gamma_G d} = \frac{200}{183.6 - 20 \times 1} = 1.22(\mathrm{m})$$

取 $b = 1.3$ m。

(3)选择基础材料,并确定基础剖面尺寸。

基础下层采用 350 mm 厚 C15 素混凝土层,其上层采用 MU10 砖和 M5 砂浆砌二一间收的砖基础。

混凝土垫层底面基底压力为

$$p_k = \frac{F_k + G_k}{A} = \frac{200 + 20 \times 1.3 \times 1.0 \times 1}{1.3 \times 1.0} = 173.8(\mathrm{kPa})$$

由表 8-8 查得 C15 混凝土垫层的宽高比允许值 $b_2 : H_0 = 1:1$,混凝土垫层每边收进 350 mm,垫层高 350 mm。

砖基础所需台阶数 $$n = \frac{1\,300 - 240 - 2 \times 350}{2 \times 60} = 3$$

基础高度 $$h_0 = 120 \times 2 + 60 \times 1 + 350 = 650(\mathrm{mm})$$

(4)基础剖面图。

基础剖面形状及尺寸如图 8-22 所示。

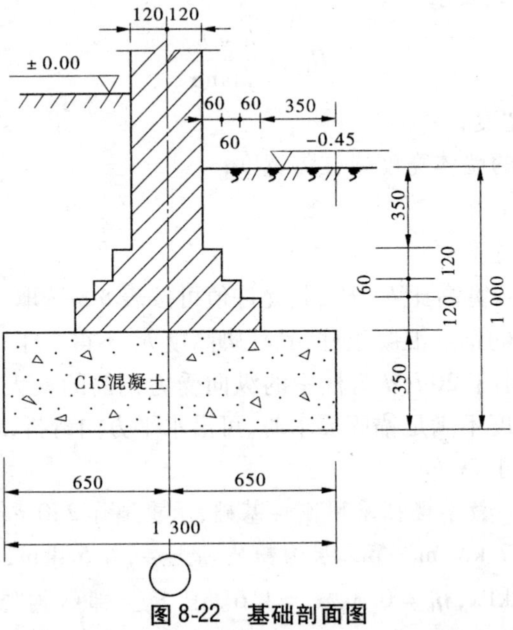

图 8-22 基础剖面图

【例 8-5】 某地区一住宅楼,底层内纵墙厚 0.37 m,上部结构传至基础顶面处的竖向力 $F_k = 260$ kN/m,已知基础埋深 $d = 2.0$ m,基础材料采用毛石,砂浆采用 M5 砌筑,地基土为黏土,其重度 $\gamma = 18.5\ \mathrm{kN/m^3}$,经深度修正后的地基承载力特征值 $f_a = 200$ kPa。试确定毛石基础宽度及剖面尺寸,并绘出基础剖面图形。

解 (1)确定基础宽度。

基础宽度为 $b \geqslant \frac{F_k}{f_a - \gamma_G d} = \frac{260}{200 - 20 \times 2} = 1.63(\mathrm{m})$,取 $b = 1.7$ m。

(2)确定台阶宽高比允许值。

基底压力

$$p_k = \frac{F_k + G_k}{A} = \frac{260 + 20 \times 1.7 \times 1.0 \times 2}{1.7 \times 1.0}$$

$$= 192.94(\text{kPa})$$

由表 8-8 查得毛石基础的宽高比允许值 $b:H_0 = 1:1.5$。

(3)毛石基础所需台阶数(每级台阶宽度≤200 mm)。

$n = \frac{b - b_0}{2} \times \frac{1}{200} = \frac{1\ 700 - 370}{2} \times \frac{1}{200} = 3.3$,取 $n = 4$,基础剖面图如图 8-23 所示。

(4)验算台阶宽高比

基础宽高比:$b_2/H_0 = \frac{665}{1\ 600} = \frac{1}{2.4} < \frac{1}{1.5}$;每阶宽高比:$b_2/H_0 = \frac{200}{400} = \frac{1}{2} < \frac{1}{1.5}$,满足要求。

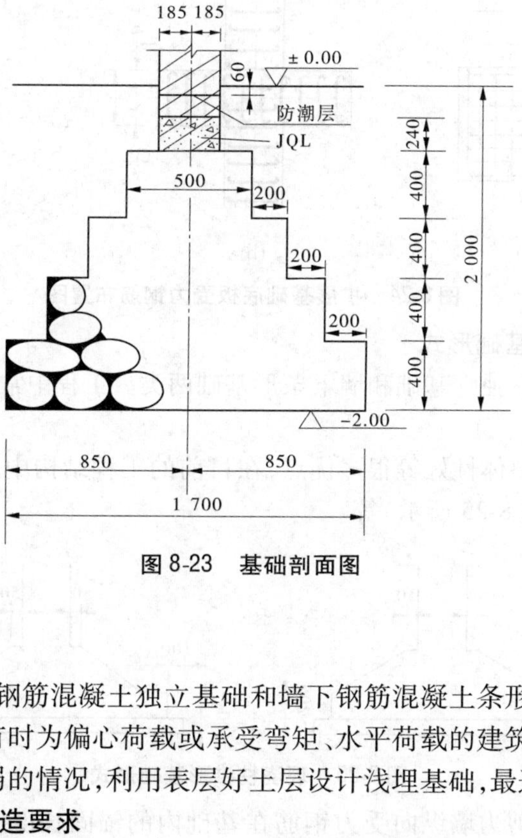

图 8-23 基础剖面图

二、扩展基础

扩展基础是指柱下钢筋混凝土独立基础和墙下钢筋混凝土条形基础。扩展基础适用于上部结构荷载较大,有时为偏心荷载或承受弯矩、水平荷载的建筑物基础。在地基表层土质较好、下层土质软弱的情况,利用表层好土层设计浅埋基础,最适宜采用扩展基础。

(一)扩展基础的构造要求

(1)锥形基础的边缘高度不宜小于 200 mm,阶梯形基础的每阶高度宜为 300~500 mm。

(2)垫层的厚度不宜小于 70 mm,垫层混凝土强度等级应为 C10。

(3)扩展基础底板受力钢筋的最小直径不宜小于 10 mm;间距不宜大于 200 mm,也不宜小于 100 mm。墙下钢筋混凝土条形基础纵向分布钢筋的直径不小于 8 mm,间距不大于 300 mm;每延米分布钢筋的面积应不小于受力钢筋面积的 1/10。当有垫层时钢筋保护层的厚度不小于40 mm，无垫层时不小于70 mm。

（4）混凝土强度等级不应低于C20。

（5）当柱下钢筋混凝土独立基础的边长和墙下钢筋混凝土条形基础的宽度大于或等于2.5 m时，底板受力钢筋的长度可取边长或宽度的0.9倍，并宜交错布置，如图8-24（a）所示。

（6）钢筋混凝土条形基础底板在T形及十字形交接处，底板横向受力钢筋仅沿一个主要受力方向通长布置，另一方向的横向受力钢筋可布置到主要受力方向底板宽度1/4处，如图8-24（b）所示。在拐角处底板横向受力钢筋应沿两个方向布置，如图8-24（c）所示。

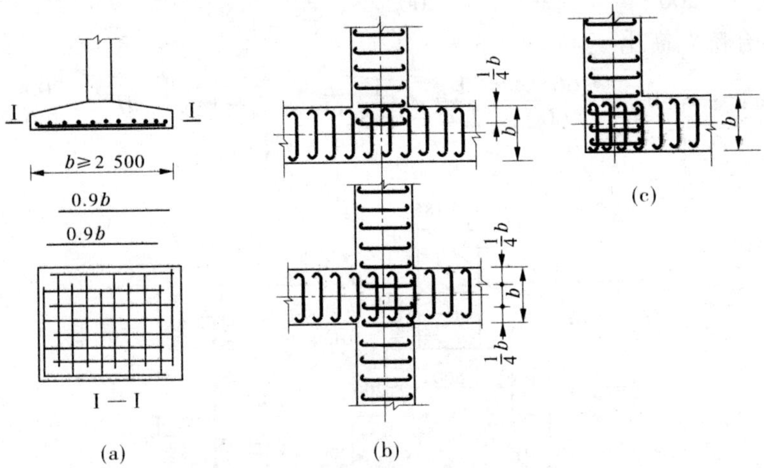

图8-24　扩展基础底板受力钢筋布置图

（二）常见的几种基础形式

扩展基础分为柱下独立基础和墙下条形基础两类。工程中常用的有以下几种。

1. 现浇柱基础

现浇柱基础具有整体性好等很多优点，在目前的工程结构中应用较多。其基础形式有阶梯形和锥形（如图8-25所示）等。

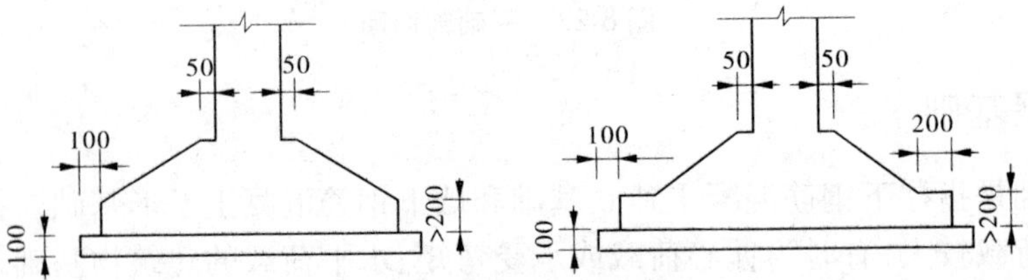

图8-25　现浇柱锥形基础形式

钢筋混凝土柱和剪力墙纵向受力钢筋在基础内的锚固长度 l_a 应根据钢筋在基础内的最小保护层厚度按现行《混凝土结构设计规范》（GB 50010—2010）有关规定确定。

有抗震设防要求时，纵向受力钢筋的最小锚固长度 l_{aE} 应按下式计算：

一、二级抗震等级　　$l_{aE} = 1.15 l_a$

三级抗震等级　　$l_{aE} = 1.05 l_a$

四级抗震等级　　$l_{aE} = l_a$

式中　l_a——纵向受拉钢筋的锚固长度。

现浇柱的基础，其插筋的数量、直径及钢筋种类应与柱内纵向受力钢筋相同。插筋的锚固长度应满足上述要求，插筋与柱的纵向受力钢筋的连接方法，应符合现行《混凝土结构设计规范》(GB 50010—2010)的规定。插筋的下端宜做成直钩放在基础底板钢筋网上。当符合下列条件之一时，可仅将四角的插筋伸至底板钢筋网上，其余插筋锚固在基础顶面下 l_a 或 l_{aE}（有抗震设防要求时）处，如图 8-26 所示。

(1)柱为轴心受压或小偏心受压，基础高度大于等于 1 200 mm。

(2)柱为大偏心受压，基础高度大于等于 1 400 mm。

2. 预制柱杯形基础

如图 8-27 所示，预制柱与杯形基础的连接应符合下列要求：

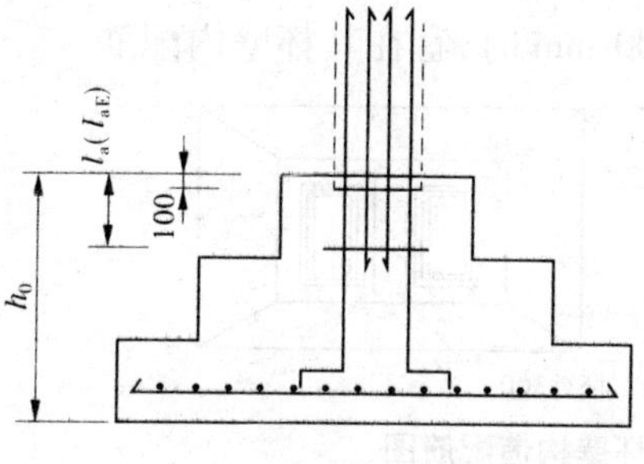

图 8-26　现浇柱的基础中插筋构造

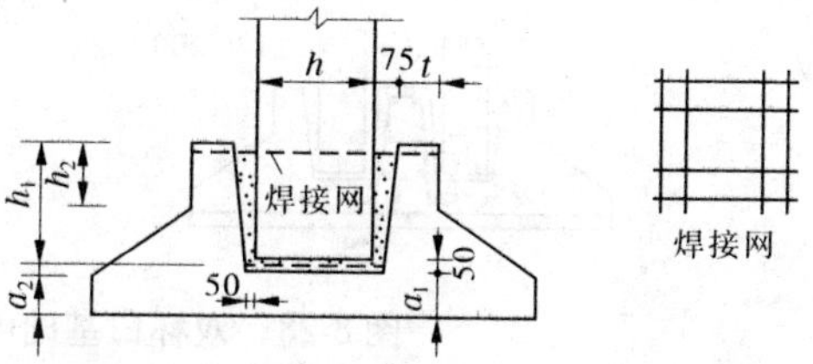

图 8-27　预制钢筋混凝土柱独立基础

(1)柱插入杯口深度，可按表 8-9 选用，并应满足钢筋锚固长度要求及吊装时柱的稳定性。

(2)基础的杯底厚度和杯壁厚度，可按表 8-10 选用。

表 8-9　柱的插入深度 h_1　　（单位：mm）

矩形或工字形柱				双肢柱
$h<500$	$500\leqslant h<800$	$800\leqslant h<1\ 000$	$h>1\ 000$	
$(1\sim1.2)h$	h	$0.9h$ 且 $\geqslant800$	$0.8h$ 且 $\geqslant1\ 000$	$(1/3\sim2/3)h_a$ $(1.5\sim1.8)h_b$

注：1. h 为柱截面长边尺寸，h_a 为双肢柱全截面长边尺寸，h_b 为双肢柱全截面短边尺寸。

2. 柱轴心受压或小偏心受压时，h_1 可适当减小，偏心距大于 $2h$ 时，h_1 应适当加大。

表 8-10　基础的杯底厚度和杯壁厚度

柱截面长边尺寸 h (mm)	杯底厚度 a_1(mm)	杯壁厚度 t (mm)	柱截面长边尺寸 h(mm)	杯底厚度 a_1(mm)	杯壁厚度 t(mm)
$h<500$	$\geqslant150$	$150\sim200$	$1\ 000\leqslant h<1\ 500$	$\geqslant250$	$\geqslant350$
$500\leqslant h<800$	$\geqslant200$	$\geqslant200$	$1\ 500\leqslant h<2\ 000$	$\geqslant300$	$\geqslant400$
$800\leqslant h<1\ 000$	$\geqslant200$	$\geqslant300$			

注：1. 双肢柱的杯底厚度值，可适当加大。

2. 当有基础梁时，基础梁下的杯壁厚度应满足其支承宽度的要求。

3. 柱子插入杯口部分的表面应凿毛，柱子与杯口之间的空隙，应用比基础混凝土强度等级高一级的细石混凝土充填密实，当达到材料设计强度的 70% 以上时，方能进行上部吊装。

(3)当柱为轴心受压或小偏心受压且 $t/h_2 \geqslant 0.65$，或大偏心受压且 $t/h_2 \geqslant 0.75$ 时，杯壁可不配筋；当柱为轴心受压或小偏心受压且 $0.5 \leqslant t/h_2 < 0.65$ 时，杯壁可按表 8-11 构造配筋；其他情况下，应按计算配筋。

表 8-11　杯壁构造配筋

柱截面长边尺寸（mm）	$h<1\ 000$	$1\ 000 \leqslant h < 1\ 500$	$1\ 500 \leqslant h \leqslant 2\ 000$
钢筋直径（mm）	8～10	10～12	12～16

注：表中钢筋置于杯口顶部，每边两根（见图 8-28）。

(4)双杯口基础，如图 8-28 所示，用于厂房伸缩缝处的双柱下，或者考虑厂房扩建而设置的预留杯口情况。当中间杯壁的宽度小于 400 mm 时，宜在其杯壁内配筋。

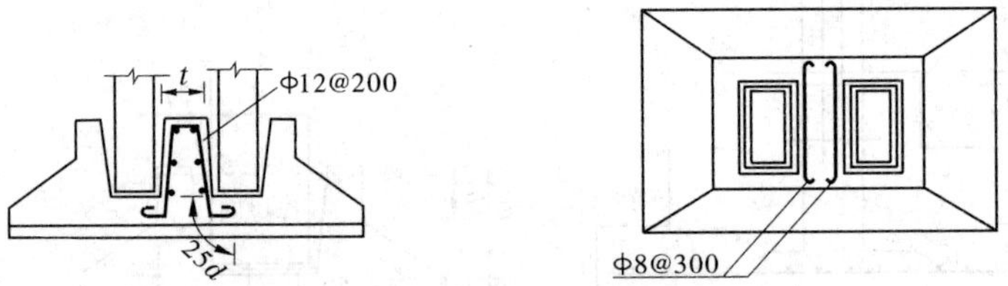

图 8-28　双杯口基础中间杯壁构造配筋图

3. 高杯口基础

高杯口基础是带有短柱的杯形基础，其构造形式如图 8-29所示。一般用于上层土较软弱或有空穴、井等不宜作持力层及必须将基础深埋的情况。

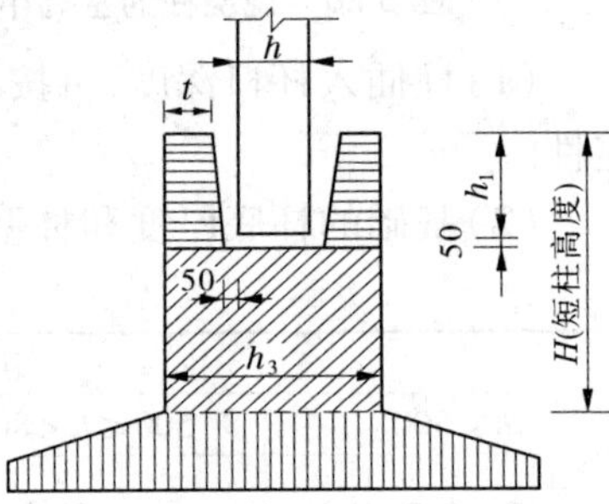

图 8-29　高杯口基础

三、墙下钢筋混凝土条形基础

(一)墙下钢筋混凝土条形基础的构造

(1)墙下钢筋混凝土条形基础的构造如图 8-30 所示。当基础高度 $h > 250$ mm 时，截面采用锥形，其边缘高度不宜小于 200 mm；当基础高度 $h \leqslant 250$ mm 时，宜采用平板式。

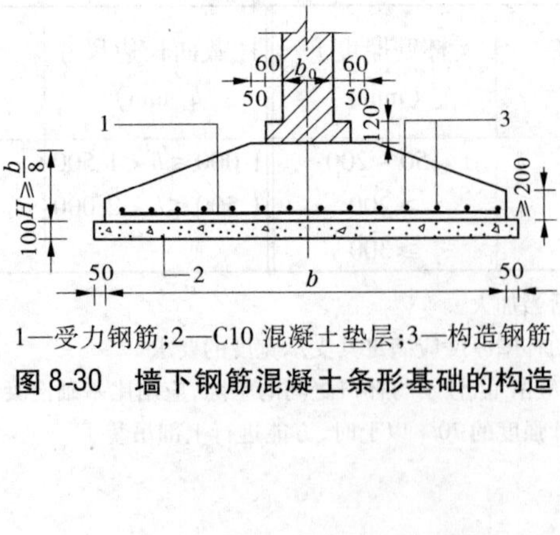

1—受力钢筋；2—C10 混凝土垫层；3—构造钢筋

图 8-30　墙下钢筋混凝土条形基础的构造

当地基较软弱时，为增加基础抗弯刚度，减少基础不均匀沉降的影响，基础剖面也可采用带肋式条形基础，肋的纵向钢筋和箍筋一般按经验确定。

(2)墙下钢筋混凝土条形基础纵向分布钢筋的直径不小于 8 mm；间距不大于 300 mm；每延米分布钢筋的面积应不小于受力钢筋面积的 1/10。基础有垫层时，钢筋保护层不小于 40 mm；无垫层时不小于 70 mm。

(3)墙下条形基础的钢筋一般采用 HPB235 级钢筋，受力钢筋沿基础横向布置，采用Φ8～Φ16，分布钢筋一般为Φ6～Φ8@250 或 300。

(4)当柱下钢筋混凝土独立基础的边长和墙下钢筋混凝土条形基础的宽度大于或等于2.5 m 时，底板受力钢筋的长度可取边长或宽度的 0.9 倍，并宜交错布置。

(二)墙下钢筋混凝土条形基础底板厚度和配筋计算

1. 轴心荷载作用

底板在荷载的作用下受弯，如同倒置的悬臂板。在地基净反力的作用下，最大内力发生在悬臂板的根部，通常沿条形基础长度方向取单位长度计算基础内力进行配筋。

地基净反力 p_j 为

$$p_j = \frac{F}{b} \tag{8-19}$$

式中 F——相应于荷载效应基本组合时作用在基础顶面上的荷载，kN/m；

b——基础宽度，m。

如图 8-31 所示，基础任意截面Ⅰ—Ⅰ处的弯矩和剪力(要考虑沿墙长 1 m 值的大小)分别为

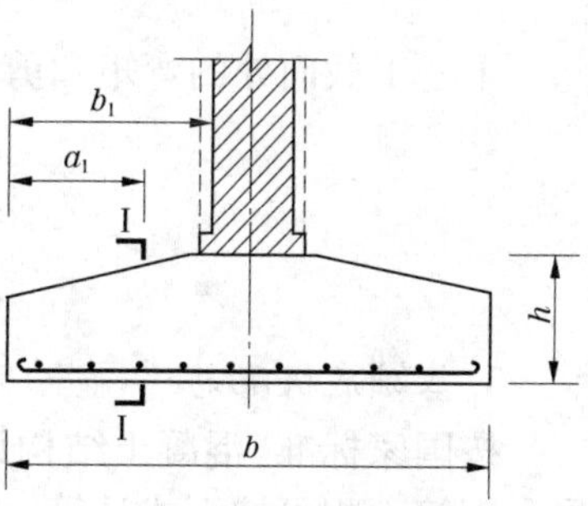

图 8-31 轴心荷载作用

$$M = \frac{1}{2}p_j a_1^2 \tag{8-20}$$

$$V = p_j a_1 \tag{8-21}$$

其最大弯矩截面的位置：当墙体材料为混凝土时，取 $a_1 = b_1$；当材料为砖墙且大放脚不超过 1/4 砖长时，取 $a_1 = b_1 + 1/4$ 砖长。

条形基础底板厚度的确定方法：

(1)根据经验，一般取为 $h = b/8$(b 为基础宽度)进行抗剪验算，即 $V \leqslant 0.7\beta_{hs}f_t b h_0$。

(2)根据剪力 V 值，按受剪承载力条件，求得条形基础的截面有效高度 h_0，即

$$h_0 \geqslant \frac{V}{0.7\beta_{hs}f_t b} \tag{8-22}$$

式中 b——条形基础常沿基础长边方向取 1 m；

f_t——混凝土轴心抗拉强度设计值，N/mm²；

β_{hs}——受剪承载力截面高度影响系数，$\beta_{hs} = (\frac{800}{h_0})^{\frac{1}{4}}$，当 h_0 小于 800 mm 时，取 800；h_0 大于 2 000 时，取 2 000 mm。

基础底板厚度，可以通过式(8-23)、式(8-24)确定并应符合以 50 mm 为模数的模数制。一般情况下，条形基础的受剪承载力都能满足要求。

设垫层时 $$h = h_0 + d/2 + 40 \tag{8-23}$$

不设垫层时 $$h = h_0 + d/2 + 70 \tag{8-24}$$

式中 d——受力钢筋的直径,mm。

2. 偏心荷载作用

基础在偏心荷载作用下,不仅承受竖向集中力,还承受力矩的作用。其基底净反力一般呈梯形分布,如图 8-32所示,计算基底偏心距。

$$e_0 = \frac{M}{F} \tag{8-25}$$

基底边缘处的最大和最小净反力

$$\begin{cases} p_{jmax} = \dfrac{F}{b}(1 + \dfrac{6e_0}{b}) \\ p_{jmin} = \dfrac{F}{b}(1 - \dfrac{6e_0}{b}) \end{cases} \tag{8-26}$$

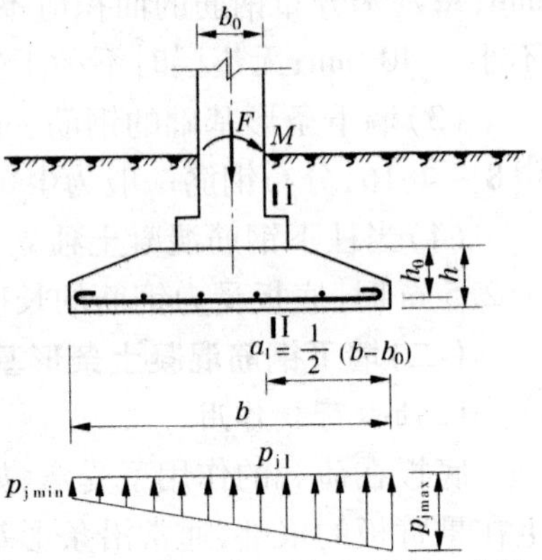

图 8-32 墙下条形基础受偏心荷载

悬臂支座处 I — I 截面的地基净反力为

$$p_{j1} = p_{jmin} + \frac{b - a_1}{b}(p_{jmax} - p_{jmin}) \tag{8-27}$$

I — I 截面处的弯矩和剪力分别为

$$\begin{cases} M = \dfrac{1}{4}(p_{jmax} + p_{j1})a_1^2 \\ V = \dfrac{1}{2}(p_{jmax} + p_{j1})a_1 \end{cases} \tag{8-28}$$

3. 基础底板配筋

按国家标准《混凝土结构设计规范》(GB 50010—2002)有关规定计算。基础底板内受力钢筋面积可按下式计算

$$A_s = \frac{M}{0.9f_y h_0} \tag{8-29}$$

式中 A_s——条形基础每米长基础底板受力钢筋截面面积,mm^2/m;

f_y——钢筋抗拉强度设计值,N/mm^2。

【例 8-6】 如图 8-33 所示,某住宅楼砖墙承重,底层墙厚 0.37 m,相应于荷载效应基本组合时作用基础顶面上的荷载 $F = 235$ kN/m,基础埋深 $d = 1.0$ m,已知条形基础宽度 $b = 2$ m,基础材料采用 C15 混凝土,$f_t = 0.91\ N/mm^2$;HPB235 级钢筋,$f_y = 210\ N/mm^2$。试确定墙下钢筋混凝土条形基础的底板厚度及配筋。

解 (1)计算地基净反力

$$p_j = \frac{F}{b} = \frac{235}{2} = 117.5(\text{kPa})$$

(2)计算基础悬臂部分最大内力

$$a_1 = (2 - 0.37)/2 = 0.815(\text{m})$$

$$M = \frac{1}{2}p_j a_1^2 = \frac{1}{2} \times 117.5 \times 0.815^2 = 39.02(\text{kN} \cdot \text{m})$$

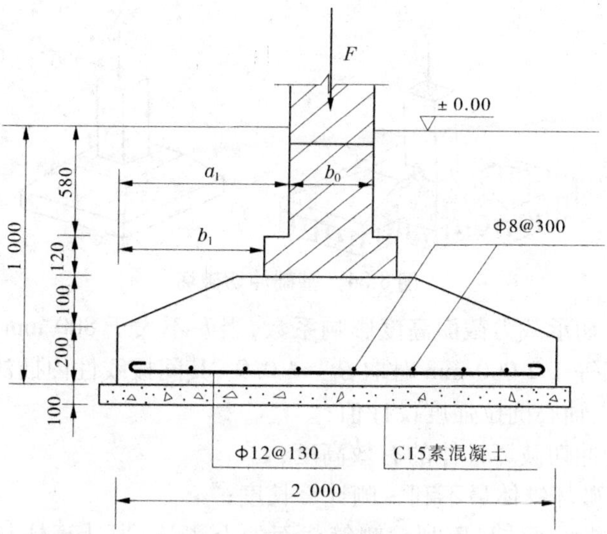

图 8-33　例 8-6 图

$$V = p_j a_1 = 117.5 \times 0.815 = 95.76(\text{kN})$$

(3) 初步确定基础底板厚度。按 $h = b/8$ 取值，然后进行抗剪验算。

$h = 2.0/8 = 0.25(\text{m})$ 取 $h = 0.3\ \text{m} = 300\ \text{mm}$，$h_0 = 300 - 40 - \frac{12}{2} = 254(\text{mm})$（受力钢筋选用Φ12）。

(4) 受剪承载力验算。

$0.7\beta_{hs} f_t b h_0 = 0.7 \times 1.0 \times 0.91 \times 1\,000 \times 254 = 161.8(\text{kN}) > V = 95.76\ \text{kN}$，满足要求。

(5) 基础底板配筋

$$A_s = \frac{M}{0.9 f_y h_0} = \frac{39.02 \times 10^6}{0.9 \times 254 \times 210} = 812.82(\text{mm}^2)$$

受力钢筋选用Φ12@130，分布钢筋选用Φ8@300，如图 8-33 所示。

四、柱下钢筋混凝土独立基础

（一）基础底板厚度

柱下钢筋混凝土单独基础的底板厚度主要由受冲切承载力确定。在柱轴心荷载作用下，如果基础底板厚度不足，将沿柱周边（或基础变阶处）产生冲切破坏，形成 45°斜裂面的锥体，如图 8-34 所示。为防止基础发生这种破坏，由冲切破坏锥体以外的地基净反力所产生的冲切力 F_l 应小于冲切面处混凝土的抗冲切能力。

对矩形截面柱的矩形基础，应验算柱与基础交接处及基础变阶处的受冲切承载力，受冲切承载力应按下列公式验算：

$$F_l \leqslant 0.7\beta_{hp} f_t a_m h_0 \tag{8-30}$$

$$a_m = (a_t + a_b)/2 \tag{8-31}$$

$$F_l = p_j A_l \tag{8-32}$$

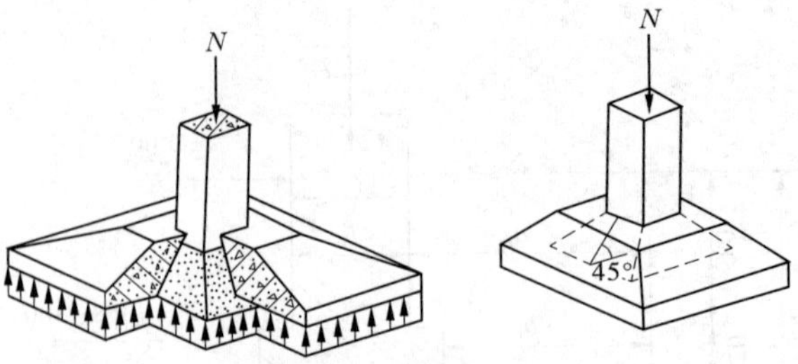

图 8-34　基础冲切破坏

式中　β_{hp}——受冲切承载力截面高度影响系数，当 h 不大于 800 mm 时取 $\beta_{hp}=1.0$，当 h 大于等于 2 000 mm 时取 $\beta_{hp}=0.9$，其间按线性内插法取用；

f_t——混凝土轴心抗拉强度设计值；

h_0——基础冲切破坏锥体的有效高度；

a_m——冲切破坏锥体最不利一侧计算长度；

a_t——冲切破坏锥体最不利一侧斜截面的上边长，当计算柱与基础交接处受冲切承载力时，取柱宽，当计算基础变阶处的受冲切承载力时，取上阶宽；

a_b——冲切破坏锥体最不利一侧斜截面在基础底面积范围内的下边长，当冲切破坏锥体的底面落在基础底面以内（如图 8-35（a）、（b）所示），计算柱与基础交接处的受冲切承载力时，取柱宽加两倍基础有效高度，当计算基础变阶处的受冲切承载力时，取上阶宽加两倍该处的基础有效高度，当冲切破坏锥体的底面在 l 方向落在基础底面以外，即 $a+2h_0 \geqslant l$ 时（如图 8-35（c）所示），取 $a_b=l$；

p_j——扣除基础自重及其上土重后相应于荷载效应基本组合时的地基土单位面积净反力，对偏心受压基础可取基础边缘处最大地基土单位面积净反力；

F_l——相应于荷载效应基本组合时作用在 A_l 上的地基土净反力设计值；

A_l——冲切验算时取用的部分底面积，图 8-35（a）、（b）中的阴影面积 $ABCDEF$，或

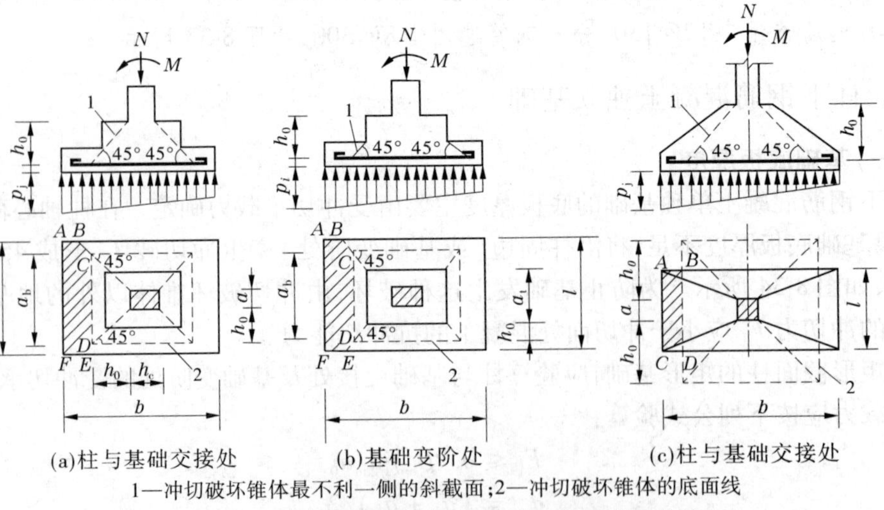

1—冲切破坏锥体最不利一侧的斜截面；2—冲切破坏锥体的底面线

图 8-35　计算阶梯形基础的受冲切承载力截面位置

图 8-35(c)中的阴影面积 $ABCD$;

h_c、a——柱截面的长度和宽度。

当 $l \geqslant a_t + 2h_0$ 时,如图 8-35(a)(b)所示

$$A_l = (b/2 - h_c/2 - h_0)l - (l/2 - a_t/2 - h_0)^2 \tag{8-33}$$

当 $l < a_t + 2h_0$ 时,如图 8-35(c)所示

$$A_l = (b/2 - h_c/2 - h_0)l \tag{8-34}$$

阶梯形基础,尚需验算变阶处的受冲切承载力,此时可将上阶底周边视为柱周边,用台阶的平面尺寸代替柱截面尺寸 $h_c \times a_t$,验算方法同前。当基础底面在45°冲切破坏线以内时,可不进行冲切验算。

(二)基础底板的配筋

基础底板的配筋,应按受弯承载力确定。柱下单独基础在轴心荷载或单向偏心荷载作用下,基础底板由于地基净反力的作用而沿柱周边向上弯曲,当弯曲应力超过基础受弯承载力时,基础底板将发生弯曲破坏。一般柱下单独基础的长短边尺寸较为接近,故基础底板为双向弯曲,其内力可采用简化的方法计算。即将单独基础的底板视为嵌固在柱子周边的梯形悬臂板,近似地将基底面积按对角线划分成四块梯形面积,计算截面取柱边或基础变阶处(阶梯形基础)。矩形基础沿基础长短两个方向的弯矩,等于梯形面积上的地基净反力的合力对柱边或基础变阶处截面的力矩。

对于矩形基础,如图 8-36 所示,当台阶的宽高比小于或等于 2.5 和偏心距小于或等于 1/6 基础宽度时,基础底板任意截面的弯矩可按下列公式计算。

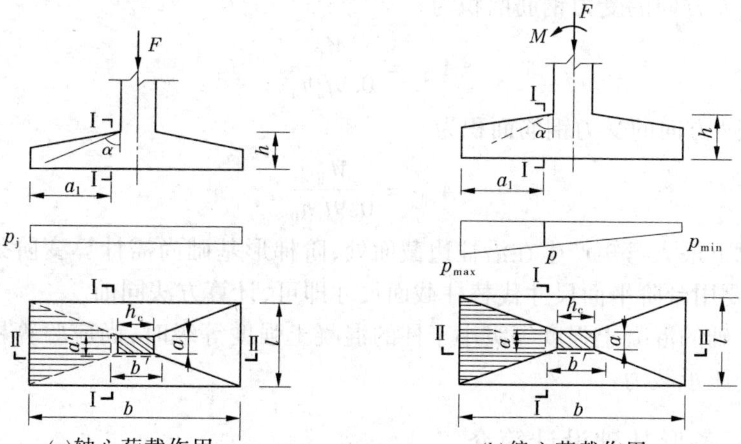

图 8-36 矩形基础底板配筋计算图

轴心荷载作用时,如图 8-36(a)所示。

Ⅰ—Ⅰ截面

$$M_{\mathrm{I}} = \frac{1}{6}a_1^2(2l + a')p_j = \frac{1}{24}(b - b')^2(2l + a')p_j \tag{8-35}$$

Ⅱ—Ⅱ截面

$$M_{\mathrm{II}} = \frac{1}{24}(l - a')^2(2b + b')p_j \tag{8-36}$$

偏心荷载作用时,如图 8-36(b)所示。

Ⅰ—Ⅰ截面

$$M_{Ⅰ}=\frac{1}{12}a_1^2\left[(2l+a')\left(p_{max}+p-\frac{2G}{A}\right)+(p_{max}-p)l\right] \tag{8-37}$$

Ⅱ—Ⅱ截面

$$M_{Ⅱ}=\frac{1}{48}(l-a')^2(2b+b')\left(p_{max}+p_{min}-\frac{2G}{A}\right) \tag{8-38}$$

式中 $M_{Ⅰ}$、$M_{Ⅱ}$——任意截面Ⅰ—Ⅰ、Ⅱ—Ⅱ处相应荷载效应基本组合时的弯矩设计值,kN·m;

a_1——任意截面Ⅰ—Ⅰ至基底边缘最大反力处的距离,m;

l、b——基础底面的边长,m;

p_{max}、p_{min}——相应于荷载效应基本组合时的基础底面边缘最大和最小地基反力设计值,kPa;

p——相应于荷载效应基本组合时在任意截面Ⅰ—Ⅰ处基础底面地基反力设计值,kPa;

G——考虑荷载分项系数的基础自重及其上的土重,当组合值由永久荷载控制时,$G=1.35G_k$,G_k 为基础及其上土的自重标准值;

a'——计算截面在锥顶的宽度;

b'——基础两侧计算截面之间的距离。

平行基底 b 方向的受力钢筋面积为

$$A_{sⅠ}=\frac{M_{Ⅰ}}{0.9f_yh_0} \tag{8-39}$$

平行基底 l 方向的受力钢筋面积为

$$A_{sⅡ}=\frac{M_{Ⅱ}}{0.9f_yh_0} \tag{8-40}$$

一般情况下最大弯矩产生在沿柱边截面处,阶梯形基础尚需计算变阶处的弯矩及其配筋,此时只要用台阶平面尺寸代替柱截面尺寸即可,计算方法同前。

当扩展基础的混凝土强度等级小于柱的混凝土强度等级时,尚应验算柱下扩展基础顶面的局部受压承载力。

五、柱下条形基础设计简介

当地基较软弱而建筑物荷载较大时,若采用柱下独立基础,基础底面积较大,易造成基础底面之间互相靠近或重叠;或地基土不均匀、各柱荷载相差较大需增强基础的整体性,防止过大的不均匀沉降时,可将同一排柱下独立基础连通,形成柱下条形基础,如图 8-37所示。柱下条形基础常在框架结构中采用,基础走向应结合柱网行列间距、荷载分布和地基情况进行选择,通常设在房屋的纵向。若荷载较大且土质较软弱时,为了增强基础的整体刚度,减小不均匀沉降,可在柱网下纵横方向均设置条形基础,形成柱下十字交叉基础,如图 8-8 所示。

(一)构造要求

柱下条形基础的构造除满足扩展基础的要求外,尚应符合下列规定:

(1)柱下条形基础梁的高度宜为柱距的 1/4 ~ 1/8,翼板厚度不应小于 200 mm。当翼板厚度大于 250 mm 时,宜采用变厚度翼板,其坡度宜小于或等于 1∶3。

(2)条形基础的端部宜向外伸出,其长度宜为第一跨距的 0.25 倍。

(3)现浇柱与条形基础梁的交接处,其平面尺寸不应小于图 8-38 的规定。

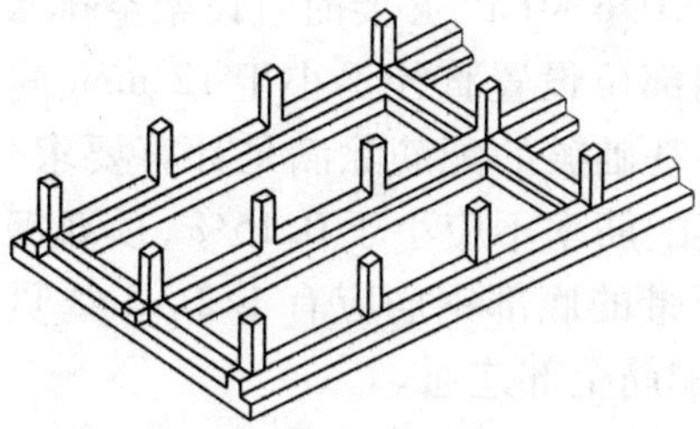

图 8-37 柱下条形基础

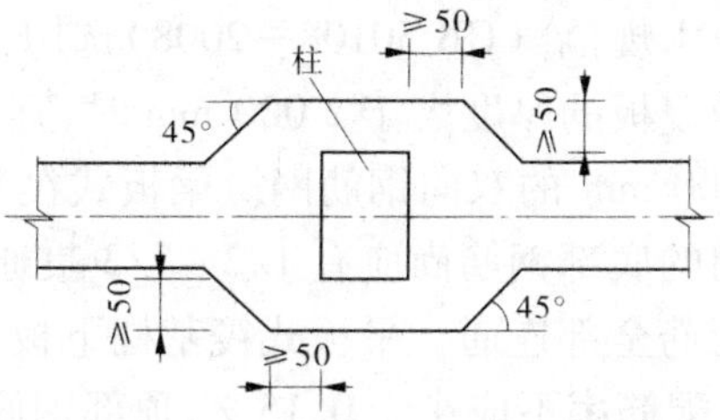

8-38 现浇柱与条形基础梁交接处平面尺寸

(4)条形基础梁顶部和底部的纵向受力钢筋除满足计算要求外,顶部钢筋按计算配筋全部贯通,底部通长钢筋不应少于底部受力钢筋截面总面积的 1/3。

(5) 柱下条形基础的混凝土强度等级不应低于 C20。

(二)计算要求

柱下条形基础由肋梁和翼板组成,其截面呈倒 T 形。肋梁的截面相对较大且配置一定数量的纵筋和腹筋,具有较强的抗弯及抗剪能力,能调整不均匀沉降;翼板的受力特点与墙下钢筋混凝土条形基础底板相似。

柱下条形基础的计算除计算基础底面积外还应符合下列规定:

(1)在比较均匀的地基上,上部结构刚度较好,荷载分布较均匀,且条形基础梁的高度不小于 1/6 柱距时,地基反力可按直线分布,条形基础梁的内力可按连续梁计算,此时边跨跨中弯矩及第一内支座的弯矩值宜乘以 1.2 的系数,当不满足上面的要求时,宜按弹性地基梁计算。

(2)对交叉条形基础,交点上的柱荷载,可按交叉梁的刚度或变形协调的要求进行分配,其内力可按上述规定分别进行计算。

(3)验算柱边缘处基础梁的受剪承载力。

(4)当存在扭矩时,尚应进行抗扭计算。

(5)当条形基础的混凝土强度等级小于柱的混凝土强度等级时,应验算柱下条形基础梁顶面的局部受压承载力。

六、筏形基础设计简介

筏形基础的平面尺寸应根据地基土的承载力、上部结构的布置及荷载分布等因素确定。单幢建筑物在地基土比较均匀的条件下,基底平面形心宜与结构竖向永久荷载重心重合;当不能重合时,在荷载效应准永久组合下偏心距 e 宜符合下式要求

$$e \leqslant 0.1 \frac{W}{A} \tag{8-41}$$

式中　W——与偏心距方向一致的基础底面边缘抵抗矩，m^3；

A——基底板面积，m^2。

确定筏形基底面积时同样要满足地基承载力要求。

筏形基础的混凝土强度等级不应低于C30，当有地下室时应采用防水混凝土，防水混凝土的抗渗等级应根据地下水的最大水头与防渗混凝土厚度的比值，按现行《地下工程防水技术规范》(GB 50108—2008)选用，但不应小于0.6 MPa，必要时宜设架空排水层。

当筏板的厚度大于2 000 mm时，宜在板厚中间部位设置直径不小于12 mm、间距不大于300 mm的双向钢筋网。梁板式筏基的底板和基础梁的配筋除满足计算要求外，纵横方向的底部钢筋尚应有1/2～1/3贯通全跨，且其配筋率不应小于0.15%，顶部钢筋按计算配筋全部连通。平板式筏基柱下板带和跨中板带的底部钢筋应有1/2～1/3贯通全跨，且配筋率不应小于0.15%，顶部钢筋应按计算配筋全部连通。

筏形基础通常采用刚性板方法或弹性板方法进行简化计算。

当地基土比较均匀，上部结构刚度较好，梁板式筏基梁的高跨比或平板式筏基板的厚跨比不小于1/6，且相邻柱荷载及柱间距的变化不超过20%时，筏形基础可仅考虑局部弯曲作用，可近似认为筏板相对于地基是绝对刚性的，可按刚性板方法计算，筏形基础的内力可按基底反力直线分布进行计算，计算时基底反力应扣除底板自重及其上填土的自重，当不满足上述要求时，筏基内力应按弹性地基梁板方法进行分析计算。

有抗震设防要求时，对无地下室且抗震等级为一、二级的框架结构、基础梁除满足抗震构造要求外，计算时尚应将柱根组合的弯矩设计值分别乘以1.5和1.25的增大系数。

对墙下筏形基础，由于上部结构刚度较大，可不考虑整体弯曲产生的内力，按倒楼盖计算，即按不同支承条件的单向板或双向板计算内力。但在端部第一、二开间内将地基反力增加10%～20%，按上下均匀配筋，对于压缩模量小于或等于4 MPa的地基，还应进行抗裂验算；对板厚大于1/6墙间距离的筏板，可沿纵横方向取单位长度的板带，按倒梁法计算。

对柱下无梁平板式筏形基础，可仿效无梁楼盖计算方法，分别在纵横柱列上截取宽度为相邻柱的跨中距离的板带，把板带看成各自独立的倒梁，忽略板带间的剪力，按倒梁法计算。

对柱下梁板式筏形基础，一般也按倒楼盖法计算内力，即筏板按单向或双向连续板计算，肋梁上的荷载按楼盖的规定进行划分计算，纵横肋梁按多跨连续倒梁计算。梁板式筏基底板除计算正截面受弯承载力外，其厚度尚应满足受冲切承载力受剪切承载力的要求，对12层以上建筑的梁板式筏基，其底板厚度与最大双向板格的短边净跨之比不应小于1/14，且板厚不应小于400 mm。

如果不满足刚性板条件，则为弹性板(即有限刚性板)。弹性板计算比较复杂，常用的方法有有限差分法、有限单元法或链杆法等。这里不作详细介绍。

七、箱形基础的设计简介

箱形基础是由顶板、底板、纵横外墙及一定数量的内隔墙构成的整体刚度较大的钢筋混凝土空间结构。它是高层建筑经常采用的一种基础形式。

箱形基础的埋深除满足地基承载力要求外,还要考虑满足稳定性要求,以防止建筑物整体倾斜和滑移。箱形基础的平面形状应力求简单对称,通常为矩形。基底平面形心宜与上部结构竖向永久荷载的重心重合。当不能重合时,在荷载效应准永久组合下,偏心距 e 宜符合式(8-41)的要求。

箱形基础的内外墙应沿上部结构柱网和剪力墙纵横均匀布置,墙体水平截面总面积不宜小于箱形基础外墙外包尺寸水平投影面积的1/10。对基础长宽比大于4的箱形基础,其纵墙水平截面面积不得小于箱形基础外墙外包尺寸水平投影面积的1/18 。

箱形基础的高度应满足结构承载力、整体刚度和使用功能的要求,其值不宜小于箱形基础长度(不包括底板悬挑部分)的1/20,且不宜小于3 m。

箱形基础的埋置深度应根据建筑物对地基承载力、基础倾覆及滑移稳定性、建筑物整体倾斜及抗震设防烈度等的要求确定,一般可取箱形基础的高度,在抗震设防区不宜小于建筑物高度的1/15。高层建筑应同结构单元内的箱形基础的埋置深度一致,不得采用箱形基础。

箱形基础顶底板及墙身的厚度应根据受力情况、整体刚度及防水要求确定,一般底板厚度不得小于300 mm,外墙厚度不应小于250 mm,内墙厚度不应小于200 mm,顶底板厚度应满足承载力验算的要求,底板尚应满足受冲切承载力的要求。

墙体内应设置双面钢筋,竖向钢筋和水平钢筋的直径不应小于10 mm,间距不应大于200 mm。除上部为剪力墙外,内外墙的墙顶处宜配置两根直径不小于20 mm的通长构造钢筋。

门洞宜设在柱间居中部位,洞边至上层柱中心的水平距离不宜小于1. 2 m,洞门上过梁的高度不宜小于层高的1/5,洞口面积不宜大于柱距与箱形基础全高乘积的1/6,墙体洞口四周应设置加强钢筋。

课题六　减轻不均匀沉降的措施

一、不均匀沉降产生的原因及危害

通常地基产生一些均匀沉降,对建筑物安全影响不大,可以预留沉降标高加以解决。但当地基不均匀沉降超过一定的限度时,可能使建筑物发生倾斜与墙体开裂等事故,影响正常使用并危及人身和财产安全。

(一)地基产生不均匀沉降的原因

(1)附加应力 σ_z 相差悬殊。如建筑物高低层交界处,上部荷载突变,将产生不均匀沉降。

(2)同一地基土层压缩层厚度相差悬殊,或软弱土层厚薄变化大。如苏州虎丘塔,因地基压缩层厚度两侧相差一倍多,导致塔身严重倾斜与开裂。

(3)地基土的压缩性相差悬殊。地基持力层水平方向软硬交界处,产生不均匀沉降。

（二）不均匀沉降引起墙体裂缝的形态

通常各类裂缝均由墙体薄弱处开展，常见于纵墙两端窗户边角处往外斜向延伸。凡建筑物的沉降中部大、两端小，形如∪，则墙体发生正向挠曲，产生正“八”字形裂缝；反之，若建筑物的沉降两端大、中间小，呈∩形，则墙体发生反向挠曲，产生倒“八”字形裂缝。

（三）减轻不均匀沉降危害的途径

采用桩基础或深基础、人工加固地基，采取建筑措施、结构措施及施工措施等，可减轻不均匀沉降危害。其中，前两种方法在后面的章节里具体介绍，本节仅介绍后三种最经济、简单易行的措施。

二、减轻不均匀沉降的建筑措施

（一）设计建筑物的体型力求简单

建筑物的体型，是就建筑物的平面与立面形状而言的。平面形状复杂的建筑物，如I形、T形、L形、E形等，在纵横单元交叉处基础密集，地基附加应力重叠，使地基沉降量增大。同时，此类建筑物整体性差，刚度不对称，在地基产生不均匀沉降时容易发生墙体开裂。因此，遇不良地基时，在满足使用的情况下设计可采用下列措施：

（1）平面形状简单的“一”字形。

（2）立面上，建筑物两个相邻单元高差不超过一层。

（3）建筑物的长高比宜控制在2.5～3.0。

（4）内外纵墙避免中断、转折，横墙间距减小，以增强整体刚度。

（二）设置沉降缝

沉降缝要求建筑物从屋顶檐口直到底部基础，把整幢建筑物竖向断开，分成几个独立的单元。每个单元建筑物的长高比小，整体刚度大，自成沉降体系。

沉降缝应设置在下列部位：

（1）建筑物平面转折处。

（2）建筑高度或荷载差异处。

（3）过长的砖石承重结构或钢筋混凝土框架结构的适当部位。

（4）建筑结构或基础类型不同处。

（5）地基土的压缩性有显著差异或地基基础处理方法不同处。

（6）分期建造房屋交界处。

沉降缝要有一定的宽度，沉降缝内不可填塞（寒冷地区为防寒可填以松软材料），缝宽以不影响相邻单元的沉降为准，特别应注意避免相邻单元相互倾斜时，在建筑物上方造成互相挤压损坏。工程中建筑物沉降缝宽度一般可按表8-12选用，沉降缝的做法如图8-39所示。高层建筑与裙房间的沉降缝处理如图8-40所示。

（三）调整建筑物有关标高

在高压缩性地基上，可用下列措施，防止大量沉降引起的危害：

（1）根据沉降计算结果，提高室内地坪和地下设施的标高。

（2）建筑物与设备之间，预留足够的净空。

表 8-12　房屋沉降缝的宽度

房屋层数	沉降缝宽度(mm)
2～3	50～80
4～5	80～120
>5	≥120

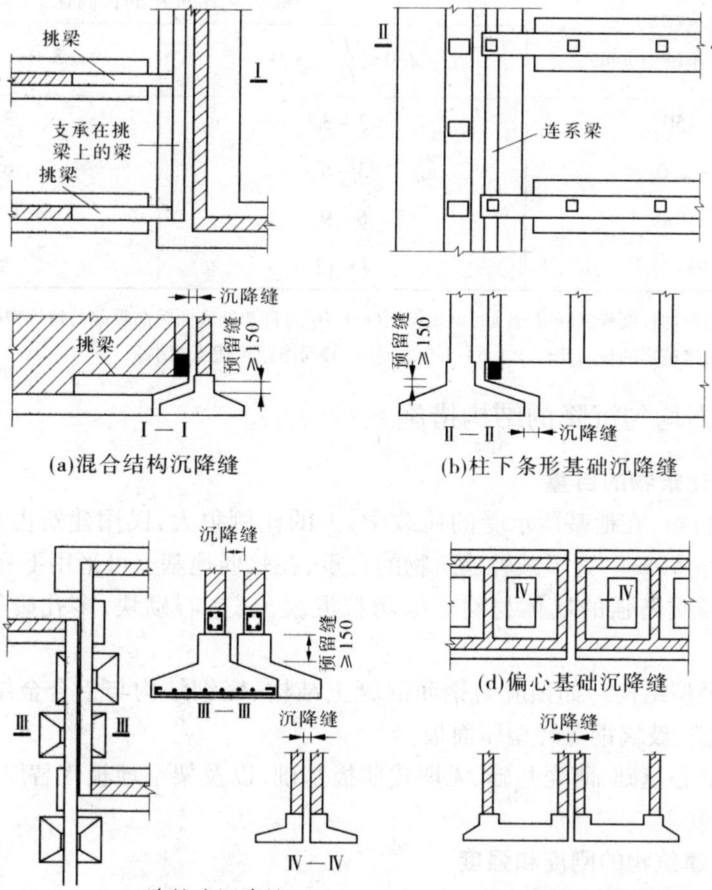

图 8-39　沉降缝的做法

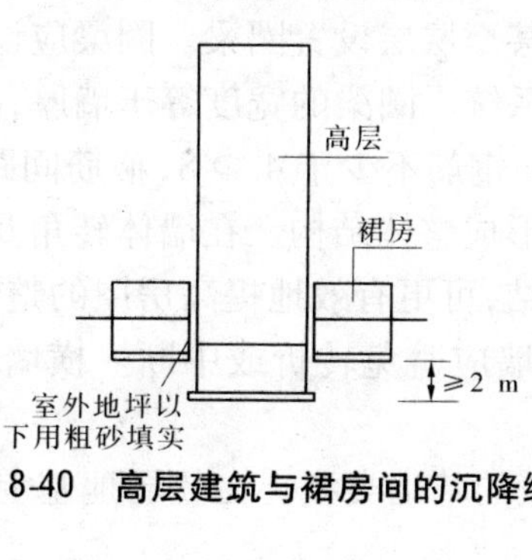

图 8-40　高层建筑与裙房间的沉降缝

(3)当管道穿过建筑物时,预留孔洞或采用柔性软接头。

(四)控制相邻建筑物的间距

为了防止相邻建筑物的附加应力扩散引起的地基不均匀沉降,造成建筑物的倾斜或裂缝,应控制相邻建筑物有一定的间距。相邻建筑物之间的净距见表8-13的规定。

表8-13 相邻建筑物之间的净距 (单位:m)

影响建筑物的预估平均沉降量 s(mm)	被影响建筑物的长高比	
	$2.0 \leqslant \frac{L}{H_f} < 3.0$	$3.0 \leqslant \frac{L}{H_f} < 5.0$
70 ~150	2~3	3~6
160 ~250	3~6	6~9
260 ~400	6~9	9~12
>400	9~12	≥12

注:1. 表中 L 为建筑物长度或沉降缝分隔的单元长度(m),H_f 为自基础底面标高算起的建筑物高度(m)。

2. 当被影响的建筑物的长高比介于1.5~2.0之间时,其间净距可适当减小。

三、减轻不均匀沉降的结构措施

(一)减轻建筑物的自重

建筑物的自重,在地基所承受的荷载中,占的比例很大,民用建筑占60%~70%,工业建筑占40%~50%。为了减轻建筑物的自重,在软弱地基上可采用下列措施:

(1)采用轻质高强的墙体材料。如陶粒混凝土、空心砌块、多孔砖等,以减轻墙体自重。

(2)选用轻型结构。如预应力钢筋混凝土结构、轻钢结构与铝合金结构。工业厂房屋盖板用瓦楞铁、玻璃钢等轻型屋面板。

(3)采用空心基础、薄壳基础、无埋式薄板基础,以及架空地板代替厚填土,可以大幅度减轻基础自重。

(二)增强建筑物的刚度和强度

(1)控制建筑物的长高比 $L/H < 2.5$。

(2)设置封闭圈梁和构造柱。圈梁设置在基础顶面、顶层门窗上方。地震裂度8度地区也每隔一层加一道圈梁,甚至层层设置圈梁。圈梁应设置在外墙、内纵墙和主要内横墙上,并宜在平面内连成封闭系统。圈梁的宽度等于墙厚,高度不小于120 mm,圈梁的混凝土强度等级不低于C15,纵向钢筋不少于4 Φ 8,箍筋间距不大于300 mm,每道圈梁的混凝土浇筑,必须连续完成以形成整体结构。在墙体转角及适当部位,设置现浇钢筋混凝土构造柱,并用锚筋与墙体拉结,可更有效地提高房屋的整体刚度和抗震能力。

(3)合理布设纵横墙。纵墙应避免转折或中断。横墙间距不宜过大,并与外墙互为连接,以加强整体刚度。

(4)采用整体性好、刚度大的基础类型。在软弱地基上,可视具体情况采用十字交叉基础、筏板基础甚至箱形基础。

(三)减小或调整基底的附加应力

(1)设置地下室。挖除地下室空间土体,可以补偿部分建筑物自重。

(2)改变基础底面尺寸,使不同荷载的基础沉降量接近。

(四)采用对不均匀沉降不敏感的结构

如单层厂房、仓库和其他公共建筑物,可采用柔性结构(如排架结构或三铰拱结构),当地基发生不均匀沉降时,不会因支座下沉对上部结构产生次应力。

四、减轻不均匀沉降的施工措施

(一)保持地基土的原状结构

黏性土通常具有一定的结构强度,尤其是高灵敏度土。基槽开挖施工时,应避免人来车往破坏地基持力层土的原状结构。必要时基槽开挖深度保留 200 mm 左右原土,待基础施工开始时再挖除。如地基土已被扰动,可先铺一层中粗砂,再铺卵石或块石压实处理。

(二)适当安排施工顺序

当建筑物各部分荷载差异大时,施工顺序安排应先盖高层、荷载重部分,后盖低层、荷载轻部分,这样可以调整部分沉降差。

另外,还要注意施工对周围已建建筑物的影响,不要在其周围堆放大量的物体,更不要对其地基或基础产生不利的影响。

练习题

1. 地基基础设计等级根据什么划分?划分为几个等级?

2. 地基基础设计时有何规定?

3. 天然地基浅基础有哪些结构类型?各具有什么特点?

4. 基础为何要有一定的埋深?如何确定基础的埋深?

5. 为何要验算软弱下卧层的强度?其具体要求是什么?

6. 消除或减轻不均匀沉降的危害,主要有哪些措施?

7. 某柱下单独基础底面积尺寸 $l \times b = 4\ \text{m} \times 2\ \text{m}$,上部结构传来的轴向力 $F_k = 1\ 000$ kN,基础埋深 $d = 1.5$ m,地基土为黏土(e、I_L 均小于 0.85),重度 $\gamma = 19\ \text{kN/m}^3$,地基承载力特征值 $f_{ak} = 190$ kPa,试求修正后的地基承载力特征值 f_a,并验算地基承载力是否满足要求?

8. 某综合住宅楼底层柱截面尺寸为 400 mm × 300 mm,已知柱传至室内设计标高处的荷载 $F_k = 980$ kN,$M_k = 130$ kN·m,地基土为黏土,$\gamma = 18.0\ \text{kN/m}^3$,$f_{ak} = 170$ kPa,承载力修正系数 $\eta_b = 0.3$、$\eta_d = 1.6$,基础埋深 $d = 1.1$ m,试确定基础底面积尺寸。

9. 某住宅砖墙承重,外墙厚 0.49 m,上部结构传来轴向力 $F_k = 210$ kN/m,基础埋深 $d = 1.8$ m,地基土为粉土,其重度 $\gamma = 19.0\ \text{kN/m}^3$,经修正后的地基承载力特征值 $f_a = 220$ kPa,基础材料采用毛石,砂浆采用 M5。试设计此墙下条形基础,并绘出基础剖面图。

单元九　桩基础与其他深基础

教学目标

熟悉桩基础的作用与基本类型，了解单桩竖向承载力特征值的计算以及桩基础的设计方法，了解其他深基础的施工工艺，会利用静载荷试验确定单桩竖向承载力，可对桩基础进行检测与验收，能根据实际工程评价桩基础的安全、经济和可行性。

重点难点

单桩承载力的确定方法，桩基础的设计要点和构造要求。

课题一　桩基础概述

一、桩基础的特点与适用条件

当浅层地基的强度和变形不能满足建筑物要求时，常采用深基础。常用的深基础有桩基础、沉井基础、沉箱基础和地下连续墙等。根据不同的建筑物要求及工程地质条件，择优选用合适的深基础形式。

（一）桩基础的特点

桩基础简称桩基，通常由桩体及连接桩顶的承台组成。在一般工业和民用建筑物中，承台底面位于地面以下的称为低桩承台，而在桥梁、码头、港口等构筑物中，一般承台底面要高于地面，称为高桩承台。桩基础形式如图 9-1 所示。

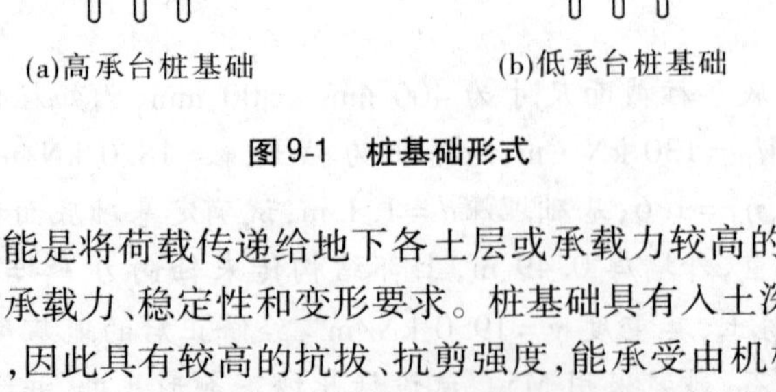

图 9-1　桩基础形式

桩基础的主要功能是将荷载传递给地下各土层或承载力较高的持力层，从而提供可以满足建筑物所需的承载力、稳定性和变形要求。桩基础具有入土深度深、桩身强度高以及结构性能好等优点，因此具有较高的抗拔、抗剪强度，能承受由机械或动荷载产生的震动或动力作用，在高层建筑或有特殊要求的建筑物基础中发挥其独特的优势。

（二）桩基础的适用条件

（1）建筑物荷载或建筑物的地面荷载过大，采用浅基础无法满足建筑物结构或功能的要求时，可采用桩基础。

（2）高耸建筑物或构筑物对限制倾斜有特殊要求时，可采用桩基础。

（3）因相邻建筑物基础沉降相互影响时，可采用桩基础。

（4）内设有大吨位吊车、精密仪器设备或大型生产线对变形有严格要求的重型工业厂房，可采用桩基础。

（5）在地震区，采用桩基础穿越可液化土层并进入较稳定密实的持力层，可消除或减轻液化对建筑物的危害。

（6）对于地层不均匀或地质条件复杂的场地，可采用桩基础，以消除地质条件对建筑物的不良影响。

二、桩基础的类型

桩基础可以根据承载力性状、成桩材料、桩的制作与施工工艺、桩与土的相互作用、桩身直径以及使用功能等进行分类。

（一）根据承载力性状分类

根据桩侧摩阻力和桩端阻力的大小及它们对荷载的分担比，将桩分为摩擦桩和端承桩两大类。

1. 摩擦桩

在极限承载力状态下，桩的承载力全部或主要是由桩侧摩阻力发挥的，称为摩擦桩。当桩的承载力主要由桩侧摩阻力发挥，并且桩端阻力也分担了一定比例的承载力时，称为端承摩擦桩。

2. 端承桩

在极限承载力状态下，桩的承载力全部或主要是由桩的端阻力发挥的，称为端承桩。当桩的承载力主要由桩端阻力发挥，并且桩侧摩阻力也分担了一定比例的承载力时，称为摩擦端承桩。

（二）根据成桩材料分类

根据成桩材料将桩分为钢筋混凝土桩、钢桩及其他材料桩。

1. 钢筋混凝土桩

钢筋混凝土桩是目前应用最广泛的桩型，具有桩身强度高、耐腐蚀性能好、价格较低等优点。钢筋混凝土桩可以分为钢筋混凝土灌注桩、预制桩、预应力管桩等。

2. 钢桩

钢桩主要有钢管桩和型钢桩。钢管桩主要由各种型号的无缝钢管制成，型钢桩常见有工字型钢桩和 H 型钢桩。钢桩桩身强度高，桩身表面积大，截面面积小，在沉桩过程中贯透力强且挤土效应小，对周边建筑物影响小。

3. 其他材料桩

其他材料桩主要有由两种或两种以上材料组成的组合材料桩（如无砂混凝土钢管桩），以及用于复合地基中的素混凝土桩、水泥（土）桩、砂桩、碎石桩、垃圾桩等。

(三)根据桩的制作与施工工艺分类

根据桩的制作与施工工艺可将桩分为静压桩、振动桩或锤击桩、钻孔灌注桩、沉管灌注桩、人工挖孔桩、冲扩桩等。其中,静压桩、振动桩或锤击桩主要将提前预制好的方形、圆形或三角形等实腹型桩和预应力管桩等空腹型桩以及钢桩等型桩压入或打入土中。

(四)根据桩与土的相互作用分类

1. 挤土桩

在成桩(孔)过程中,不将土取出,而是将土挤开,使桩周围的土受到挤密作用,以提高地基承载力,称为挤土桩,如静压桩、沉管灌注桩等。

2. 部分挤土桩

在成桩过程中,只是部分取土或部分挤密时,称为部分挤土桩。这类桩主要有预钻孔打入或压入预制桩、打入式敞口桩等。

3. 非挤土桩

在成桩过程中,将与桩体积相同的土挖出,因而桩周围的土很少被挤密或扰动,称为非挤土桩。这类桩主要是各种形式的钻孔桩、挖孔桩。

(五)根据桩身直径分类

1. 小直径桩

小直径桩是指桩身直径 $d \leqslant 250$ mm 的桩,一般用于基础加固、复合边坡或基础等。

2. 中等直径桩

中等直径桩是指桩身直径 250 mm $< d <$ 800 mm 的桩,用于一般工业和民用建筑物基础。

3. 大直径桩

大直径桩是指桩身直径 $d \geqslant 800$ mm 的桩,多用于大型工业厂房独立基础、高层建筑和桥梁基础等。

(六)根据使用功能分类

当上部建筑结构完工后,承台下的桩不但要承受上部结构传递下来的竖向荷载,还要承受由于风荷载、震动荷载、坡地地基等引起的水平力和抗拔力。因此,根据桩在使用状态下的抗力性能和工作机理,把桩分为竖向抗压桩、竖向抗拔桩、水平抗剪桩和复合受力桩四类。竖向抗压桩是指主要承受竖向荷载的桩。竖向抗拔桩是指主要承受竖向上拔荷载的桩。水平抗剪桩是指主要承受水平方向上荷载的桩。复合受力桩是指承受竖向、水平向荷载均较大的桩。

三、桩和桩基础构造

桩和桩基础构造应符合以下要求:

(1)摩擦型桩的中心距不宜小于桩身直径的 3 倍,扩底灌注桩的中心距不宜小于扩底直径的 1.5 倍(见表 9-1)。当扩底直径大于 2 m 时,桩端净距不宜小于 1 m。在确定桩距时,应考虑施工工艺中挤土效应对邻近桩的影响。

表 9-1　桩的最小中心距

土类与成桩工艺		排数≥3 排且桩数≥9 根的摩擦型桩基	其他情况
非挤土和部分挤土灌注桩		$3.0d$	$2.5d$
挤土灌注桩	穿越非饱和土	$3.5d$	$3.0d$
	穿越饱和软土	$4.0d$	$3.5d$
挤土预制桩		$3.5d$	$3.0d$
打入式敞口管桩和 H 型钢桩		$3.5d$	$3.0d$
钻孔、挖孔扩底灌注桩		$1.5D$ 或 $D+1$ m(当 $D>2$ m 时)	
沉管扩底灌注桩		$2.0D$	

注：d 为桩身设计直径；D 为扩大端设计直径。

(2)扩底灌注桩的扩底直径不应大于桩身直径的 3 倍。

(3)桩底进入持力层的深度宜为桩身直径的 1～3 倍。在确定桩底进入持力层的深度时，还应考虑特殊地质条件、荷载特征及施工工艺等影响。嵌岩桩进入完整和较完整的未风化、微风化、中风化硬质岩体的最小深度不宜小于 0.5 m。

(4)布置桩位时宜使桩基础承载力的合力作用点与竖向荷载标准组合合力作用点重合。

(5)预制桩的混凝土强度等级不应低于 C30，灌注桩的混凝土强度等级不应低于 C20，预应力桩的混凝土强度等级不应低于 C40。

(6)桩的主筋率应经过计算确定。打入式预制桩的最小配筋率不宜小于 0.8%，静压预制桩的最小配筋率不宜小于 0.6%，灌注桩的最小配筋率不宜小于 0.2%～0.65%(小直径桩取大值)。

(7)灌注桩的主筋配筋长度应满足：

①受水平荷载和弯矩较大的桩，配筋长度应根据计算确定；

②桩基承台下存在淤泥、淤泥质土或液化土层时，配筋长度应穿过淤泥、淤泥质土或液化土层；

③坡地岸边的桩、8 度及 8 度以上的地震区的桩、抗拔桩、嵌岩端承桩应通长配筋；

④桩径大于 600 mm 的钻孔灌注桩，构造钢筋的长度不宜小于桩长的 2/3。

(8)桩顶嵌入承台内的长度不宜小于 50 mm。对于 HRB235 级钢筋，主筋伸入承台内的锚固长度不宜小于钢筋直径的 30 倍；对于 HRB335 级和 HRB400 级钢筋，主筋伸入承台内的锚固长度不宜小于钢筋直径的 35 倍；对于抗拔桩，主筋伸入承台内的锚固长度不宜小于钢筋直径的 40 倍。当采用一柱一桩时，可设置桩与柱钢筋直接连接。

(9)承台及地下室周围的回填土应满足密实性要求。

课题二　桩的承载力

一、单桩竖向承载力

在外荷载作用下，桩基础破坏大致可分为两类：①桩体材料的强度不足，发生桩身被压碎而丧失承载力的破坏；②地基土对桩支承能力不足而引起的破坏。通常，桩的承载力由地基土对桩的支承能力控制，桩身材料的强度得不到充分发挥。对于端承桩、超长桩或桩身有缺陷的桩，桩身材料的强度就起着控制作用。另外，对沉降有特殊要求的结构，桩的承载力受沉降量的控制。

单桩竖向承载力特征值的确定应符合下列规定：

(1)单桩竖向承载力特征值应通过单桩竖向静载荷试验确定。在同一条件下的试桩数量，不宜少于总桩数的1%，且不应少于3根。当桩端持力层为密实砂卵石或其他承载力类似的土层时，对于单桩承载力很高的大直径端承型桩，可采用深层平板载荷试验确定桩端土的承载力特征值。

(2)地基基础设计等级为丙级的建筑物，可采用静力触探及标准贯入试验参数确定承载力特征值。

(3)初步设计时，单桩竖向承载力特征值可根据相关公式估算。

(一)静载荷试验

1. 试验目的

在工程现场实际工程地质条件下，用与设计采用的工程桩规格尺寸完全相同的试桩进行静载荷试验，直至加载破坏，确定单桩竖向极限承载力，并进一步计算出单桩竖向承载力特征值。为节省工程造价，也可利用工程桩作为试桩，但不能进行破坏性试验，可以确定单桩竖向承载力特征值。

2. 试验准备

(1)在工地选择有代表性的位置，先施工与工程桩相同设计的试桩。在桩顶距离施工面层差距不大时，为方便试桩施工与检测，也可将试桩桩顶标高上移，确定承载力时减去多余桩身产生的承载力。

(2)根据工程的规模、试桩的尺寸、地质情况、设计采用的单桩竖向承载力及经费情况确定加载装置。

(3)筹备组装加载与沉降的量测仪表。

(4)从成桩到试桩需间歇的时间，在桩身强度达到设计要求的前提下：对于砂类土中的桩，不应少于10 d；对于粉土和一般性黏土中的桩，不应少于15 d；对于淤泥或淤泥质土中的桩，不应少于25 d。通过时间间歇以消散成桩时产生的孔隙水压力和消除触变效应等影响，以反映真实的端承力与桩侧摩擦力的大小。

3. 试验加载装置

一般采用油压千斤顶加载，千斤顶反力装置常用下列形式：

(1)锚桩横梁反力装置，见图9-2(a)。试桩与两端锚桩的中心距不小于4倍桩径，且不小于2.0 m。如果采用工程桩作为锚桩，应通长配筋并适当加大配筋率，锚桩数量不得少于4根，并应检测试验过程中锚桩的上拔量。

(2)压重平台反力装置，见图9-2(b)。压重平台支墩边到试桩的净距不应小于4倍桩径，并大于2.0 m，压重量不得小于预计试桩极限荷载的1.2倍。

(3)锚桩压重联合反力装置。当试桩最大加载量超过锚桩的抗拔能力时，可在横梁上放置一定重物，由锚桩和重物共同承担反力。

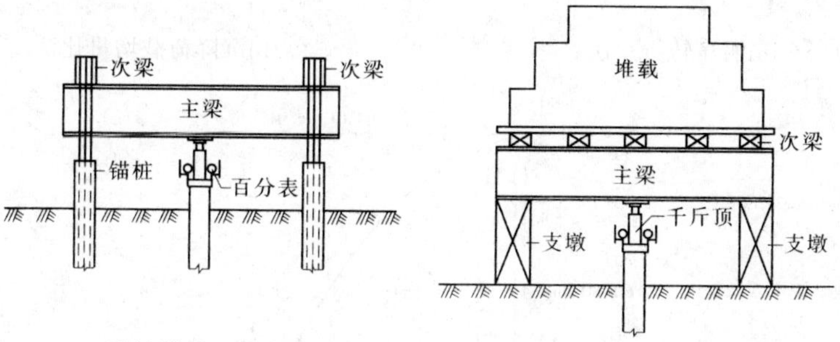

(a)锚桩横梁反力装置　　(b)压重平台反力装置

图9-2　单桩静载荷试验装置

4. 荷载与沉降的量测

桩顶荷载及沉降量的量测方法有：

(1)在千斤顶上安置应力环和应变式压力传感器直接测定，或采用连于千斤顶上的压力表测定油压，根据千斤顶率定曲线换算荷载。

(2)试桩沉降量测一般采用百分表或电子位移计。对于大直径桩，应在其2个正交直径方向对称安装4个百分表；中小直径桩径可安装2~3个百分表。

5. 静载荷试验要点

(1)加载采用慢速维持荷载法，即逐级加载。加荷分级不应小于8级，每级加载量为预估极限荷载的1/8~1/10。

(2)测读桩沉降量的间隔时间：每级加载后，第5 min、10 min、15 min时各测读一次，以后每隔15 min读一次，累计1 h后每隔30 min读一次。

(3)沉降相对稳定标准：在每级荷载下，桩的沉降量连续2次在每小时内小于0.1 mm时可视为稳定。

(4)符合下列条件之一时可终止加载：

①荷载—沉降($Q \sim s$)曲线上有可判定极限承载力的陡降段，且桩顶总沉降量超过40 mm，如图9-3(a)所示。

②$\frac{\Delta s_{n+1}}{\Delta s_n} \geq 2$，$\Delta s_n$为第$n$级荷载的沉降增量，$\Delta s_{n+1}$为第$n+1$级荷载的沉降增量，且经

24 h 尚未达到稳定，如图 9-3(b)所示。

③25 m 以上的嵌岩桩，曲线为缓变型时，桩顶总沉降量不小于 60 ~ 80 mm，如图 9-3(c)所示。

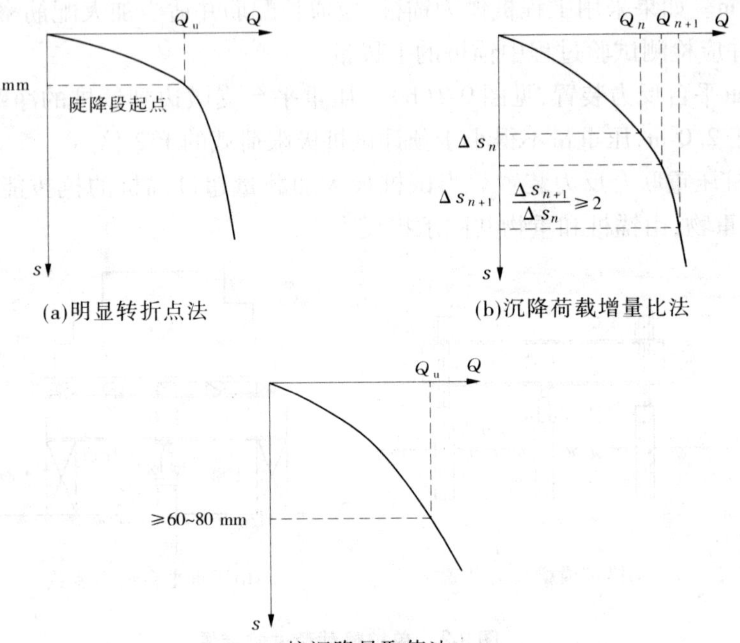

图 9-3　由 $Q \sim s$ 曲线确定极限承载力 Q_u

④特殊条件下，可根据具体要求加载加至桩顶总沉降量大于 100 mm。

⑤底支承在坚硬岩(土)层上，桩的沉降量很小时，最大加载量不应小于设计荷载的 2 倍。

⑥卸载观测的规定：每级卸载值为加载值的 2 倍。卸载后隔 15 min 测读一次，读 2 次后，隔 30 min 再读一次，即可卸下一级荷载。全部卸载后，隔 3 ~4 h 再测读一次。

6. 竖向极限承载力的确定

单桩竖向极限承载力按下列方法确定：

(1)作荷载—沉降($Q \sim s$)曲线和其他辅助分析所需的曲线。

(2)当陡降段明显时，取相应于陡降段起点的荷载值。

(3)当$\frac{\Delta s_{n+1}}{\Delta s} \geqslant 2$，且经 24 h 尚未达到稳定时，取前一级荷载值。

(4)$Q \sim s$ 曲线呈缓变型时，取桩顶总沉降量 $s = 40$ mm 所对应的荷载值，当桩长大于 40 m 时，应考虑桩身的弹性压缩。

(5)当按上述方法判断有困难时，结合其他辅助分析方法综合判定，对桩基沉降有特殊要求者，应根据具体情况选取。

7. 竖向承载力特征值的确定

参加统计的试桩：当满足其极差不超过平均值的 30% 时，可取其平均值作为单桩竖向极限承载力；当极差超过平均值的 30% 时，宜增加试桩数量并分析极差过大的原因，结合工程具体情况确定极限承载力。

对桩数为 3 根及 3 根以下的柱下承台，取最小值作为单桩竖向承载力极限值。

将单桩竖向极限承载力极限值除以安全系数 2，即得单桩竖向承载力特征值 R_a。

(二)静力触探法

静力触探法依据单桥探头和双桥探头而分为两种。本书仅以双桥探头为例进行简要说明。

根据双桥探头静力触探资料确定混凝土预制桩单桩竖向极限承载力标准值时，对于黏性土、粉土和砂土，当无当地经验时可按下式计算

$$Q_{uk} = u\sum l_i\beta_i f_{si} + \alpha q_c A_P \tag{9-1}$$

式中 f_{si}——桩侧第 i 层土的探头摩阻力平均值，当其值小于 5 kPa 时，可取为 5 kPa；

q_c——桩端平面上、下探头的阻力平均值，取桩端平面以上 $4d$（d 为桩的直径或边长）范围内按土层厚度加权的探头阻力平均值，然后与桩端平面以下 $1d$ 范围内的探头阻力进行平均；

u——桩身周长；

l_i——第 i 层岩土的厚度；

α——桩端阻力修正系数，黏性土、粉土取 0.67，饱和砂土取 0.5；

β_i——第 i 层土桩侧摩阻力综合修正系数，对于黏性土、粉土，$\beta_i = 10.04(f_{si})^{-0.55}$，对于砂土，$\beta_i = 5.05(f_{si})^{-0.45}$；

A_P——桩底端横截面面积。

双桥探头的圆锥底面积为 115 cm^2，锥角 60°，摩擦套筒高 21.85 cm，侧面积 300 cm^2。

(三)按公式估算

静力学公式是根据桩侧摩阻力、桩端阻力与土层的物理力学状态指标的经验关系来确定单桩竖向承载力的。这种方法可用于初估单桩承载力特征值及桩数。

(1)按单桩极限承载力确定单桩承载力特征值。

先建立土层的物理力学状态指标与桩极限侧摩阻力、极限桩端力的经验关系为

$$Q_{uk} = Q_{sk} + Q_{pk} = u_P\sum q_{sik} l_i + q_{pk} A_P \tag{9-2}$$

式中 Q_{uk}——单桩竖向极限承载力标准值；

q_{sik}——桩侧第 i 层土的极限侧阻力标准值，若无当地经验值，可按表 9-2 取值；

q_{pk}——极限桩端阻力标准值，若无当地经验值，可按表 9-3 取值；

A_P——桩底端横截面面积；

u_P——桩身周边长度；

l_i——第 i 层岩土的厚度。

单桩承载力特征值 R_a 可按下式求得

$$R_a = Q_{uk}/k \tag{9-3}$$

式中 k 的值一般可取2.0。

表9-2 桩的极限侧阻力标准值 q_{sik} （单位:kPa）

土的名称	土的状态	混凝土预制桩	水下钻(冲)孔桩	沉管灌注桩	干作业钻孔桩
填土		20~28	18~26	15~22	18~26
淤泥		11~17	10~16	9~13	10~16
淤泥质土		20~28	18~26	15~22	18~26
黏性土	$I_L > 1$	21~36	20~34	16~28	20~34
	$0.75 < I_L \leqslant 1$	36~50	34~48	28~40	34~48
	$0.50 < I_L \leqslant 0.75$	50~66	48~64	40~52	48~62
	$0.25 < I_L \leqslant 0.50$	66~82	64~78	52~63	62~76
	$0 < I_L \leqslant 0.25$	82~91	78~88	63~72	76~86
	$I_L \leqslant 0$	91~101	88~98	72~80	86~96
红黏土	$0.70 < d_w \leqslant 1$	13~32	12~30	10~25	12~30
	$0.50 < d_w \leqslant 0.70$	32~74	30~70	25~68	30~70
粉土	$e > 0.90$	22~42	22~40	16~32	20~40
	$0.75 \leqslant e \leqslant 0.90$	42~64	40~60	32~50	40~60
	$e < 0.75$	64~85	60~80	50~67	60~80
粉细砂	稍密	22~42	22~40	16~32	20~40
	中密	42~63	40~60	32~50	40~60
	密实	63~85	60~80	50~67	60~80
中砂	中密	54~74	50~72	42~58	50~70
	密实	74~95	72~90	58~75	70~90
粗砂	中密	74~95	74~95	58~75	70~90
	密实	95~116	95~116	75~92	90~110
砾砂	中密、密实	116~138	116~135	92~110	110~130

注:1. 对于尚未完成自重固结的填土和以生活垃圾为主的杂填土,不计算其侧阻力。

2. α_w 为含水比, $\alpha_w = \omega/\omega_L$。

3. 对于预制桩,根据土层埋深 h,将 q_{sik} 乘以表9-4中的修正系数。

表 9-3　桩的极限端阻力标准值 q_{pk}

（单位：kPa）

土名称	土的状态	预制桩入土深度				水下钻(冲)孔桩入土深度				沉管灌注桩入土深度				干作业钻孔桩入土深度		
		$h \leq 9$ m	9 m $< h \leq 16$ m	16 m $< h \leq 30$ m	$h >$ 30 m	5 m	10 m	15 m	>30 m	5 m	10 m	15 m	>15 m	5 m	10 m	15 m
黏性土	$0.75 < I_L \leq 1$	210 ~ 840	630 ~ 1 300	1 100 ~ 1 700	1 300 ~ 1 900	100 ~ 150	150 ~ 250	250 ~ 300	300 ~ 450	400 ~ 600	600 ~ 750	750 ~ 1 000	1 000 ~ 1 400	200 ~ 400	400 ~ 700	700 ~ 950
	$0.5 < I_L \leq 0.75$	840 ~ 1 700	1 500 ~ 2 100	1 890 ~ 2 500	2 300 ~ 3 200	200 ~ 300	350 ~ 450	450 ~ 550	550 ~ 750	670 ~ 1 100	1 200 ~ 1 500	1 500 ~ 1 800	1 800 ~ 2 000	420 ~ 630	740 ~ 950	950 ~ 1 200
	$0.25 < I_L \leq 0.5$	1 500 ~ 2 300	2 300 ~ 3 000	2 700 ~ 3 600	3 600 ~ 4 400	400 ~ 500	700 ~ 800	800 ~ 900	900 ~ 1 000	1 300 ~ 2 200	2 300 ~ 2 700	2 700 ~ 3 000	3 000 ~ 3 500	850 ~ 1 100	1 500 ~ 1 700	1 700 ~ 1 900
	$0 < I_L \leq 0.25$	2 500 ~ 3 800	3 800 ~ 5 100	5 100 ~ 5 900	5 900 ~ 6 800	750 ~ 850	1 000 ~ 1 200	1 200 ~ 1 400	1 400 ~ 1 600	2 500 ~ 2 900	3 500 ~ 3 900	4 000 ~ 4 500	4 200 ~ 5 000	1 600 ~ 1 800	2 200 ~ 2 400	2 600 ~ 2 800
粉土	$0.75 < e \leq 0.90$	840 ~ 1 700	1 300 ~ 2 100	1 900 ~ 2 700	2 500 ~ 3 400	250 ~ 350	300 ~ 500	450 ~ 650	650 ~ 850	1 200 ~ 1 600	1 600 ~ 1 800	1 800 ~ 2 100	2 100 ~ 2 600	600 ~ 1 000	1 000 ~ 1 400	1 400 ~ 1 600
	$e \leq 0.75$	1 500 ~ 2 300	2 100 ~ 3 000	2 700 ~ 3 600	3 600 ~ 4 400	550 ~ 800	650 ~ 900	750 ~ 1 000	850 ~ 1 000	1 800 ~ 2 200	2 200 ~ 2 500	2 500 ~ 3 000	3 000 ~ 3 500	1 200 ~ 1 700	1 400 ~ 1 900	1 600 ~ 2 100
粉砂	稍密	800 ~ 1 600	1 500 ~ 2 100	1 900 ~ 2 500	2 100 ~ 3 000	200 ~ 400	350 ~ 500	450 ~ 600	600 ~ 700	800 ~ 1 300	1 300 ~ 1 800	1 800 ~ 2 000	2 000 ~ 2 400	500 ~ 900	1 000 ~ 1 400	1 500 ~ 1 700
	中密、密实	1 400 ~ 2 200	2 100 ~ 3 000	3 000 ~ 3 800	3 800 ~ 4 600	400 ~ 500	700 ~ 800	800 ~ 900	900 ~ 1 100	1 300 ~ 1 700	1 800 ~ 2 400	2 400 ~ 2 800	2 800 ~ 3 600	850 ~ 1 000	1 500 ~ 1 700	1 700 ~ 1 900
细砂	中密、密实	2 500 ~ 3 800	3 600 ~ 4 800	4 400 ~ 5 700	5 300 ~ 6 500	550 ~ 650	900 ~ 1 000	1 000 ~ 1 200	1 200 ~ 1 500	1 800 ~ 2 200	3 000 ~ 3 400	3 500 ~ 3 900	4 000 ~ 4 900	1 200 ~ 1 400	1 900 ~ 2 100	2 200 ~ 2 400
中砂		3 600 ~ 5 100	5 100 ~ 6 300	6 300 ~ 7 200	7 000 ~ 8 000	850 ~ 950	1 300 ~ 1 400	1 600 ~ 1 700	1 700 ~ 1 900	2 800 ~ 3 200	4 400 ~ 5 000	5 200 ~ 5 500	5 500 ~ 7 000	1 800 ~ 2 000	2 800 ~ 3 000	3 300 ~ 3 500
粗砂		5 700 ~ 7 400	7 400 ~ 8 400	8 400 ~ 9 500	9 500 ~ 10 300	1 400 ~ 1 500	2 000 ~ 2 200	2 300 ~ 2 400	2 300 ~ 2 500	4 500 ~ 5 000	6 700 ~ 7 200	7 700 ~ 8 200	8 400 ~ 9 000	2 900 ~ 3 200	4 200 ~ 4 600	4 900 ~ 5 200
砾砂	中密、密实	6 300 ~ 10 500				1 500 ~ 2 500				5 000 ~ 8 400				3 200 ~ 5 300		
角砾		7 400 ~ 11 600				1 800 ~ 2 800				5 900 ~ 9 200						
圆砾碎石		8 400 ~ 12 700				2 000 ~ 3 000				6 700 ~ 10 000						

注：1. 砂土和碎石土中桩的极限端阻力取值，要综合考虑土的密实度、桩端进入持力层的深度比 h_b/d，土愈密实，h_b/d 愈大，取值愈大。
2. 表中沉管灌注桩是指带预制桩尖沉管灌注桩。

表 9-4　预制桩 q_{sik} 的修正系数

土层埋深(m)	≤5	10	20	≥30
修正系数	0.8	1.0	1.1	1.2

(2)直接建立土层的物理力学状态指标与单桩承载力特征值的关系，初步设计时单桩竖向承载力特征值可按下式估算

$$R_a = q_{pa}A_P + u_P\sum q_{sia}l_i \tag{9-4}$$

式中　R_a——单桩竖向承载力特征值；

q_{pa}，q_{sia}——桩端阻力、桩侧阻力特征值，由当地静载荷试验结果统计分析算得；

A_P——桩底端横截面面积；

u_P——桩身周边长度；

l_i——第 i 层岩土的厚度。

当桩端嵌入完整及较完整的硬质岩中时，可按下式估算单桩竖向承载力特征值

$$R_a = q_{pa}A_P \tag{9-5}$$

式中　q_{pa}——桩端岩石承载力特征值。

(四)桩身材料验算

根据桩身结构强度确定单桩竖向承载力，将桩视为一轴向受压构件，按《混凝土结构设计规范》(GB 50010—2002)或《钢结构设计规范》(GB 50017—2003)进行计算。钢筋混凝土桩的竖向抗压承载力设计值可按下式计算

$$Q = \varphi(f_cA + f_yA_s) \tag{9-6}$$

式中　Q——相应于荷载效应基本组合时的单桩竖向承载力设计值；

f_c——桩身混凝土轴心抗压设计强度，考虑预制桩运输及沉桩的影响，灌注桩成孔及水下浇筑混凝土质量情况，设计应按规范规定的强度值作适当折减；

f_y——钢筋抗压强度设计值；

A——桩身断面面积；

A_s——桩身纵筋断面面积。

φ——桩纵向弯曲系数，对于低承台桩除极软土层中桩长与桩径之比很大或深厚可液化土层内的桩外，一般取 $\varphi = 1.0$，对于高承台桩，一般可取 $\varphi = 0.25 \sim 1.0$。

混凝土桩的承载力尚应满足桩身混凝土强度的要求。计算中应按桩的类型和成桩工艺的不同将混凝土的轴心抗压强度设计值乘以工作条件系数 ψ_c，桩轴心受压时，桩身强度应符合下式要求

$$Q \leqslant A_pf_c\psi_c \tag{9-7}$$

式中　Q——相应于荷载效应基本组合时的单桩竖向承载力设计值；

f_c——混凝土轴心抗压强度设计值，按现行《混凝土结构设计规范》(GB 50010—2002)取值；

A_P——桩身横截面面积；

ψ_c——工作条件系数，预制桩取0.75，灌注桩取0.6~0.7(水下灌注桩或长桩时用低值)。

【例9-1】 某建筑场地，根据拟建工程地质勘察报告，有关土的物理力学性质指标如表9-5所示。拟采用静压管桩基础，管桩为型号400 (60)型。选择第④层黏土层作为持力层，桩端进入持力层深度为2.0 m，桩顶的承台厚度为1.0 m，承台顶距地表1.0 m。试计算单桩竖向承载力特征值。

表9-5 土的物理力学性质指标

土层号	土层名称	厚度(m)	γ(kN/m^3)	ω(%)	e	I_P	I_L	E_s(MPa)
①	回填土	0.5	18.0					
②	粉土	1.5	19.0	26.2	0.8	9.0	0.6	8.5
③	粉质黏土	9.0	19.6	38.0	0.78	15.3	0.75	10.5
④	黏土	7.0	20.8	17.5	0.5	20.0	0.46	13

解 计算单桩极限承载力标准值。

根据公式 $Q_{uk}=Q_{sk}+Q_{pk}=u_P\sum q_{sik}l_i+q_{pk}A_P$，由已知条件有

$$u_P = 3.14\times 0.4 = 1.256(\mathrm{m})$$

$$A_P = 3.14\times 0.2^2 = 0.125\,6(\mathrm{m}^2)$$

因桩顶的承台厚度为1.0 m，承台顶距地表1.0 m，则桩顶深度为地面下2.0 m。所以，有效桩身范围内在第③层和第④层中的长度分别为 $l_3=9.0$ m 和 $l_4=2.0$ m。

对于混凝土预制桩，当粉质黏土的 $I_L=0.75$ 时，取 $q_{s3k}=50$ kPa；当黏土的 $I_L=0.46$ 时，取 $q_{s4k}=80$ kPa，$q_{pk}=2\,400$ kPa，则有

$$\begin{aligned}Q_{uk} &= 1.256\times(50\times 9.0+80\times 2.0)+2\,400\times 0.125\,6\\ &= 766.16+301.44\\ &= 1\,067.6(\mathrm{kN})\end{aligned}$$

可求得单桩竖向承载力特征值为

$$R_a = Q_{uk}/k = 1\,067.6/2 = 533.8(\mathrm{kN})$$

二、单桩水平承载力

根据桩的入土深度、桩土相对软硬程度以及桩受力分析方法，桩可分为长桩、中长桩与短桩三种类型。其中，短桩属于刚性桩，而长桩及中长桩属于弹性桩。

作用于桩基上的水平荷载主要有挡土结构物上的土压力、水压力、拱结构拱脚水平推力、厂房吊车制动力、风力及水平地震惯性力等。水平荷载作用下桩身的水平位移按刚性桩与弹性桩考虑有较大差别，当地基土比较松软而桩长较小时，桩的相对抗弯刚度大，故桩体如刚性体一样绕某一深度点转动，如图9-4(a)所示。当桩前方土体受到桩侧水平挤压应力作用而达到屈服破坏时，桩体的侧向变形迅速增大甚至倾覆，失去承载作用。弹性桩的受力变形情况如图9-4(b)所示，桩的入土深度较大而桩周土比较硬，桩身产生弹性挠曲变形。随着水平荷载的增加，桩侧土的屈服由上向下发展，但不会出现全范围内的屈

服。当水平位移过大时，可因桩体开裂而造成破坏。

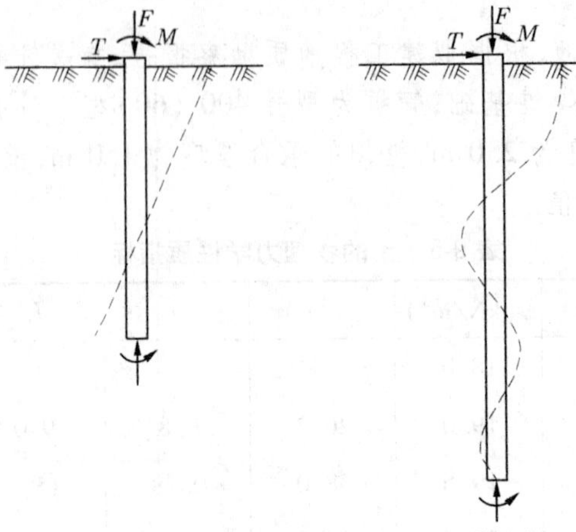

(a)刚性桩　　(b)弹性桩

图 9-4　单桩水平受力与变形情况

影响桩水平承载力的因素较多，如桩身材料、截面尺寸与刚度、入土深度、土质条件及桩顶约束条件等。单桩极限水平承载力特征值应满足两个方面的条件：①桩侧土不因水平位移过大而造成塑性挤出，丧失对桩的水平约束作用，故桩的水平位移应较小，使桩长范围内大部分桩侧土处于弹性变形阶段；②对于桩身而言，或不允许开裂或限制开裂宽度并在卸载后裂缝闭合，使桩身处于弹性工作状态。

桩的水平承载力一般通过水平静载荷试验确定。根据预先埋设的测量元件，可以准确反映出加荷过程中桩身各截面的内力和位移，进而确定桩的水平承载力和地基土水平抗力系数。此外，也可采用理论方法估算。根据桩顶的水平位移容许值或材料强度、抗裂度验算等确定水平承载力。

三、单桩抗拔承载力

桩基础承受上拔力的结构类型较多，主要有高压线塔、高耸建筑物（如电视塔等）、受地下水浮力的地下结构物（如地下室、水池、深井泵房、车库等）、水平荷载作用下出现上拔力的结构物以及膨胀土地基上建筑物等。

桩基础的抗拔承载力主要取决于以下三个方面的因素：桩侧摩阻力、桩身自重以及有扩大端头桩的桩端阻力。对无扩底桩或直桩来讲，桩侧摩阻力和桩身自重是主要抗拔力。抗拔桩多采用通长或变量配筋。抗拔桩一般以抗拔静载试验确定单桩抗拔承载力，重要工程均应进行现场抗拔试验。对次要工程或无条件进行抗拔试验时，实用上可按经验公式估算单桩抗拔承载力。

四、桩的负摩阻力

桩顶在竖向荷载的作用下，桩身相对于桩侧土体向下位移时，桩周土对桩身表面产生的向上的作用力称为正摩阻力。但是，当桩周土体因某些原因下沉且下沉量大于桩的沉降量时，土体对桩产生向下作用的摩阻力称为负摩阻力。产生负摩阻力的情况有以下几种：

（1）桩周欠固结的软黏土或新填土在重力作用下产生固结；

（2）由于地下水位的下降，致使软黏土内有效应力增加而引起土体沉降；

（3）自重湿陷性黄土浸水后产生湿陷；

（4）地面因打桩或压桩时孔隙水压力剧增而隆起，其后因孔隙水压力消散而固结沉降等。

桩侧负摩阻力的存在不但会减小桩的承载力，而且相当于另加了一个外荷载，必须在设计时加以考虑。

五、群桩竖向承载力

（一）群桩的特点

当单桩承载力不能满足建筑物结构传递的荷载要求时，通常由多根桩组成群桩共同承受上部荷载，而群桩的承载力小于多根单桩承载力和的现象称为群桩效应。

群桩效应产生的原因主要是桩间距小，桩周摩擦力不能充分发挥作用，同时在桩端产生应力叠加，致使群桩作用时每根桩不能完全发挥其承载力，由此产生群桩的承载力小于多根单桩承载力和。图 9-5（a）显示单桩受力情况，图 9-5（b）显示群桩桩周摩阻力及端阻力叠加现象。

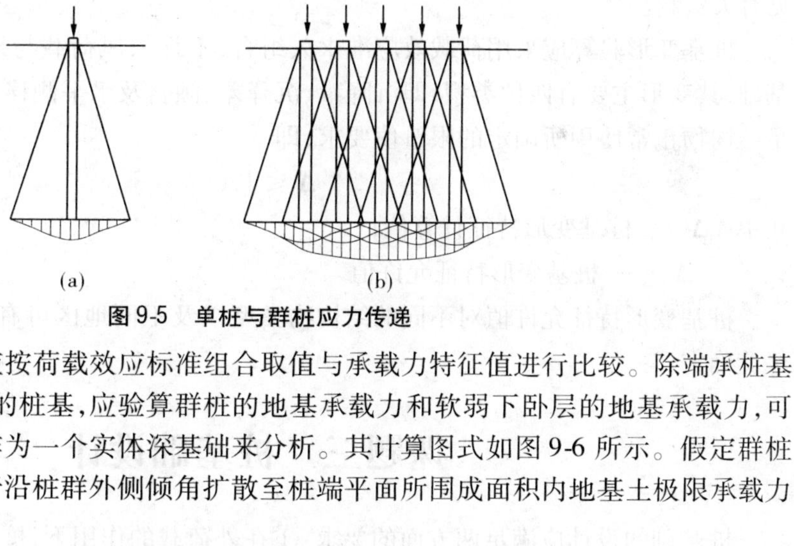

图 9-5　单桩与群桩应力传递

群桩承载力验算应按荷载效应标准组合取值与承载力特征值进行比较。除端承桩基外，对于群桩效应较强的桩基，应验算群桩的地基承载力和软弱下卧层的地基承载力，可把桩群连同所围土体作为一个实体深基础来分析。其计算图式如图 9-6 所示。假定群桩基础的极限承载力等于沿桩群外侧倾角扩散至桩端平面所围成面积内地基土极限承载力的总和。

在中心竖直荷载作用时，按下式计算桩底土的地基强度

$$p_{l+h} = \gamma(l+h) + \frac{N_k + G_k + W_k}{ab} \leqslant f_{az} \tag{9-8}$$

式中　p_{l+h}——桩端平面处地基土的总压力值；

l、h——桩长、承台的埋置深度；

N_k——相应于荷载效应标准组合时，作用于桩基承台的竖向总荷载；

G_k——桩承台的超重（指超过同体积土重部分）；

W_k——桩体的超重（指超过被其取代的土重部分）；

f_{az}——桩端持力层顶面处经深度修正后的地基承载力特征值；

a、b——桩端平面计算受力面积的边长，$a=a_0+2l\tan\frac{\varphi}{4}$，$b=b_0+2l\tan\frac{\varphi}{4}$，$\varphi$ 为桩端平面以上各土层内摩擦角的平均值。

在计算时，地下水位以下应扣除浮力，若桩端持力层为不透水层，则不应扣除浮力。

（二）桩基软弱下卧层验算

当桩端持力层下存在软弱下卧层时，必须验算其强度是否满足。此时，桩基作为实体深基础，假设作用于桩基的竖向荷载全部传到持力层顶面并作用于桩群外包线所围的面积上，该荷载以 α 角扩散到软弱下卧层顶面，对软弱下卧层顶面处的承载能力进行验算。

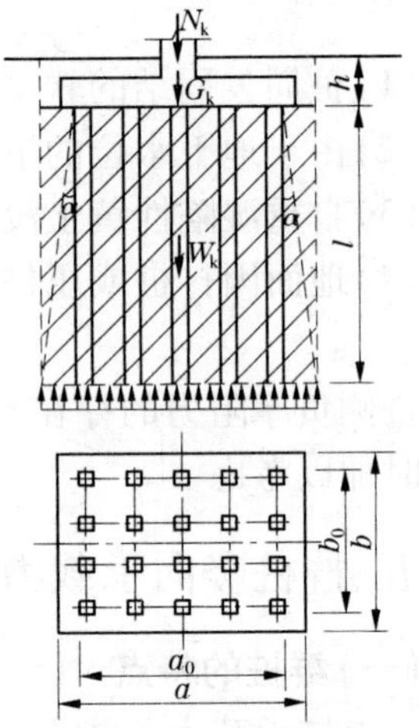

图 9-6　群桩基础地基强度验算

（三）群桩沉降的计算及变形验算

现有群桩沉降计算方法主要有以下两类：①实体深基础法；②明德林－盖得斯法。详见有关资料。

桩基变形验算应采用荷载效应准永久组合，不计入风荷载与地震作用。对于各种桩基础，其变形主要有四种类型，即沉降量、沉降差、倾斜及水平侧移。这些变形特征均应满足结构物正常使用所确定的限量值要求，即

$$\Delta \leqslant [\Delta] \tag{9-9}$$

式中　Δ——桩基变形特征计算值；

$[\Delta]$——桩基变形特征允许值。

桩基变形特征允许值对不同的结构物类型以及不同地区可有差异，应按地区或行业经验确定。

课题三　桩基础设计

桩基础的设计应满足两方面的要求：①在外荷载的作用下，桩与地基之间的相互作用能保证有足够的竖向（抗拔或抗压）或水平承载力；②桩基的沉降（或沉降差）、水平位移及桩身挠曲在容许范围内。同时，还应考虑技术和经济上的合理性与可能性。一般桩基础设计按下列步骤进行：调查研究、收集相关的设计资料；根据工程地质勘探资料、荷载、上部结构的条件要求等确定桩基持力层；选定桩材、桩型、尺寸，确定基本构造；计算并确定单桩承载力；根据上部结构及荷载情况，初拟桩的平面布置和数量；根据桩的平面布置拟定承台尺寸和底面高程；桩基础验算；桩身、承台结构设计；绘制桩基（桩和承台）的结构施工图。

一、设计资料的收集

在进行桩基设计之前，应进行深入的调查研究，充分掌握相关的原始资料，包括：①建筑物上部结构的类型、尺寸、构造和使用要求，以及上部结构的荷载；②符合国家现行规范规定的工程地质勘探报告和现场勘察资料；③当地建筑材料的供应及施工条件（包括沉桩机具、施工方法、施工经验等）；④施工场地及周围环境（包括交通、进出场条件、有无对振动敏感的建筑物、有无噪声限制等）。

二、桩型、断面尺寸及桩长的选择

（一）桩型的选择

桩型的选择应综合考虑上部结构荷载的大小及性质、工程地质条件、施工条件等多方面因素，选择经济合理、安全适用的桩型和成桩工艺，充分利用各桩型的特点来适应建筑物的安全、经济及工期等方面的要求。

（二）断面尺寸的选择

若采用混凝土灌注桩，断面均为圆形，其直径一般随成桩工艺有较大变化。对于沉管灌注桩，直径一般为 300 ~ 500 mm；对于钻孔灌注桩，直径多为 500 ~ 1 200 mm；对于扩底钻孔灌注桩，扩底直径一般为桩身直径的 1.5 ~ 2 倍。混凝土预制桩断面常用方形，边长一般不超过 550 mm。

（三）桩长的选择

桩长的选择与桩的材料、施工工艺等因素有关，但关键在于选择桩端持力层。一般应选择较硬土层作为桩端持力层。桩端全截面进入持力层的深度：对于黏性土、粉土，不宜小于 $2d$；对于砂土，不宜小于 $1.5d$；对于碎石类土，不宜小于 $1d$。当存在软弱下卧层时，桩基以下硬持力层厚度不宜小于 $4d$。嵌岩桩周边嵌入微风化或中等风化岩体的最小深度为 0.5 m，桩底以下 3 倍桩径范围内应无软弱夹层、断裂带、洞穴或空隙，在桩端应力扩散的范围内无岩体临空现象。摩擦桩桩长的确定与桩基的承载力和沉降量有关，因此在确定桩长时，应综合考虑桩基的承载力和沉降量。桩的实际长度应包括桩尖及嵌入承台的长度。桩端下土层的厚度对保证桩端提供可靠的承载力有重要意义。桩端下坚硬土层的厚度一般不宜小于 5 倍桩径。

在选择桩长时，还应该注意对同一建筑物尽量采用同一类型的桩，尤其不应同时使用端承桩和摩擦桩。除落于斜岩面上的端承桩外，桩端标高之差不宜超过相邻桩的中心距；对于摩擦型桩，在相同土层中桩端标高之差不宜超过桩长的 1/10。

对于楼层高、荷载大的建筑物，宜采用大直径桩，尤其是大直径人工挖孔桩较为经济实用。

若已选择的桩长不能满足承载力或变形等方面的要求，可考虑适当调整桩的长度，必要时需调整桩型、断面尺寸及成桩工艺等。

三、确定单桩承载力

根据结构物对桩功能要求及荷载特性，需明确单桩承载力的类型，如抗压、抗拔及水平受荷等，并根据确定承载力的具体方法及有关规范要求给出单桩承载力特征值。按照上部结构和使用功能的要求可以确定承台底面的埋深，而桩的持力层和入土深度已经选定，于是桩的有效长度便确定了。根据桩周与桩底土层情况，即可利用经验方法或静力触探资料初步估算单桩承载力。对于重要的或用桩量很大的工程，应按规范规定通过一定数量的静载试验确定单桩承载力，作为设计的依据。

四、桩的数量计算及桩的平面布置

（一）桩的数量计算

对于承受竖向中心荷载的桩基，可按下式计算桩数 n

$$n \geqslant \frac{F_k + G_k}{R_a} \tag{9-10}$$

式中 F_k——相应于荷载效应标准组合时，作用于桩基承台顶面的竖向力；

G_k——桩基承台自重及承台上土自重标准值；

R_a——单桩竖向承载力特征值；

n——桩基中的桩数。

对于承受竖向偏心荷载的桩基，各桩受力不均匀，先按式（9-11）估算桩数，待桩布置完以后，再根据实际荷载（复合荷载）确定受力最大的桩并验算其竖向承载力，最后确定桩数。

$$n \geqslant \mu \frac{F_k + G_k}{R_a} \tag{9-11}$$

式中 μ——桩基偏心增大系数，通常取 1.1～1.2。

其他符号意义同前。

（二）桩的平面布置

1. 桩的中心距

通常，桩的中心距宜取（3～4）d（d 为桩径），且不小于表 9-1 的有关要求。中心距过小，桩施工时互相影响大；中心距过大，桩承台尺寸太大，不经济。

2. 桩的平面布置

根据桩基的受力情况，桩可采用多种形式的平面布置，如等间距布置、不等间距布置，以及正方形、矩形、三角形、梅花形等布置形式。布置时，应尽量使上部荷载的中心与桩群的中心重合或接近，以使桩基中各桩受力比较均匀。对于柱基，通常布置成梅花形或行列式；对于条形基础，通常布置成一字形，小型工程布置一排桩，大中型工程布置两排桩；对于烟囱、水塔基础，通常布置成圆环形。桩边离桩承台边缘的净距应不小于 $d/2$。

五、桩基础验算

（一）单桩受力验算

（1）轴心竖向力作用下，可用下式进行验算

$$Q_k = \frac{F_k + G_k}{n} \leqslant R_a \tag{9-12}$$

式中　F_k——相应于荷载效应标准组合时，作用于桩基承台顶面的竖向力；

G_k——桩基承台自重及承台上土自重标准值；

n——桩基中的桩数；

Q_k——相应于荷载效应标准组合轴心竖向力作用下任一单桩的竖向力；

R_a——单桩竖向承载力特征值。

（2）偏心竖向力作用下，各桩桩顶轴压力为

$$Q_{ik} = \frac{F_k + G_k}{n} \pm \frac{M_{xk} y_i}{\sum y_i^2} \pm \frac{M_{yk} x_i}{\sum x_i^2} \tag{9-13}$$

式中　Q_{ik}——相应于荷载效应标准组合偏心竖向力作用下第 i 根桩的竖向力；

M_{xk}、M_{yk}——相应于荷载效应标准组合时作用于承台底面通过桩群形心轴 x、y 轴的力矩；

x_i、y_i——第 i 根桩至桩群形心轴 y、x 轴线的距离。

在 Q_{ik} 中最大值 Q_{ikmax} 应满足下式

$$Q_{ikmax} \leqslant 1.2R_a \tag{9-14}$$

若不能满足式(9-14)的要求，则需重新确定桩的数量 n，并进行验算，直至满足要求。

在一般情况下，Q_{ik} 中的最小值 Q_{ikmin} 若为拉力，则有

$$Q_{ikmin} \leqslant T_a \tag{9-15}$$

式中　T_a——单桩抗拔承载力特征值。

（3）桩基承受水平荷载时，桩基中各桩桩顶水平位移相等，故各桩桩顶所受水平荷载可按各桩弯曲刚度进行分配。当桩材料与断面面积相同时，应满足下式要求

$$H_{ik} = \frac{H_k}{n} \leqslant R_{ha} \tag{9-16}$$

式中　H_k——相应于荷载效应标准组合时作用于承台底面的水平力；

H_{ik}——相应于荷载效应标准组合时作用于任一单桩的水平力；

R_{ha}——单桩水平承载力特征值。

（二）桩基软弱下卧层承载力验算

当桩基的持力层下存在软弱下卧层，尤其是桩基的平面尺寸较大、桩基持力层厚度相对较薄时，应考虑桩端平面下受力层范围内的较软弱下卧层发生强度破坏的可能性。对于桩距 $s \leqslant 6d$ 的非端承群桩基础，以及 $s > 6d$ 但各单桩桩端冲切锥体扩散线在持力层中相互重叠的非端承群桩基础，需要验算软弱下卧层承载力。桩基软弱下卧层承载力验算常将桩与桩间土的整体视为实体深基础，按与浅基础软弱下卧层承载力验算方法相同的方法进行验算。

（三）桩基础沉降量验算

对于地基基础设计等级为甲级的建筑物桩基，体型复杂、荷载不均匀或桩端下存在软弱下卧层的设计等级为乙级的建筑物桩基，以及摩擦型桩基，应进行沉降验算。根据《建筑地基基础设计规范》（GB 50007—2002）推荐，对于桩距不大于 $6d$ 的桩基，可不考虑桩间土的压缩变形对沉降的影响，采用实体深基础单向压缩分层总和法计算桩基础的最终沉降量。

六、桩身结构设计

（一）混凝土强度

桩身混凝土强度应满足桩的承载力设计要求。桩轴心受压时，桩身强度应符合下式的要求

$$Q \leqslant A_P f_c \psi_c \tag{9-17}$$

式中 Q——相应于荷载效应基本组合时的单桩竖向力设计值，kN；

A_P——桩身横截面面积，m^2；

f_c——混凝土轴心抗压强度设计值，kPa；

ψ_c——工作条件系数，预制桩取 0.75，灌注桩取 0.6 ~ 0.7（水下灌注桩或长桩时用低值）。

当偏心受压时，应对受拉区进行配筋验算。

（二）钢筋混凝土预制桩

预制桩设计时应分析桩在吊运、沉桩和承载各阶段的受力状况并验算桩身内力，按偏心受压柱或按受弯构件进行配筋。一般设 4 根（截面边长 $a \leqslant 300$ mm）或 8 根（截面边长 $a = 350 \sim 550$ mm）主筋，主筋直径为 12 ~ 25 mm。配筋率一般为 1% 左右，最小不得低于 0.8%。箍筋直径为 6 ~ 8 mm，间距不大于 200 mm。桩身混凝土的强度等级一般不低于 C30。

桩在吊运过程中的受力状态与梁相同。一般按两支点（桩长 $L \leqslant 18$ m 时）或三支点（桩长 $L > 18$ m 时）起吊和运输。在打桩架下竖起时，按一点吊立，吊点的位置应使桩身在自重下产生的正负弯矩相等。按受弯构件计算，考虑到在吊运过程中可能受到的冲撞和振动影响，应采用动力系数 K，一般取 $K = 1.5$。按吊运过程中引起的内力对上述配筋进行验算，通常情况下其对桩的配筋起决定作用。

打入桩在沉桩过程中产生的锤击应力（压、拉）和冲击疲劳容易使桩顶附近产生裂损，故应加强构造配筋，在桩顶 2 500 ~ 3 000 mm 范围内将箍筋加密（间距 50 ~ 100 mm），并且在桩顶放置三层钢筋网片。在桩尖附近应加密箍筋，并将主筋集中焊在一根粗的圆钢上形成坚固的尖端以利破土下沉。

（三）灌注桩

灌注桩的结构设计主要考虑承载力条件。灌注桩的混凝土强度等级一般不得低于 C15（水下灌注时，混凝土强度等级不得低于 C20）。

灌注桩按偏心受压柱或受弯构件计算，若经计算表明桩身混凝土强度满足要求，则桩身可不配受压钢筋，只需在桩顶设置插入承台的构造钢筋。轴心受压桩主筋的最小配筋率不宜小于 0.2%，受弯时不宜小于 0.4%。当桩周上部土层软弱或为可液化土层时，主筋长度应超过该土层底面。抗拔桩应全长配筋。

桩顶嵌入承台的长度：对于大直径桩，不宜小于 100 mm；对于中等直径桩，不宜小于 50 mm。混凝土桩的桩顶主筋应伸入承台内，其锚固长度不宜小于钢筋直径（HPB235 级钢筋）的 30 倍或钢筋直径（HRB335 级钢筋和 HRB400 级钢筋）的 35 倍，对于抗拔桩基不应小于钢筋直径的 40 倍。

灌注桩的混凝土保护层厚度不宜小于 40 mm，水下浇筑时不得小于 50 mm。箍筋宜采用螺旋箍筋，直径不小于 6 mm，间距为 200 ~ 300 mm，桩顶部位箍筋应加密为间距 100 mm。每隔 2 m 设一道加劲内箍筋。钢管内放置钢筋笼时，箍筋宜设在主筋内侧，其外径至少应比钢管内径小 50 mm；采用导管浇灌水下混凝土时，箍筋应放在钢筋笼外，钢筋笼内径应比混凝土导管接头的外径大 100 mm 以上，其外径应比钻孔直径小 100 mm 以上。

七、承台设计

承台设计应包括确定承台的形状、尺寸、高度及配筋等，必须进行局部受压、受剪和受弯承载力的验算，并应符合构造要求。

（一）承台的作用

（1）把多根桩连接成整体，共同承受上部荷载。

（2）把上部结构荷载通过承台传递至各桩的顶部。

（3）承台为现浇钢筋混凝土结构，相当于一个浅基础，因此承台本身具有类似于浅基础的承载能力，即桩基承台效应。

（二）构造要求

桩承台的宽度不应小于 500 mm。边桩中心至承台边缘的距离不宜小于桩的直径或边长，且桩的外缘至承台边缘的距离不应小于 150 mm。对于条形承台梁，桩的外边缘至承台梁边缘的距离不应小于 75 mm。承台的最小厚度不应小于 300 mm。

承台的配筋：对于矩形承台，其钢筋应按双向均匀通长布置，如图 9-7（a）所示，钢筋直径不宜小于 10 mm，间距不宜大于 200 mm；对于三桩承台，钢筋应按三向板带均匀布置，且最里面的 3 根钢筋围成的三角形应在柱截面范围内，如图 9-7（b）所示；承台梁的主筋除满足计算要求外，尚应符合最小配筋率的要求，主筋直径不宜小于 12 mm，架立筋不宜小于 10 mm，箍筋直径不宜小于 6 mm，如图 9-7（c）所示。

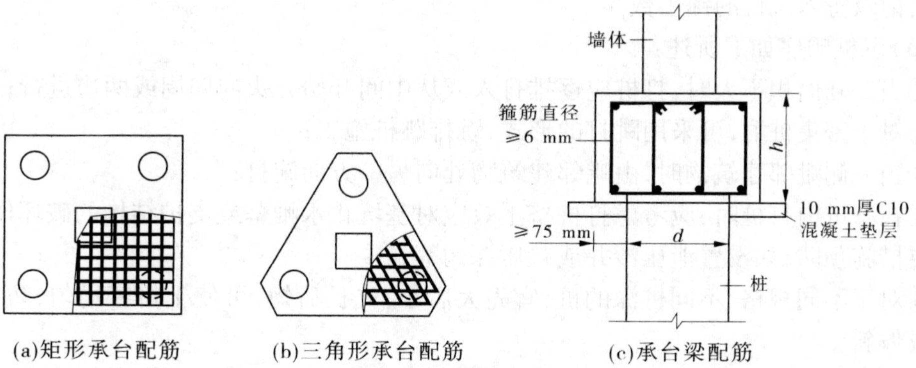

(a)矩形承台配筋　(b)三角形承台配筋　(c)承台梁配筋

图 9-7　承台配筋示意

承台混凝土强度等级不应低于 C20，纵向钢筋的混凝土保护层厚度不应小于 70 mm，当有混凝土垫层时，不应小于 40 mm。

（三）承台的抗弯、抗冲切、抗剪验算

桩承台的承载力验算、抗冲切和抗剪验算，应根据《建筑地基基础设计规范》（GB 50007—2002）推荐的公式进行计算。

课题四　桩基础施工

桩基础施工前，为满足建设单位的要求或设计单位设计参数选取的需要，可先进行工艺试桩的施工。工艺试桩的施工成功后，即可进行工程桩的施工。先根据建筑桩基础桩位平面布置图对各轴线放样，并做好轴线外引工作；然后根据承台及桩位尺寸对各桩位进行定位，可采用全站仪放样，设置固定控制桩，以便施工时随时检查及桩位重复定位。

常用的预制桩施工方法有锤击沉桩法、振动沉桩法、静力压桩法。由于沉桩法产生噪声污染严重，目前以静力压桩法最为常见。常见的灌注桩主要有钻孔灌注桩、沉管灌注桩和人工挖孔灌注桩等。

一、钢筋混凝土预制桩基础的施工工艺和技术要求

（一）锤击沉桩法

锤击沉桩法是利用桩锤下落产生的冲击克服土对桩的阻力，使预制桩端沉到预定深度或进入持力层要求深度。

1. 施工程序

锤击沉桩法的施工程序为：确定桩位和沉桩顺序→打桩机就位→吊桩就位→校正垂直度及桩位偏差→锤击沉桩→接桩→再锤击沉桩→送桩→沉至设计标高→收锤→桩机移位→切割桩头。

2. 确定桩位及沉桩顺序

（1）根据设计图纸，对各桩进行编号，并标注不同桩型和桩深，据此确定沉桩顺序并确保轴线控制点不受振动和挤土的影响，保证控制点的准确性。

（2）根据施工桩长，在桩机立架上以米为单位标明桩的入土深度，以便观察桩的入土深度及记录每米沉桩的锤击数。

（3）沉桩顺序如下所述：

①当基础面积不大时，打桩应逐排打入或从中间开始分头向四周或两边进行；

②对于密集桩群，可采用跳打的形式，跳排跳桩施工；

③当一侧毗邻建筑物时，由毗邻建筑物处向另一方向施打；

④在基坑内打桩时，应考虑打桩挤土效应对基坑止水帷幕或支护结构的破坏作用，采取必要措施预防，如设置泄压沙井或减压深沟等；

⑤对于不同规格、不同桩深的桩，宜先大后小，先长后短，可使土挤密均匀，防止桩体位移或偏斜。

3. 桩机就位

桩机行走时，应将桩锤放置于桩架中下部以桩锤导向脚不伸出导杆末端为准。为防止影响桩机稳定性，场地必须压实、平整，确保桩机在打桩过程中垂直度不发生变化。

4. 吊桩就位

一般利用桩架附设的起重钩及桩机上卷扬机吊桩就位，或配一台起重机吊装就位，并用桩架上夹具或桩帽固定位置，调整桩身、桩锤、桩帽的中心线重合，使插入地面时桩身的

垂直度偏差不大于0.5%，桩位对中误差不大于20 mm。

5.打桩

正常打桩宜采用“重锤低击、低锤重打”，可有效降低桩头破碎率及设备的故障率。

打第一节桩时必须采用桩锤自重，冷锤（不挂挡位）或短距轻击将桩徐徐打入，直至桩身沉到某一深度不发生倾斜；同时，用仪器观察桩的中心位置和角度，必要时，宜拔出重插，直至满足设计要求，确认无误后，再转为正常施打。

6.接桩

当桩需接长时，每根桩接头个数不宜超过3个，尽量避免桩尖落在厚黏性土层中接桩。常用的接桩方法主要有焊接法、法兰螺旋连接法和硫磺胶泥锚接法。

7.桩的入土深度的控制

对于承受轴向荷载的摩擦桩，以标高为主，贯入度作为参考；端承桩则以贯入度为主，以标高作为参考。

8.注意事项

施工时，应注意做好施工记录；同时，还应注意观察打桩入土的速度、打桩机的垂直度、桩锤回弹情况、贯入度变化情况等，发现异常，应立即通知有关单位和人员及时处理。

（二）静力压桩法

静力压桩是通过静力压桩机的压桩结构，将预制钢筋混凝土桩分节压入地基土层中成桩，一般采用分段压入、逐段接长的方法。

静力压桩法的施工程序为：测量定位→压桩机就位→吊桩、插桩→桩身对中调直→静压沉桩→接桩→再静压沉桩→送桩→终止压桩→检查验收→转移桩机。

压桩时，用起重机将预制桩吊运或用汽车运至桩机附近，再利用桩机自身设置的起重机将其吊入夹持器中，夹持油缸将桩从侧面夹紧，调整位置即可开动压桩油缸，先持桩压入土中1 m左右后停止，矫正桩垂直度后，压桩油缸继续伸长动作，把桩压入土层中。伸长完后，夹持油缸回程松夹，压桩油缸回程。重复上述动作，可实现连续压桩操作，直至把桩压入预定深度土层中。

压同一根（节）桩时应连续进行，当压力表读数达到预先规定值时，便可停止压桩。

压桩过程中应检查压力、桩垂直度、接桩间歇时间、桩的连接质量及压入深度，对承受反力的结构应加强观测。

压桩用压力表必须标定合格方能使用，压桩时桩的入土深度和压力表数值是判断桩的质量和承载力的依据，也是指导压桩施工的一项重要参数，必须认真记录。

静力压桩法与锤击沉桩法的相同之处在于都是挤土型成孔，并且比锤击沉桩法施工速度快，因此在打桩速度和顺序上要采取必要的措施，避免因压桩过程中产生的有效应力和超静水压力剧增对基坑支护结构及周边建筑物产生破坏。

二、钢筋混凝土灌注桩基础施工工艺和要求

钢筋混凝土灌注桩是在桩位上采用人工或机械方式成孔，然后在孔内安放钢筋笼并浇筑混凝土的桩。其不受桩径大小和规格约束，并且桩头钢筋能有效地与承台或基础锚固，工艺传统且适用广泛，多用于高层建筑、高速铁路及其他需提供抗拔承载力的基础。

按钢筋混凝土灌注桩的成孔方法不同，可将其分为钻孔灌注桩、沉管灌注桩、人工挖孔灌注桩和挖孔扩底灌注桩等。

(一)钻孔灌注桩

钻孔灌注桩是指利用钻孔机械钻孔(干法或湿法)，并在孔中安放钢筋笼且浇筑混凝土而成的桩。根据不同的工程地质和水文地质条件，钻孔灌注桩有冲击钻成孔灌注桩、回转钻成孔灌注桩、潜水钻成孔灌注桩及钻孔压浆灌注桩等。除钻孔压浆灌注桩外，其他三种均为泥浆护壁钻孔灌注桩。

(1)泥浆护壁钻孔灌注桩施工工艺流程为：场地平整→测量放线→开挖浆池、浆沟→护筒埋设→钻机就位(垂直度及稳定性调整)→孔位校正→钻进成孔、泥浆循环排渣→第一次清孔→终孔验收→下钢筋笼和导管→第二次清孔→浇筑水下混凝土→成桩。

(2)泥浆护壁钻孔灌注桩施工过程中，在钻清孔时应随时测定泥浆比重，如遇较好土层可采取自成泥浆护壁。

(3)灌注桩的质量检验应较其他桩种严格，因此对现场施工的监测手段要事先落实。

(4)孔底的沉渣厚度应在钢筋笼放入后，混凝土浇筑前测定。在安放钢筋笼、组装混凝土导管的过程中，由于泥浆的沉淀及孔壁土体跌落，会增加孔底沉渣厚度。因此，沉渣厚度应是第二次清孔后的结果。沉渣厚度的检查目前常用锤测法，但人为因素影响很大，应专人专锤测量，也可用预先标定好的沉渣仪测取沉渣厚度。

(5)水下灌注混凝土应计算首批混凝土的灌注量，确保首批混凝土埋住导管底300 mm以上，以后严格控制导管埋深，以2～6 m埋深较为合理。固定钢筋笼，控制钢筋笼顶标高不低于设计标高。

(二)沉管灌注桩

沉管灌注桩是指利用锤击打桩法或振动打桩法，将带有活瓣式桩尖或预制钢筋混凝土桩靴的钢套管沉入土中，然后边浇筑混凝土(或先在管内放入钢筋笼)边锤击振动边拔管而成的桩。前者称为锤击沉管灌注桩或套管夯扩灌注桩，后者称为振动沉管灌注桩。

(1)沉管灌注桩成桩过程为：桩机就位→锤击(振动)沉管→控制沉桩深度或贯入度→上料→边锤击(振动)边拔管，并继续浇筑混凝土→下钢筋笼，继续浇筑混凝土及拔管→成桩。

(2)锤击沉管灌注桩劳动强度大，要特别注意安全。该种施工方法适于在黏性土、淤泥、淤泥质土、稍密的砂石及杂填土层中使用，但不能在密实的中粗砂、砂砾石、漂石层中使用。

(3)套管夯扩灌注桩简称夯扩桩，是在普通锤击沉管灌注桩的基础上加以改进而发展起来的一种新型桩。它是在桩管内增加了一根与外桩管长度基本相同的内夯管，以代替钢筋混凝土预制桩靴，与外管同步打入设计深度，并作为传力杆，将桩锤击力传至桩端夯扩成扩大头，并且增大了地基的密实度；同时，利用内管和桩锤的自重将外管内的现浇桩身混凝土压密成型，使水泥浆压入桩侧土体并挤压桩侧的土，使桩的承载力大幅度提高。

(4)振动沉管灌注桩适于在粉质黏土、淤泥、淤泥质土、粉土、湿陷性黄土、稍密及松散的砂土及填土中使用，在坚硬砂土、碎石土及有硬夹层的土层中，由于容易损坏桩尖，不宜采用。

(5)根据设计及单桩承载力的不同要求，拔管方法可分别采用单打法、复打法、反插法。

（三）人工挖孔灌注桩

人工挖孔灌注桩是指桩孔采用人工挖掘方法进行成孔，然后安放钢筋笼，浇筑混凝土而成的桩。为了预防人工挖孔桩施工过程中的安全事故，施工时必须考虑预防孔壁坍塌和流砂现象发生，制定合理的护壁措施。护壁方法可以采用现浇混凝土护壁、喷射混凝土护壁、砖砌体护壁、沉井护壁、钢套管护壁、型钢或木板桩工具式护壁等。

下面以应用较广的现浇混凝土分段护壁为例说明人工挖孔灌注桩的施工工艺流程。

人工挖孔灌注桩的施工顺序是：场地平整→放线、定桩位→挖第一节桩孔土方→支模浇筑第一节混凝土护壁→在护壁上二次投测标高及桩位十字轴线→安装活动井盖、垂直运输架、起重卷扬机或电动葫芦、活底吊土筒、排水、通风、照明设施等→第二节桩身挖土→清理桩孔四壁、校核桩孔垂直度和直径→支第二节模板，浇筑第二节混凝土护壁→重复第二节挖土、支模、浇筑混凝土护壁工序，循环作业直至设计深度→进行扩底（当需要扩底时）→清理虚土，排除积水，检查尺寸和持力层→吊放钢筋笼就位→浇筑桩身混凝土。

混凝土浇筑与振捣应符合规范要求，分层浇筑，分层振捣。

课题五　其他深基础

一、沉井基础

沉井基础是将用钢筋混凝土等材料制成的井筒状结构物（见图9-8），通过在井筒内取土，使井筒在重力作用下下沉至设计深度，然后浇筑混凝土底板，构成地下井状结构物并作为承重结构的深基础。

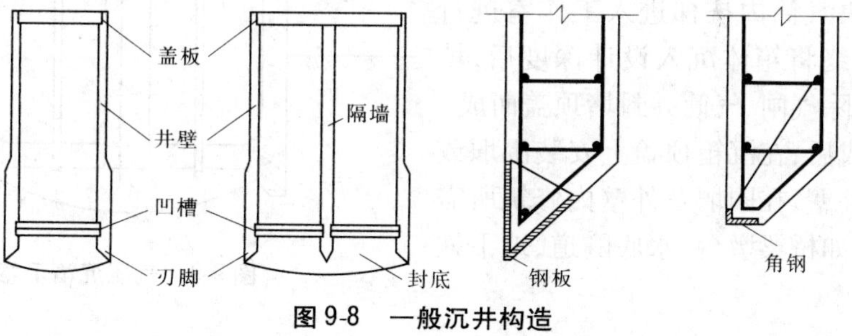

图9-8　一般沉井构造

井壁既要便于下沉，在下沉过程中抵挡土压力和水压力，又要作为深基础承受上部结构物的荷载，还要防渗防潮。因此，井壁应具有以下特点：

（1）井壁应有足够的强度，以承受最不利荷载组合；

（2）井壁底部应具有刃脚和凹槽，以便于下沉及混凝土封底嵌入；

（3）分节制作时，按规范预留井壁竖向钢筋，以利于上下节混凝土搭接浇筑；

（4）具有防渗防潮的功能，防水措施应满足深基础防水要求；

（5）刃脚应具有足够的强度和牢固性，以免挠曲或破坏等。

施工时，应先在场地放线定位，在平整的地面上铺设砂垫层或枕木，制成第一节并达到强度要求，然后在井内取土。井内取土可以采用井内挖土或水力吸土的方法，边挖边排边下沉，再逐节接长井筒，逐节下沉。

下沉过程中随时观测井筒垂直度、变形及位移情况。必要时，井内可设置隔墙以加强筒壁的刚度，划分作业区间，便于掌握挖土方位及纠偏。

当沉井达到设计标高后，在井底部用混凝土封底，以防止地下水深入并发挥沉井的承载力，封底混凝土强度等级不低于C15。当井孔内不填充砂砾等填料时，应在井口顶部浇筑刚筋混凝土盖板。

沉井的截面形状可根据需要做成方形、矩形、圆形或椭圆形等多种。井筒内也可设为单孔、单排孔或多孔等。当井筒下沉困难时，其立面也可做成台阶形。

沉井的优点是占地面积小，可代替挡土结构起到支承围护作用，技术上成熟简便，挖土量少，节约投资，安全可靠。沉井通常适用于低级深度土层的承载力大，而上部松软、易于开挖的地层；或由于建筑物使用要求，基础埋深较大；或临近已有建筑物或构筑物，为避免基坑开挖产生不良影响的情况。

施工过程中经常出现影响施工进程的情况，如残留地下结构物、工程地质与水文地质不良条件、沉井倾斜或受阻不沉等情况，因此在施工前应对场地做好勘察工作，并对可能发生的问题事先加以预测，拟订应急施工方案。

二、沉箱基础

沉箱基础即是将设有顶盖和侧壁组成的沉箱（见图9-9）沉入水下，用空气压缩机通过进气管将工作室内的水通过排水孔压出室外，工作人员从人用变气闸进入，经中央气闸及中央气筒内扶梯进入工作室进行取土工作，最终将箱体沉入设计深度后，填充工作室，拆除气闸、气筒并封堵顶盖而成。

沉箱完成后，在沉箱顶盖上安装围堰或砌筑永久性外壁，在围堰及外壁内修筑所需要的建筑物，如桥梁墩台、水底隧道、地下铁道等。

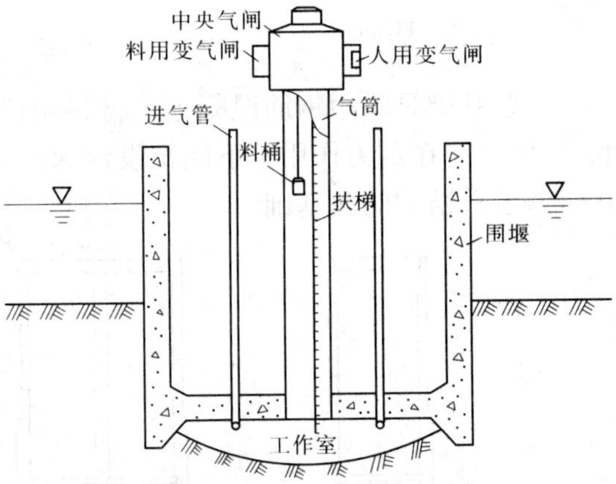

图9-9　气压沉箱示意

三、地下连续墙

地下连续墙是通过专用的挖（冲）槽设备，沿着地下建筑物的周边，按预定的位置，开挖出或冲钻出具有一定宽度与深度的沟槽，用泥浆护壁，并在槽内设置钢筋笼，然后用导管浇灌水下混凝土，筑成一个单元槽，如此逐段进行，分段施工，用特殊方法接头，使之形成地下连续的钢筋混凝土墙体。地下连续墙适用于深基坑开挖和地下建筑的临时性和永久性挡土维护结构，地下水位以下的截水、防渗，还可以承受上部建筑的永久性荷载并兼有挡土墙和承重基础的作用。地下连续墙施工流程如图9-10所示，主要工序如下。

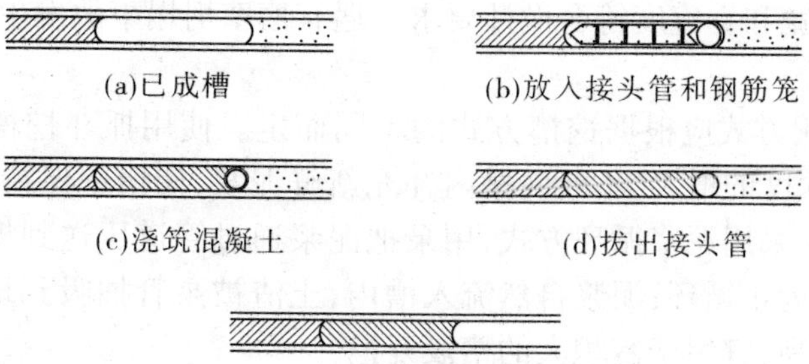

(a)已成槽　(b)放入接头管和钢筋笼

(c)浇筑混凝土　(d)拔出接头管

(e)开始挖槽

图 9-10　地下连续墙施工程序示意

(一)导墙施工

(1)沿设计轴线两侧开挖导沟,修筑钢筋混凝土(或钢、木)导墙,以供成槽机械钻进导向、围护挡土、存蓄泥浆。导墙一般为现浇钢筋混凝土结构,也有预制导墙。每个槽段内的导墙应设一个以上的溢浆孔。

导墙的施工应满足以下要求:

(1)两片导墙的中心线应与地下墙纵向轴线相重合,允许偏差为 ±10 mm;

(2)导墙内壁面垂直度允许偏差不大于 0.5%;

(3)两导墙间间距应比地下连续墙设计厚度加宽 30 ~ 50 mm,其允许偏差为 ±10 mm;

(4)导墙顶面应平整。

(二)泥浆的配制与使用

(1)施工前应对造浆黏土进行认真选择,一般应选用膨润土来造浆,并在施工前进行造浆率和造浆性能试验。泥浆的作用在于维护槽壁的稳定、防止槽壁坍塌、悬浮岩屑和冷却、润滑钻头。

(2)在施工期间,泥浆质量的优劣直接关系到成槽速度的快慢和质量的好坏,也直接关系到墙体质量、墙底与基岩结合质量以及墙段间接缝质量。泥浆比重应控制在 1.05 ~ 1.15 之间。槽内泥浆面必须高于地下水位 1.0 m 以上,并且不低于导墙顶面 0.5 m。

(3)施工现场应有足够的泥浆储备量,以满足成槽、清槽的需要以及失浆时的应急需要。施工场地应设置足够施工使用的泥浆配制、循环和净化系统场地。泥浆应进行净化回收和重复使用。泥浆净化回收可采用振动筛、旋流器、流槽、沉淀池等,也可进行强制脱水。

(三)槽段开挖

(1)应根据成槽地点的工程地质和水文地质条件、施工环境、设备能力、地下连续墙的结构尺寸及质量要求等选用挖槽机械。通常,对于软质地基,宜选用抓斗式挖槽机械;对于硬质地基,宜选用回转式或冲击式挖槽机械。

(2)挖槽前,应预先将地下连续墙划分为若干个施工槽段,其平面形状可为一字形、L 形、T 形等。槽段长度应根据设计要求、土层性质、地下水情况、钢筋笼的轻重及大小、设备起吊能力、混凝土供应能力等条件确定,一般槽段长度为 3 ~ 7 m。

(3)应制定出切实可行的挖槽方法和施工顺序,并严格执行。挖槽时,应加强观测,确保槽位、槽深、槽宽和垂直度符合设计要求。遇有槽壁坍塌事故发生，应及时分析原因，妥善处理。

(4)泥浆的使用方式应根据挖槽方式的不同而定。使用抓斗挖槽时，应采用泥浆静止方式，随着挖槽深度的增大，不断向槽内补充新鲜泥浆，使槽壁保持稳定。使用钻头或切削刀具挖槽时，应采用泥浆循环方式，用泵把泥浆通过管道压送到槽底，土渣随泥浆上浮至槽顶面排出称为正循环；泥浆自然流入槽内，土渣被泵管抽吸到地面上称为反循环。反循环的排渣效率高，宜用于容积大的槽段开挖。

(5)槽段的终槽深度应符合下列要求：非承重墙的终槽深度必须保证设计深度，同一槽段内，槽底深度必须一致且保持平整；承重墙的槽段深度应根据设计深度要求，参照地质剖面图及槽底土(岩)屑样品等综合确定，同一槽段开挖深度宜一致。遇有特殊情况，应会同设计单位研究处理。

(6)槽段开挖完毕，应检查槽位、槽深、槽宽及槽壁垂直度，合格后应尽快清底并安装钢筋，灌注槽段混凝土。

(四)清底换浆

(1)在槽段开挖结束后，灌注槽段混凝土前，应进行槽段的清底换浆工作，以清除槽底沉渣，直至沉渣厚度符合设计要求。

(2)清底换浆作业可在挖槽结束后立即进行，也可在灌注槽段混凝土之前进行，不管在什么时候进行清底换浆作业，均应在浇筑槽段混凝土之前测定槽内泥浆的指标及沉渣厚度，达到设计要求后，才允许灌注槽段混凝土。

(3)清底换浆时，应注意保持槽内始终充满泥浆，以维持槽壁的稳定。

(五)钢筋笼的制作与安放

(1)地下连续墙的钢筋笼根据地下连续墙的配筋图和单元槽段的划分来制作，最好按单元槽段做成一个整体。如果地下连续墙很深或受起重设备能力的限制，需分段制作，在吊装时再连接，钢筋接头连接可用电焊接头或套筒接头等。

(2)钢筋笼应具有必要的刚度，在吊放钢筋笼时，应对准槽段中心，并注意不要碰伤槽壁壁面，不能强行插入钢筋笼，以免钢筋笼变形或导致槽壁坍塌。

(3)钢筋的净距应大于3倍粗骨料粒径，并应在现场制作成型和预留插放混凝土导管的位置。分节制作的钢筋笼应在制作台上试装配，接头处纵向钢筋的预留搭接长度应符合设计要求。

(4)为了确保混凝土保护层厚度，可用钢筋或钢板定位垫块或预制混凝土垫块焊接在钢筋笼上，设置垫块位置时，在每个槽段前后 2 个面应各设 2 块以上，其竖向间距约为 5 m。

(六)施工接头

(1)地下连续墙的接头施工质量直接关系到其受力性能和抗渗能力。施工接头应能承受混凝土的侧压力，倾斜度应不大于0.4%，不致妨碍下一槽段的开挖，且能有效地防止混凝土绕过接头管外流。

(2)施工接头可用钢管、钢板、型钢、预制混凝土、化学纤维、气囊、橡胶等材料制成，其结构型式应便于施工。

（七）水下混凝土灌注

（1）地下连续墙的混凝土灌注属于泥浆护壁水下灌注混凝土，须按水下混凝土的方法配制和灌注。水泥宜选用普通硅酸盐水泥或矿渣硅酸盐水泥，并根据需要掺加外加剂，其品种和数量应通过试验确定。

（2）导管使用前应试拼、试压，试压压力一般为0.6～1.0 MPa。灌注混凝土的隔水栓宜用预制混凝土塞、钢板塞、泡沫塑料等材料制成。

（3）在混凝土浇筑过程中，导管下口总是埋在混凝土内1.5 m以上。宜尽量加快混凝土浇筑速度，一般槽内混凝土面上升速度不宜小于2 m/h。

（八）接头管抽拔

混凝土初凝后即应上下活动接头管，每10～15 min活动一次，混凝土浇筑后3.5～4.0 h开始抽拔接头管，8.0 h内全部拔出。

重复以上程序，进行下一槽段施工，直至所有地下连续墙施工完毕。

练习题

1. 桩可分为哪几种类型？端承桩与摩擦桩的受力情况有什么不同？

2. 何为单桩竖向承载力？确定单桩竖向承载力的方法有哪几种？

3. 如何根据已知静载试验成果 $Q \sim s$ 曲线确定单桩竖向承载力特征值？

4. 桩基础设计包括哪些内容？在偏心受压情况下，桩的数量如何确定？桩基础初步设计后还要进行哪些验算？

5. 某工程为混凝土灌注桩基础，在建筑场地现场已进行了3根桩的静载荷试验，检测报告提供的桩的极限承载力标准值分别为410 kN、380 kN、395 kN。要求确定单桩竖向承载力特征值 R_a。

6. 某工程为二级建筑物，位于软土地区，采用桩基础。已知上部结构传来的相当于荷载效应标准组合的基础顶面竖向荷载 $N_k = 3\,600$ kN，弯矩 $M_k = 360$ kN·m，水平方向剪力 $T_k = 60$ kN。根据工程地质勘察揭示土层分别为：第①层为人工填土，厚度2.0 m；第②层为软塑状态黏土，厚度达9.0 m；第③层为可塑状态粉质黏土，厚度8.5 m。地下水位埋深2.0 m，位于第②层土顶面。地基土的物理性质指标见表9-6。采用静压预应力管桩，桩径400 mm，桩长13 m，进行现场静载荷试验，测得单桩承载力特征值为 $R_a = 400$ kN，设计此工程的桩基础。

表9-6　地基土的物理性质指标

编号	土层名称	土层厚度(m)	γ (kN/m³)	ω (%)	e	ω_L (%)	ω_P (%)	I_P	I_L	S_i	C (kPa)	φ (°)	E_s (MPa)	F_k (kPa)
①	填土	2.0		16.0										
②	黏土	9.0	38.2	18.9	1.0	38.2	18.6	19.8	1.0	0.96	12	18.6	4.6	115
③	粉质黏土	8.5	26.7	19.6	0.78	32.8	17.7	15.1	0.6	0.98	18	27.5	7.0	220

单元十　地基处理

教学目标

了解地基处理的分类和适用范围；熟悉常见地基处理方法的基本原理、设计、适用条件等；能根据工程和各种地基处理方法的适用条件等因素，综合考虑选择合适的地基处理方案。

重点难点

地基处理方法的适用范围和技术要点。

课题一　概　述

一、地基处理的目的和分类

不能满足建筑物要求的地基通常称为软弱地基或不良地基。软弱地基通常需要经过人工处理后才能修建建筑物，这种对地基加固的方法称为地基处理或地基加固。地基处理的目的在于提高土的抗剪强度，降低软弱土的压缩性，减少基础的沉降和不均匀沉降，改善土的透水性，改变土的动力特性，防止土的冻胀和液化等。地基处理既可用于拟建建筑物，也可用于已建工程的地基加固。

地基处理方法的分类有多种：按时间可分为临时处理和永久处理；按处理深度可分为浅层处理和深层处理；按土性对象可分为砂性土处理和黏性土处理，饱和土处理和非饱和土处理；按性质可分为物理处理、化学处理、生物处理；按加固机理可分为置换、排水固结、灌注固化物、振密或挤密、加筋、托换、纠倾等。

选用地基处理方法的原则是坚持技术先进、经济合理、安全适用、确保质量。对某一具体工程来讲，应该从地基条件、处理要求、工程费用以及材料、机具来源等方面进行综合考虑，因地制宜地确定合适的地基处理方法。必须指出的是，地基处理方法很多，每种地基处理方法都有一定的适用范围及优、缺点，在选择地基处理方法时应综合考虑。

二、软弱土及特点

软弱土是指抗剪强度较低、压缩性较高、渗透性较小、天然含水率较大的饱和黏性土，常见的有淤泥、淤泥质土、冲填土、杂填土或其他高压缩性的黏土及粉土等，由它们构成的地基也称软弱地基。

（一）软土

软土是指天然孔隙比大于或等于1.0，且天然含水量大于液限的细粒土，包括淤泥、淤泥质土等。软土为近代水下沉积，主要由黏粒和粉粒组成，当其天然孔隙比大于1.5时，称为淤泥，小于1.5但大于1.0时则称其为淤泥质土。

软土的主要工程特性有：

(1)多属于中液限与高液限无机黏土，其液限值大部分为34%~43%，塑性指数大部分在20左右。

(2)含水率较高，孔隙比较大。含水量为34%~89%，个别地区含水量更高达299%，多数大于土的液限，属于流动状态；天然孔隙比一般为1.0~2.45，最高达7.0。

(3)压缩性较高。压缩系数 $a_{1-2}=0.51\sim2.33\ \text{MPa}^{-1}$，属高压缩性土。

(4)抗剪强度低。由于其含水率较高，孔隙比较大，因此地基变形大，强度低。无侧限抗压强度一般为5~48 kPa，有效内摩擦角通常为24°~34°。

(5)渗透性小。渗透系数 $k=1\times10^{-6}\sim1\times10^{-8}$ cm/s，直接在荷载作用下难以固结。

(6)具有较强的结构性。灵敏度一般为3~5，即完全扰动后其强度可降低60%~80%，属于高灵敏性土。

(7)具有吸附力。建于软土地基上的可移动式建筑物，如活动式钻井平台等，升离时必须克服这种吸附力。

(8)在剪应力的长期作用下，软土具有明显的流变特性。

总之，软土具有强度低、压缩性高、渗透性小、高灵敏度和流变性等特点，软土地基上建筑物沉降量大，稳定需要的时间长，因此往往要对软土地基进行加固处理。

(二)人工填土

人工填土是指由于人类活动而堆填的土。这类土物质成分复杂，均匀性差。根据其组成和成因，可分为素填土、杂填土、冲填土和压实填土。

素填土为由碎石土、砂土、粉土、黏性土等组成的填土，不含杂质或含杂质很少。杂填土为含有建筑垃圾、工业废料、垃圾等杂物的填土。冲填土为由水力冲填泥沙形成的填土。经分层压实或夯实的素填土称为压实填土。

工程中遇到的人工填土，各地均不相同。在古城区遇到的人工填土，一般都保留着人类活动的遗物或古建筑的碎砖、瓦砾、灰渣等(俗称房渣土)。山区建设和新城区、新开发区建设中遇到的人工填土，一般填土的时间较短。城市市区遇到的人工填土常会发现不少炉渣、生活垃圾及建筑垃圾等杂填土。人工填土一般不均匀，作为建筑地基时往往需要进行处理。

课题二　机械压实法

土的含水量应控制在适宜范围内，可通过机械压实或重锤夯实的方法将土压实，从而达到减小孔隙比、增大密实度、提高强度、降低压缩性的目的。

一、机械碾压法

机械碾压法是采用机械压实松软土的方法，常用的机械有平碾、羊足碾、振动压实机、压路机等。机械碾压法通常用于大面积填土地基的压实。碾压前，先通过室内试验，确定在一定压实能量条件下土的最优含水量、分层厚度和压实遍数。

黏性土在压实前，被碾压的土料应先进行含水量测定，只有含水量在合适范围内的土料才允许进场。每层铺土厚度一般约为 30 cm。碾压后地基的质量常以压实系数 λ_c 控制。λ_c 为实测的干密度 ρ_d 与击实试验得出的最大干密度 ρ_{dmax} 之比。在有些工程中也常用 ρ_d 作为填土压实的质量控制指标。不同类别的土 λ_c 的要求也不同，λ_c 的取值范围一般为 0.93 ~ 0.97，在主要受力层范围内一般要求 $\lambda_c \geq 0.96$。

机械碾压法的地基承载力一般通过现场测试取值，在无试验的情况下，亦可按表 10-1 取值。

表 10-1　地基承载力取值

填土类型	压实系数 λ_c	承载力特征值 f_k（kPa）
碎石、卵石	0.93 ~ 0.97	200 ~ 300
砂夹石（其中碎石、卵石占全重的 30% ~ 50%）		200 ~ 250
土夹石（其中碎石、卵石占全重的 30% ~ 50%）		150 ~ 200
粉质黏土、粉土（$8 < I_P < 14$）		130 ~ 180

二、振动压实法

振动压实法是一种在地基表面施加振动把浅层松散土振密的方法，主要的机具是振动压实机。振动压实法主要用于处理杂填土、湿陷性黄土、炉渣、细砂、碎石等。振动压实的效果与被压实土的成分和振压时间有关，且在开始时振密作用较为显著，随时间推移变形渐趋于稳定。在施工时，应先进行现场试验测试，根据振实的要求确定振压的时间。

振动压实的有效深度一般为 1.2 ~ 1.5 m。一般杂填土地基经振实后，承载力可达 100 ~ 120 kPa。若地下水位太高，则将影响振实效果。此外，尚应注意振动对周围建筑物的影响，振源与建筑物的距离应大于 3 m。

三、重锤夯实法

重锤夯实法是利用起重机械将重锤提到一定高度后，让其自由下落，不断重复夯击，使地基形成一层较密实的土层。这种方法可用于处理地下水距地表 0.8 m 以上的非饱和黏性土或杂填土。夯打时，地基土含水量接近最优含水量，击实效果最好，否则击实效果不理想。对于饱和软土层，在夯打时会出现“橡皮土”现象，可以通过翻晒降低含水量后再夯打。为提高夯实效果，通常采用跳打的方式进行施工。

重锤夯实法的锤重一般为 15 ~ 30 kN，落距一般采用 2.5 ~ 4.5 m，夯打遍数一般为 8 ~ 12遍，有效夯实深度为 1.2 m 左右，夯实后的承载力可达 100 ~ 150 kPa。

课题三　强夯法

强夯法又称动力固结法，由法国 Menard 技术公司于 1969 创立并应用。这种方法是将重锤(一般10～40 t)提升到一定高处使其自由落下(落距一般为10～40 m)给地基以反复冲击和振动,从而提高地基的强度并降低其压缩性。强夯法是在重锤夯实法的基础上发展起来的,但加固原理不同。

一、强夯法的加固原理及适用范围

(一)强夯法的加固原理

夯锤自由下落产生巨大的冲击能量,使土体产生很大的应力和冲击波,致使土中孔隙压缩,土体局部液化,夯击点周围产生放射性裂隙形成良好的排水通道,使土中的孔隙水(气)溢出,土体产生固结,从而降低土的压缩性,提高地基承载力,避免了重锤夯实产生"橡皮土"的情况。

资料显示,经过强夯的黏性土,其承载力可增加1～3倍,粉砂可增加4倍,砂土可增加2～4倍。强夯加固土体主要有以下作用:冲击密实作用,加速固结作用,触变恢复作用,置换作用。

(二)强夯法的适用范围

强夯法适用于处理碎石土、砂土、低饱和度的粉土与黏性土、湿陷性黄土、杂填土和素填土等地基。其不仅能提高地基土的强度,降低土的压缩性,还能改善其抗振动液化的能力和消除土的湿陷性,所以还可用于处理可液化砂土地基和湿陷性黄土地基等。但对于饱和软黏土地基应慎用,如淤泥和淤泥质土地基。

强夯法的工程使用范围包括各类工业与民用建筑,在仓库、油罐、储仓、公路、铁路路基、飞机场跑道、码头以及大型设备基础等地基处理中均取得了成功。由于该方法冲击力大、振动强烈,城市市区不宜使用。

二、强夯法的设计要点

(一)有效加固深度

强夯法的有效加固深度应根据现场试夯或当地经验确定,也可用下式确定

$$H = K\sqrt{\frac{Wh}{10}} \tag{10-1}$$

式中 H——有效加固深度,m;

K——修正系数,一般为0.34～0.8,黄土为0.34～0.50;

W——锤重,kN;

h——落距,m。

(二)夯击能

单击夯击能是表示每击能量大小的参数,其值等于锤重和落距的乘积。目前,我国采用的最大单击夯击能为8 000 kN·m,国际上采用的最大单击夯击能为50 000 kN·m,加固深度达40 m。

单位夯击能是指在单位面积上所施加的夯击能。根据我国的工程实践,一般对于粗颗粒土单位夯击能可取1 000～3 000 kN·m/m^2,细颗粒土单位夯击能为1 500～4 000 kN·m/m^2。

(三)夯击次数

不同地基土所采用的夯击次数也不同,一般通过现场试夯确定。夯击次数以夯坑的压缩量最大、夯坑周围土体隆起量最小为原则,可从现场试夯得到的锤击数和夯沉量关系曲线确定,但要满足最后两击的平均夯沉量不大于50 mm,当单击夯击能量较大时,夯沉量不大于100 mm,且夯坑周围地面不发生过大的隆起。此外,还要考虑施工方便,不能因夯坑过深而发生击锤困难的情况。

(四)夯击遍数与间歇时间

由粗颗粒土组成的渗透性强的地基,夯击遍数可少些;由细颗粒土组成的渗透性低的地基,夯击遍数要求多些。根据我国工程实践,一般是夯击2~3遍,最后以低能量满夯一遍。两遍夯击之间应有一定的时间间隔,以利于土中超孔隙水压力的消散。间隔时间取决于地基土的渗透性。当缺少实测资料时:对于渗透性较差的黏性土地基,间隔时间一般不少于3~4周;对于渗透性好的地基,则可连续夯击。

(五)夯击点布置形式及范围

夯击点可根据建筑结构及基础类型,采用梅花形(等边三角形)、等腰三角形或正方形布置。对于某些基础面积较大的建(构)筑物,可按梅花形(等边三角形)或正方形布置夯击点;对于办公楼及民用住宅,则根据承重墙以及纵墙和横墙交接处墙基下均有夯击点的原则布置;对于工业厂房,可按柱网设置夯击点。

三、强夯法的施工工艺步骤及质量检验

(一)施工工艺步骤

(1)清理并平整施工场地,标出第一遍夯击点位置并测量场地高度。

(2)起重机就位,使夯锤对中夯击点位置,测量夯前锤顶高程。

(3)将夯锤起吊到预定的高度,待夯锤脱钩自由下落后,测量锤顶高程。若发现因坑底倾斜而造成夯锤歪斜,应及时将坑底整平。

(4)重复步骤(3),按设计规定的夯击次数及控制标准,完成一个夯击点的夯击。

(5)重复步骤(2)~(4),完成第一遍全部夯击点的夯击。

(6)用推土机将夯坑填平,并测量场地高度,停歇规定的间歇时间,等待土中超孔隙水压力消散。

(7)按上述步骤完成全部夯击遍数。

(8)用低能量满夯,并将场地表层松土推平、夯实。

(二)质量检验

(1)检验数量。简单场地上的一般建筑物,每个建筑物地基的检验点不少于3处;复杂场地,应根据场地变化类型,每个类型不少于3处。强夯面积超出1 000 m^2应增加1处。

(2)检验时间。一般对于碎石和砂土地基,其间隔时间可取1~2周;对于低饱和度的粉土和黏性土地基可取2~4周;对于其他高饱和度的土,测试间隔时间可以适当延长。

(3)检验方法。应根据土的性质选用原位测试和室内土工试验方法,一般工程应采用两种或两种以上的方法进行检验,对于重要工程应增加检验项目。

(4)检查强夯施工过程中的各种测试数据和施工记录以及施工后的质量检验报告，不符合设计要求的，应补夯或采取其他有效处理措施。

课题四　换土垫层法

一、换土垫层法的原理及适用范围

换土垫层法又称换填法，是将软弱土挖去，然后换以强度较大、压缩性较低，且无腐蚀性的中砂、粗砂、碎石、砾石、灰土及黏性土等材料，经夯实、压实或振动密实而成。垫层的作用主要有：可以提高地基的承载力和抗滑稳定性；减少基础的沉降量；若以透水性强的砂砾料作为垫层，可以加速下卧软弱土层的固结；减轻或防止软黏土的冻胀。

换土垫层法适用于淤泥、淤泥质土、湿陷性黄土、素填土、杂填土地基及暗沟、暗塘等的浅层处理。不同的垫层有其不同的适用范围，如表 10-2 所示。按垫层所使用的材料不同，垫层可分为碎石垫层、砂垫层、砂砾垫层、素土垫层、灰土垫层、粉煤灰垫层、矿渣垫层等。

表 10-2　垫层的适用范围

垫层种类		适用范围
砂(砂砾、碎石)垫层		多用于中小型建筑工程的浜、塘、沟等局部处理，适用于一般饱和、非饱和的软弱土和水下黄土地基处理，不宜于湿陷性黄土地基，也不适宜用于大面积堆载、密集基础和动力基础的软土地基处理。砂垫层不宜用于有地下水，且流速快、流量大的地基处理，不宜采用粉细砂做垫层
土垫层	素土垫层	适用于中小型工程及大面积回填、湿陷性黄土地基的处理
	灰土垫层	适用于中小型工程，尤其适用于湿陷性黄土地基的处理
粉煤灰垫层		用于厂房、机场、港区陆域和堆场等大、中、小工程的大面积填筑，粉煤灰垫层在地下水位以下时，其强度降低幅度在 30% 左右
矿渣垫层		用于中小型建筑工程，尤其适用于地坪、堆场等工程大面积的地基处理和场地平整、铁路、道路地基等，但对于受酸性或碱性废水影响的地基不得用矿渣做垫层

二、垫层设计

(一)设计要点

换填法的设计主要是确定合理的厚度 z 和底宽 b'(见图 10-1)。一般垫层厚度为 1 ~ 2 m，太薄的垫层作用很小，过厚的垫层施工困难，也不经济。计算时先假定垫层厚度 h 后再进行验算。验算的要求原则上与浅基础的软弱下卧层相同，即表达式为

$$p_z + p_{cz} \leq f_{az} \tag{10-2}$$

式中　f_{az}——垫层底面软弱土层的承载力设计值，kPa；

p_z——垫层底面处的附加应力，kPa；

p_{cz}——垫层底面处的自重应力，kPa。

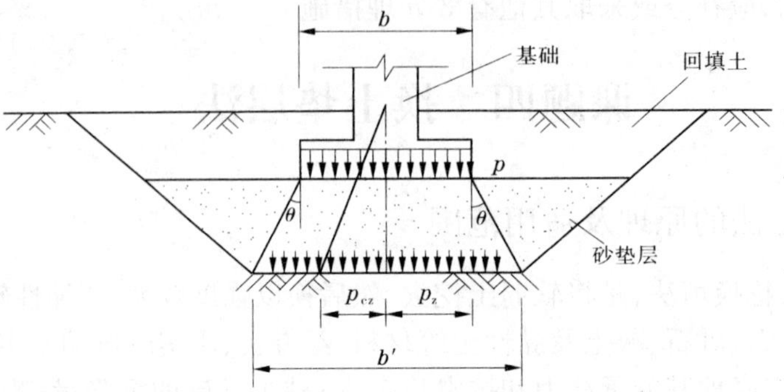

图 10-1　垫层剖面图

垫层宽度应满足两方面的要求：一是满足应力扩散要求，二是防止侧面土的挤出。垫层宽度可用压力扩散角法确定，底宽不小于 $b+2z\tan\theta$。当垫层的厚度与宽度确定以后，根据基坑开挖边坡延伸至地面，就可得到设计断面。

压力扩散角取值如表 10-3 所示。

表 10-3　压力扩散角 θ

h/b	换填材料		
	中砂、粗砂、砾砂、碎石土、石屑	粉质黏土和粉土（$8<I_P<14$）	灰土
0.25	20	6	30
≥0.5	30	23	

注：当 $h/b<0.25$ 时，除灰土外，均取 $\theta=0°$；当 $0.25<h/b<0.5$ 时，θ 可内插求得。

换填法的优点是：便于就地取材，施工简便，且能保证质量，经垫层处理后，地基承载力一般可达 100～250 kPa。若对水工建筑而言，应作好防渗措施。

（二）垫层材料的选择

不同垫层材料有不同的要求。砂石垫层材料宜选用级配良好的碎石、卵石、角砾、圆砾、砾砂、粗砂、中砂或石屑（粒径小于 2 mm 的部分不应超过总重的 45%），不含动植物残体、垃圾等杂质。当使用粉细砂（粒径小于 0.075 mm 的部分不超过总重的 9%）时，应掺入不少于总重 30% 的碎石或卵石，其最大粒径不宜大于 50 mm。对于湿陷性黄土地基，不得选用砂石等透水材料。

各种垫层的压实系数及承载力特征值如表 10-4 所示。

（1）粉质黏土垫层的土料中有机质含量不得超过 5%，亦不得有冻土或膨胀土。当含有碎石时，其粒径不宜大于 50 mm。用于湿陷性黄土或膨胀土地基的粉质黏土垫层，土料中不得夹有砖、瓦和石块等渗水材料。

（2）灰土垫层宜采用 2∶8或 3∶7（体积比）的灰土。土料宜用粉质黏土，不得含有松软杂质，并应过筛，其颗粒不得大于 15 mm。石灰宜用新鲜的消石灰，其颗粒不得大于 5 mm，灰土一定要拌和均匀。

表10-4 各种垫层的压实系数及承载力特征值

施工方法	换填材料类别	压实系数 λ_c	承载力特征值（kPa）
碾压或振密	碎石、卵石	0.9～0.97	200～300
	砂夹石（其中碎石、卵石占全重的30%～50%）		200～250
	土夹石（其中碎石、卵石占全重的30%～50%）		150～200
	中砂、粗砂、砾砂		150～200
	黏性土和粉土（$8<I_P<14$）		130～180
	灰土	0.9～0.95	200～250
重锤夯实	土或灰土	0.9～0.95	150～200

（3）矿渣垫层其矿渣应质地坚硬、性能稳定和无侵蚀性。小面积垫层一般用8～40 mm与40～60 mm的分级矿渣，或0～60 mm的混合矿渣；大面积铺垫时，可采用混合矿渣或原状矿渣，矿渣最大粒径不大于200 mm。

三、垫层施工及质量检验

（一）施工要点

（1）施工机械应根据不同的换算材料选择。粉质黏土、灰土宜采用平碾、振动碾或羊足碾，砂石等宜用振动碾，当有效压实深度内土的饱和度小于并接近0.6时，可采用重锤夯实。

（2）施工方法、分层厚度、每层压实遍数等应通过试验确定。一般情况下，分层铺厚度可取200～300 mm，但接近下卧软土层的垫层底层应根据施工机械设备及下卧层土质条件的要求具有足够的厚度。严禁扰动垫层下的软土。

（3）素填土和灰土垫层土料的施工含水量宜控制在最优含水量的±2.0%范围。灰土应拌和均匀并应当日铺填夯压，且压实后3 d内不得受水浸泡。垫层竣工后，应及时进行基础施工和基坑回填。

（4）重锤夯实的夯锤宜采用圆台形，锤重宜大于2 t，锤底面单位静压力宜为15～20 kPa。夯锤落距宜大于4 m。重锤夯实宜一夯挨一夯顺序进行。在独立柱基坑内，宜先外后里顺序夯击；同一基坑底面标高不同时，应先深后浅逐层夯实。同一夯击点夯击一次为一遍，夯击宜分2～3遍进行，累计夯击10～15次。最后两遍平均夯击下沉量应控制在：砂土不超过5～10 mm，细颗粒土不超过10～20 mm。

（二）质量检验

（1）分层施工的质量检查（跟踪检测）以达到设计要求的密实度为标准。一般地讲，垫层的干重度，中砂不小于16 kN/m^3，粗砂根据经验应适当提高；废渣垫层表面应坚实、平整、无明显缺陷，压陷差小于2 mm；灰土垫层的压实系数一般应达到0.93～0.95。

对素土、灰土和砂垫层可用贯入仪检验垫层质量，对砂垫层也可用钢筋钎探检验，并均应通过现场试验以控制压实系数所对应的贯入度为合格标准。压实系数可用环刀法或灌砂法测定。

(2)对于整片垫层:面积不大于300 m^2 时,环刀法为30~50 m^2 布置一个,贯入法为10~15 m^2 布置一个;面积大于300 m^2 时,环刀法为50~100 m^2 布置一个,贯入法为20~30 m^2 布置一个。条形基础下垫层:参照整片基础要求,且满足环刀法每20 m至少布置一个,贯入法每10 m至少布置一个。单独基础下垫层:参照整片垫层要求,且不少于两个。

(3)对粉质黏土、灰土、粉煤灰和砂石垫层的质量检验可用环刀法、贯入仪、静力触探或标准贯入试验检验,对砂石、矿渣垫层可用重型动力触探检验,并均应通过现场试验以设计压实系数所对应的贯入度为标准检验垫层的施工质量,压实系数也可采用环刀法、灌砂法、灌水法或其他方法检验。

课题五　预压法(排水固结法)

一、预压法的原理及适用范围

预压法是指在建(构)筑物建造前,先在拟建场地上一次性施加或分级施加荷载,使土体中孔隙水逐渐排出、土体孔隙体积变小而产生固结,土体的抗剪强度增长,以减小建筑物的沉降变形,提高地基的承载力和稳定性。经过一段时间后,地基在预压荷载作用下基本完成或大部分完成固结沉降,再将预压荷载卸去,建造建(构)筑物。常用的预压方法有堆载预压法、真空预压法等。

预压法是处理软黏土地基的有效方法之一,适用于淤泥、淤泥质土和冲填土等饱和黏性土的地基处理,也可用于高压缩性粉土、有机质黏土和泥炭土地基等。为了改变地基原有的排水条件,常在地基土中设置竖向排水体和水平向排水体。常见竖向排水体有砂井、袋装砂井、塑料排水板等,常见水平向排水体为砂垫层。

二、堆载预压法

堆载预压法是在软弱地基中设置砂井作为竖向排水通道,并在砂井顶部设置砂垫层作为水平排水通道。砂井作为竖向排水通道的同时,还可起到缩短软弱地基水平向排水距离的作用。

(一)砂井的构造和布置

1.砂井的直径和间距

砂井的直径和间距主要取决于黏性土层的固结特性和工期要求,原则上以“细而密”布置方案为好。工程上常用的普通砂井直径为30~50 cm,间距一般为砂井直径的6~8倍;袋装砂井直径为7~10 cm,间距一般为1.0~1.5 m。

2.砂井的长度

砂井的长度与土层分布、地基变形和稳定性要求以及工期等因素有关,工程中一般为10~20 m。当软黏土层不厚时,排水井应贯穿软黏土层;当软黏土层较厚但间有砂层或砂透镜体时,排水井应尽可能打至砂层或砂透镜体;当黏土层很厚又无砂透水层时,可按建筑物对地基变形及稳定性要求来决定。对以地基抗滑稳定性控制的工程，如路堤、土坝等，砂井深度至少应超过最危险滑动面 2 m。

3. 砂井的平面布置

砂井的平面布置可布置成梅花形（正三角形）或正方形，以梅花形排列较为紧凑和有效，如图 10-2 所示。

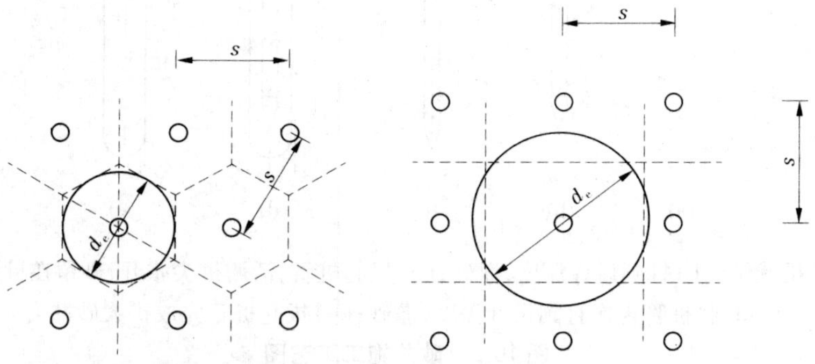

(a)梅花形布置　　(b)正方形布置

图 10-2　砂井平面布置及影响范围土柱体示意

一根砂井的有效排水圆柱体的直径 d_e 与砂井间距 s 的关系如下：

梅花形布置　　$d_e = 1.05s$

正方形布置　　$d_e = 1.13s$

砂井的布置范围一般比建筑物基础范围稍大，扩大的范围可由基础的轮廓线向外增大 2 ~ 4 m。

4. 砂井顶面砂垫层

在砂井顶面应铺设排水砂垫层，以连通各个砂井，形成通畅的排水通道。砂垫层厚度宜大于 400 mm；在水下施工时，由于砂垫层厚度不易控制，一般做成 1 000 mm 左右。为节省砂料，也可采用连通砂井的纵横砂沟代替整片砂垫层，砂沟的高度一般为 500 ~ 1 000 mm，砂沟的宽度取砂井直径的 2 倍。

（二）施工要点

（1）砂井施工工艺如图 10-3 所示。

（2）砂料的选择。应尽可能选用渗透性好的砂料，砂井一般宜选用含泥量小于 3% 的中粗砂或矿渣，砂垫层的砂料宜选中砂，其含泥量不得大于 4%，砂垫层的干密度宜大于 1.5 t/m^3，其渗透系数不宜小于 1×10^{-2} cm/s。

（3）质量控制。应保证达到设计要求的灌砂密实度，自上而下保持连续，避免出现缩径现象，且尽可能减小对砂井周围土结构的扰动。砂井的长度、直径和间距应满足设计要求。砂井位置的允许偏差为该井的直径，垂直度的允许偏差为 1.5%。其实际灌砂量不得小于计算的 95%。对于灌砂量未达到设计要求的砂井，应在原位将砂井复打、复灌一次。

施工期间应进行现场测试。①边桩水平位观测：主要用于判断地基的稳定性，决定安全的加荷速率，要求边桩位移速率控制在 3 ~ 5 mm/d。②地面沉降观测：主要控制地面沉

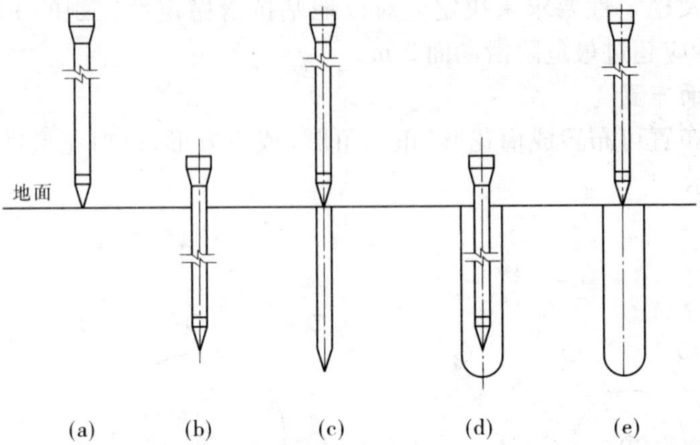

a)桩机就位;(b)打到设计深度,灌砂;(c)提起桩管,活瓣桩尖张开,砂留在桩孔中;
(d)将桩管再次打到设计深度,灌砂;(e)拔起桩管完成扩大砂井

图 10-3　砂井施工工艺图

降速度,要求最大沉降速率不宜超过 10 mm/d。③孔隙水压力观测:用于计算土体固结度、强度及强度增长,分析地基的稳定性,从而控制堆载速度,防止堆载过多、过快而导致地基破坏。

三、真空预压法

真空预压法是以大气压力作为预压荷载的,在需要加固的软土地基表面铺设砂垫层,然后埋设垂直排水管道,再用不透气的封闭膜使其与大气隔绝,通过砂垫层内设的吸水(气)滤管,用真空装置进行抽气,并保持较高的真空度,在封闭膜下形成负压,使土体内部与排水通道、垫层之间形成压力差,将土体中的孔隙水和空气逐渐吸出而固结。

(一)真空预压法的特点及适用范围

1. 真空预压法的特点

(1)设备及施工工艺简单,节能无污染,技术经济效果显著。

(2)真空预压可一次施加,地基不会发生剪切破坏而引起地基失稳,可有效缩短总的排水固结时间。

(3)真空预压法加固影响范围大,加固效果好,适应性强。

2. 真空预压法的适用范围

真空预压法适用于饱和均质黏性土及含薄砂夹层的黏性土,特别适用于新淤填土、超软土地基的加固。

(二)真空预压法施工

1. 工艺流程

为保证地基在较短的预压时间内达到加固效果,一般真空预压和竖向排水体联合使用,其工艺流程如下:地质调查→排水体设计→排水砂垫层施工→设打竖向排水体→观测设备埋设→埋设真空分布管→铺设密封膜→真空泵安装管路连接→抽真空→观测→效果检验。

2. 水平向分布滤管的埋设

水平向分布滤管一般采用条形或鱼刺形两种排列方法，如图 10-4 所示。滤管铺设间距要适当，滤管上部应覆盖 100 ~200 mm 厚的砂层。

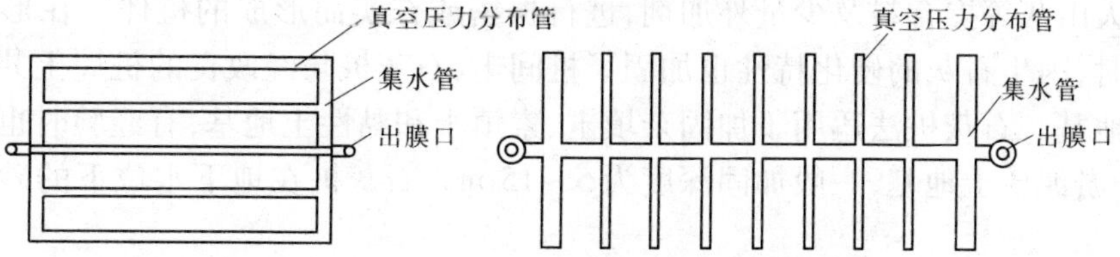

图 10-4　水平向分布滤管排列示意

3. 密封膜的施工

密封膜的施工质量是真空预压法成败的关键之一。一般采用 2 ~3 层密封膜，按先后顺序同时铺设，并在加固区四周，离基坑线外缘 2 m 开挖深 0. 8 ~1. 0 m 的沟槽，将膜的周边放入沟槽内，用黏土或粉质黏土回填压实，要求密封不漏气。密封膜上全面覆水，既可增强密封效果又可减缓膜的老化。

4. 质量控制

真空分布滤管的距离要适当，使真空度分布均匀，包管滤膜渗透系数不小于 1×10^{-2} cm/s。真空泵及膜内的真空度应分别达到 96 kPa 和 73 kPa 以上；地表沉降的控制标准与堆载预压时一致，若发现异常，应及时采取措施以免影响加固效果。

课题六　挤密桩法

挤密桩法是以冲击、振动或采用沉管等方法成孔，然后向孔中填入砂、碎石、土或灰土、石灰、渣土或其他材料，再振实成桩，同时挤密桩间土的方法。其加固原理一方面是施工过程中挤实、振密桩间土，另一方面桩体与桩间土形成复合地基。挤密桩按填料类别可分为土或灰土桩、石灰桩、碎石(砂)桩、渣土桩等，按施工方法可分为振冲挤密桩和沉管振动挤密桩和爆破挤密桩等。

一、土或灰土挤密桩法

土或灰土挤密桩是采用沉管、冲击或爆炸等方法在地基中挤土，形成一定直径(一般为 28 ~60 cm)的桩孔，然后向孔内夯填素土或灰土形成的，桩体和桩间挤密土共同组成人工复合地基。

土或灰土挤密桩法适用于处理地下水位以上的湿陷性黄土、素填土和杂填土等地基，已成为我国黄土地区建筑地基处理的主要方法之一，处理深度一般为 5 ~15 m。当以消除地基的湿陷性为主要目的时，宜选用土挤密桩；当以提高地基的承载力或水稳定性为主要目的时，宜选用灰土挤密桩。当地基土的含水量大于 23% 及其饱和度大于 65% 时，不宜选用此方法加固地基。

二、石灰桩

石灰桩是指采用机械或人工在地基中成孔，然后灌入生石灰或按一定比例加入粉煤灰、炉渣、火山灰等掺合料及少量外加剂，进行振密或夯实而形成的桩体。在形成桩自身强度的同时，因生石灰的硬化特性也加固了桩间土，石灰桩与经改良的桩周土共同组成石灰桩复合地基。石灰桩法适用于加固杂填土、素填土和黏性土地基，有经验时也可用于粉土、淤泥和淤泥质土地基，一般加固深度为 5 ~ 15 m。石灰桩在地下水位下的砂类土中应慎用。

三、碎石(砂)桩法

碎石(砂)桩的加固作用主要有：挤密作用、排水作用、置换作用、加筋作用、抗液化作用。碎石(砂)桩适用于处理松散砂土、素填土、杂填土、粉土等地基，处理饱和软黏土地基时应慎重。

(一)设计要点

1. 地基加固范围

根据建筑物的重要性和场地条件及基础形式而定，通常要大于基底面积。一般基础外缘以外应有 1 ~ 2 排碎石(砂)桩，可液化地基基础外缘以外应有 2 ~ 4 排碎石(砂)桩。

2. 桩位布置

对于大面积筏板基础，宜采用梅花形(等边三角形)布置；对于独立基础或条形基础，宜采用正方形、矩形或等腰三角形布置；对于圆形或环形基础，宜用放射形布置。桩位布置示意如图 10-5 所示。

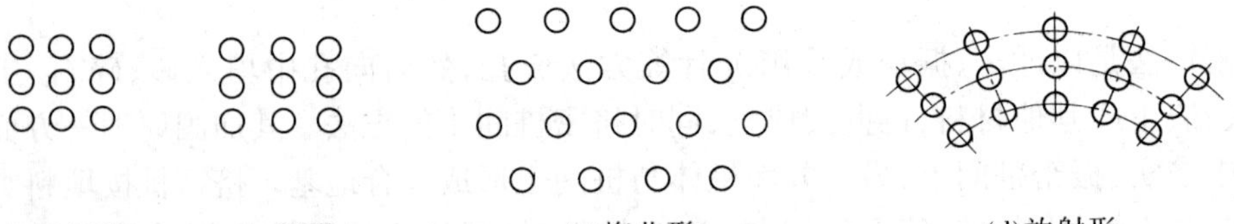

(a)正方形　(b)矩形　(c)梅花形　(d)放射形

图 10-5　桩位布置示意图

3. 桩长的确定

桩长不宜短于 4 m。当相对硬层的埋藏深度不大时，应按相对硬层埋藏深度确定；当相对硬层的埋藏深度较大时，按建筑物地基的变形允许值确定；在可液化的地基中，桩长应按要求的抗震处理深度确定。

4. 桩径的确定

桩径应根据地基土质情况和成桩设备等因素确定。当采用振冲器成桩时，一般桩径为 70 ~ 100 cm；当采用沉管法成桩时，一般桩径为 30 ~ 70 cm；对饱和黏性土地基，宜选用较大的直径。

5. 桩体材料

桩体材料可用中粗混合砂、碎石、卵石、砂砾石等，含泥量不大于 5%；碎石常用粒径为 2 ~ 5 cm，一般不大于 8 cm。

6. 碎石(砂)垫层

碎石(砂)桩施工完毕,基础底面应铺设 20 ~ 50 cm 厚的碎石(砂)垫层。

7. 桩距的计算

松散砂土中打入碎石(砂)桩,假设能起到 100% 的挤密效果,则根据下面的方法确定桩距:

梅花形(等边三角形)布置时

$$L = 0.95d\sqrt{\frac{1 + e_0}{e_0 - e_1}} \tag{10-3}$$

正方形布置时

$$L = 0.90d\sqrt{\frac{1 + e_0}{e_0 - e_1}} \tag{10-4}$$

$$e_1 = e_{max} - D_r(e_{max} - e_{min}) \tag{10-5}$$

式中 L——碎石(砂)桩距;

d——碎石(砂)桩直径;

e_0——地基处理前砂土的孔隙比;

e_1——地基处理后要求砂土达到的孔隙比;

e_{max}、e_{min}——砂土的最大、最小孔隙比;

D_r——地基挤密后要求砂土达到的相对密实度,可取 0.70 ~ 0.85。

黏性土地基,可根据下面的方法计算桩距:

梅花形(等边三角形)布置时

$$L = 1.08\sqrt{A_e} \tag{10-6}$$

正方形布置时

$$L = \sqrt{A_e} \tag{10-7}$$

$$A_e = \frac{A_P}{m} \tag{10-8}$$

式中 A_e——每根碎石(砂)桩承担的处理面积;

A_P——碎石(砂)桩的截面面积;

m——面积置换率。

(二)施工方法

1. 振冲法

振冲法以起重机吊起振冲器,启动潜水电动机后,带动偏心块,使振冲器产生高频振动,同时开动水泵,使高压水通过喷嘴喷射高压水流,在边振边冲的联合作用下,将振冲器沉到土中的设计深度。经过清孔后,就可以从地面向孔中逐段填入碎石,每段填料均在振动作用下被振挤密实,达到所要求的密实度后提升振冲器,如此重复填料和振密,直至地面,从而在地基中形成一根大直径的密实桩体。

振冲挤密的一般施工过程如图 10-6 所示。

2. 沉管法

沉管法最初主要用于制作砂桩,近年来开始用于制作碎石桩,这是一种干法施工。按

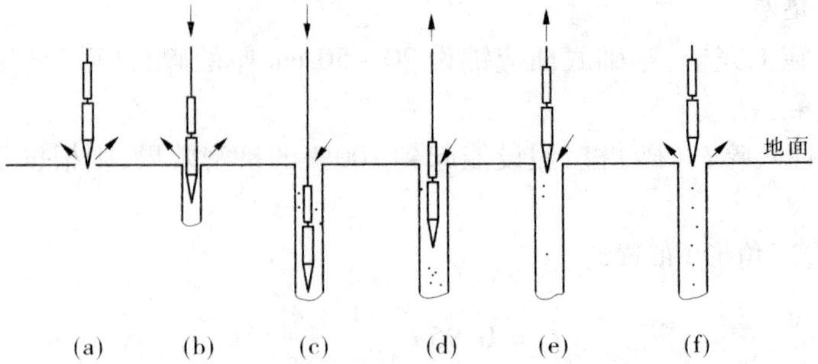

(a)定位;(b)振冲成孔;(c)振冲至桩底填料;

(d)振动成桩;(e)将振冲器上提,振动成桩;(f)完成

图 10-6 振冲法施工过程示意

成桩工艺可分为振动成桩法(含一次拔管法、逐步拔管法、重复压拔管法三种)、锤击成桩法(含单管法和双管法两种)和静压成桩法三类。现以单管锤击成桩法为例,介绍沉管法成桩工艺步骤:①桩管垂直就位;②起动蒸汽桩锤或柴油锤,将桩管打入土层中并至设计标高;③拔起桩管至一定高度,打开投料口,将砂石料投入桩管里;④关闭投料口放下桩管压在砂石料面上;⑤起动桩锤,锤击桩管将砂石料压实;⑥拔起桩管加砂石料,每次投料为 2 手推车,约 0.30 m^3;⑦重复步骤④ ~ ⑥,直至拔管接近桩顶;⑧制桩达到桩顶时,即最后 1 ~2 次加料量适当减少,每次加 1 手推车或 1.5 手推车砂石料,进行锤击压实至桩顶标高,实现封顶。

(三)质量检验

碎石(砂)桩施工结束后,为了使桩周被扰动的土体强度得到恢复,除砂土地基外,均应间隔一定时间才能进行质量检验。对于黏性土地基,间隔时间为 3 ~4 周;对于粉土地基,间隔时间为 2 ~3 周。

工程中常用的质量检验方法有单桩载荷试验和动力触探试验。单桩载荷试验,可按每 200 ~400 根桩随机抽取一根进行检验,但总数不得少于 3 根。对于大型、重要或场地复杂的碎石(砂)桩工程,应进行复合地基处理的效果检验,检验点数量可按处理面积大小取 2 ~4 组。

四、渣土桩法

渣土桩是指用建筑垃圾和工业废料形成的无黏结强度的桩。该项技术既可消纳建筑垃圾和工业废料,又可加固地基,具有显著的社会效益和经济效益,应用前景广阔。

渣土桩施工的方法很多,主要有垂直振动法成桩、垂直静压钢管法成桩和垂直夯击法成桩几类。该方法使桩体密实,挤密效果显著,承载力提高幅度大。另外,对于粒径小的渣土桩,为了提高其效果,可以在渣土料中加入一定比例的黏结剂,如石灰、水泥等,使桩身黏结强度提高,加固效果更好。目前,应用较广泛的是垂直静压钢管法成桩,钢管静压到设计标高后,在钢管内填入建筑垃圾,用重锤反复击打,在桩底形成扩大桩头,然后完成击打密实的建筑垃圾桩身,或在钢管内放置钢筋笼浇筑混凝土,形成建筑垃圾扩底的钢筋混凝土桩。渣土桩的设计原理、设计要点、质量检验与碎石(砂)桩相似,在此不再详述。

五、水泥粉煤灰碎石桩

水泥粉煤灰碎石桩简称 CFG 桩，是由碎石、石屑、砂石和粉煤灰掺适量水泥，加水拌和制成的一种具有一定结构强度的桩。因水泥掺量及配合比不同，桩体强度等级一般为 C5～C20。目前，CFG 桩可加固 30 层以下的高层建筑和多层建筑地基，适用于处理黏性土、粉土、砂土和已自重固结的素填土等地基。对淤泥质土，应按地区经验或通过现场试验确定其适用性。

（一）CFG 桩桩体材料

CFG 桩的骨料为碎石，掺入石屑用来填充碎石的孔隙，改善了骨料的级配，对桩体强度有很大提高，在相同的碎石和水泥掺量下，可使桩体强度增加 50% 左右。碎石粒径一般为 20～50 mm，石屑粒径一般为 2.5～10 mm。

粉煤灰是燃煤发电厂的一种工业废料，既是 CFG 桩中的细骨料，又有低强度等级水泥的作用，可使桩体具有明显的后期强度。水泥则一般采用 42.5 级普通硅酸盐水泥即可。

（二）CFG 桩加固机理

如图 10-7 所示，CFG 桩加固软弱地基主要有三个方面的作用：

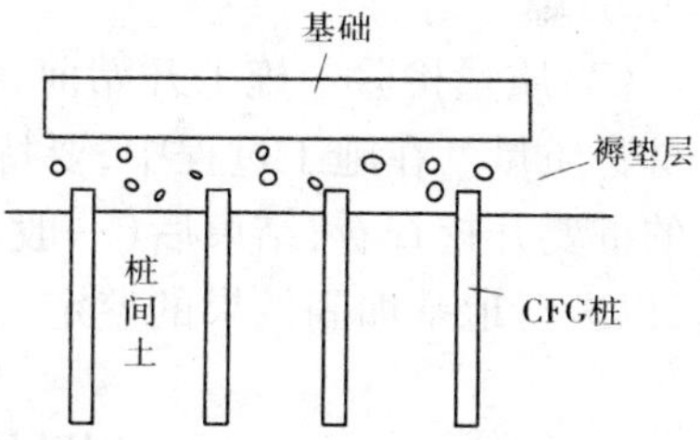

图 10-7　CFG 桩复合地基示意图

（1）桩体作用。桩体具有一定结构强度，基础传给复合地基的应力随地基的变形增加逐渐集中到桩体上，出现明显的应力集中现象，复合地基的 CFG 桩起到了桩体的作用。

（2）挤密作用。施工时，由于振动和挤压作用，使桩间土得到挤密，加固前后桩间土的物理力学性质明显改善。

（3）褥垫层作用。褥垫层技术是 CFG 桩复合地基的一项核心技术。由级配砂石、粗砂、碎石等散体材料组成的褥垫层，可保证桩和土共同承担上部荷载，并有效调整桩和土荷载分担比，减小基础底面的应力集中。褥垫层厚度一般以 10～30 cm 为宜。

（三）设计要点

CFG 桩常采用振动沉管法施工，其桩径根据桩管大小而定，一般为 350～400 mm。桩距的选用需考虑承载力、土性与施工机具等因素，一般为 3～6 倍桩径。在软土地区采用 CFG 桩复合地基方案时，桩端一般应落在较好土层上。

（四）施工要点

常用的施工方法有振动沉管灌注成桩、长螺旋钻孔灌注成桩、长螺旋钻孔泵压混合料成桩、泥浆护壁钻孔灌注成桩等。在实际工程中，振动沉管成桩应用较多，其成桩工艺如下所述：

（1）沉管。桩机进场就位，调整沉管与地面垂直，确保垂直度偏差不大于 1%，启动电机，沉管至预定标高，并作好记录。

（2）投料。混合料按设计配合比经搅拌机加水拌和均匀，待沉管至设计标高后尽快投料，直至管内混合料料面与钢管料口齐平。

（3）振动拔管。启动马达，留振 5～10 s 开始拔管，拔管速度应控制在 1.2～1.5

m/min,边振边拔直至地面。当确认成桩符合设计要求后,用粒状材料或湿黏土封顶,然后移机下一根桩位施工。

(4)施工顺序。在软土中施工,桩距较大可采用隔桩跳打;在饱和的松散粉土中施工,若桩距较小,不宜采用隔桩跳打方案;满堂布桩,无论桩距大小,均不宜从四周向内推进施工。施打新桩时,与已打桩间隔时间不应少于7 d。

(5)保护桩与桩头处理。成桩时预先设定加长的一段桩称为保护桩,基础施工时将其剔掉。设计桩顶标高离地表的距离不大于1.5 m时,保护桩长度可取50~70 cm,上部用土封顶;桩顶标高离地表的距离较大时,保护桩长度可设置为70~100 cm,上部用粒状材料封顶直至地表。

CFG桩施工完毕,待桩体达到一定强度后方可进行基槽开挖(一般为3~7 d),可采用机械和人工开挖方式进行。多余桩头需要剔除,桩头凿开,并适当高出桩间土1~2 cm。

(6)铺设褥垫层。褥垫层所用材料为级配砂石,最大粒径一般不超过3 cm,如粗砂、中砂等。褥垫层厚度一般为10~30 cm。虚铺后采用静力压实,当桩间土含水量不大时方可夯实。

(7)质量检验。施工开始前,可进行工艺试验,以考查设计的桩距和施打顺序能否保证桩身质量。在施工过程中,要特别作好桩顶标高、施工场地标高观测,对桩顶上升量较大的桩要开挖查看;结束后(一般28 d)作桩、土以及复合地基的检测,验算复合地基承载力,以进行地基加固效果的鉴定。

课题七　化学加固法

化学加固法是利用黏土、水泥或化学浆液,通过灌注压入、高压喷射或机械搅拌的方法,使浆液与土颗粒胶结起来,改善土的物理力学性质的一种地基处理方法。

一、灌浆法

灌浆法是指利用液压、气压或电动化学原理,通过注浆管把浆液均匀地注入地层中,浆液以填充、渗透和挤密等方式,挤走土颗粒间或岩石裂隙中的水分和空气后占据其位置,经一定时间后,浆液将原来松散的土粒或裂隙周围的岩石胶结成一个整体,形成一个结构、强度、防水性能和化学稳定性良好的结合体。

灌浆的主要目的有以下几个方面:

(1)防渗。降低渗透性,减少渗流量,提高抗渗能力。

(2)堵漏。封填孔洞,堵截流水。

(3)加固。提高岩土的承载能力。

(4)纠偏。使已发生不均匀沉降的建筑物恢复原位或减少其偏斜度。

灌浆法按加固原理可分为渗透灌浆、压密灌浆、劈裂灌浆和电动化学灌浆等几种。灌浆工程中所用的浆液是由主剂、溶剂及各种附加剂混合而成的,通常所说的灌浆材料是指浆液中所用的主剂。灌浆材料按形态可分为颗粒型浆材、溶液型浆材和混合型浆材三大类。颗粒型浆材以水泥为主剂,故通称为水泥浆材;溶液型浆材是由两种或多种化学材料配制成的，故通称为化学浆材；混合型浆材则是由上述两类浆材按不同比例混合而成的。水泥一直是用途最广和用量最大的浆材，其具有结合强度高、耐久性好、无毒、价格低廉等优点。

二、深层搅拌法

（一）深层搅拌法的加固原理及适用范围

深层搅拌法是通过特制的深层搅拌机械，沿深度将固化剂（水泥浆、水泥粉或石灰粉等，外加一定的掺合剂）与地基土强制搅拌，利用固化剂和软土之间所产生的一系列物理化学反应，使软土硬结成具有整体性、水稳定性和一定强度的地基。深层搅拌法适用于处理淤泥、淤泥质土、粉土和含水量较高且承载力特征值不大于 120 kPa 的黏性土地基，并可根据工程需要将地基加固成块状、柱状、壁状、格栅状等形状的水泥土。深层搅拌法主要用于形成复合地基、基坑支挡结构、止水帷幕等。深层搅拌法施工速度快，无公害，施工过程无振动，无噪声，无地面隆起，不污染环境，对邻近建筑物不产生有害影响，具有较好的经济效益和社会效益。

深层搅拌法的固化剂主要是水泥浆或水泥粉。当水泥浆与软黏土拌和后，水泥颗粒表面的矿物很快与黏土中的水发生水解和水化反应，在颗粒间生成各种水化物。土和水泥水化物之间的物理化学反应过程是比较缓慢的，水泥土硬化需要一定的时间。根据水泥土的基本特性，其强度标准值宜取 90 d 龄期试块的无侧限抗压强度。

（二）深层搅拌法的设计要点

水泥土中水泥含量通常用水泥掺入比 a_w 表示

$$a_w = \frac{\text{掺入的水泥质量}}{\text{被拌和的黏土质量}} \times 100\%$$

试验表明，影响水泥土强度的主要因素有：水泥掺入比 a_w、水泥强度等级、养护龄期、土样含水量、土中有机质含量、外加剂及土体围压等。在工程实践中，水泥掺入比一般为 7% ~15%。

搅拌桩复合地基承载力特征值应通过现场复合地基载荷试验确定，也可按下式计算

$$f_{sp,k} = m\frac{R_k^d}{A_p} + \beta(1-m)f_{s,k} \tag{10-9}$$

式中 $f_{sp,k}$——搅拌桩复合地基承载力特征值，kPa；

m——面积置换率；

R_k^d——单桩竖向承载力特征值，应通过现场单桩载荷试验确定，kPa；

A_p——桩的截面面积，m^2；

$f_{s,k}$——桩间天然地基土承载力特征值，kPa；

β——桩间土承载力折减系数，当桩端土为软土时，可取 0.5 ~1.0，当桩端土为硬土时，可取 0.1 ~0.4，当不考虑桩间软土的作用时，可取 0。

深层搅拌桩加固深度和加固范围取决于软土厚度及基础底面尺寸。当软土厚度不大时，桩体应穿透软土达到硬土层。深层搅拌桩可采用正方形或梅花形（等边三角形）布置。当搅拌桩处理深度以下存在软弱下卧层时，需进行软弱下卧层强度验算。

搅拌桩复合地基的变形包括复合土层的压缩变形和桩端以下未处理土层的压缩变形两部分。复合土层的压缩变形值可根据上部荷载、桩长、桩身强度等按经验取 10 ~ 30 mm。桩端以下未处理土层的压缩变形可按规范规定的分层总和法计算确定。

(三)深层搅拌法施工机具

深层搅拌机械分为喷浆型和喷粉型两种。目前,国内较为常用的有深层双轴搅拌机和深层单轴搅拌机等。

(四)深层搅拌法施工工艺

喷浆型和喷粉型深层搅拌的施工工艺不同。喷浆型深层搅拌的施工工艺如图 10-8 所示。

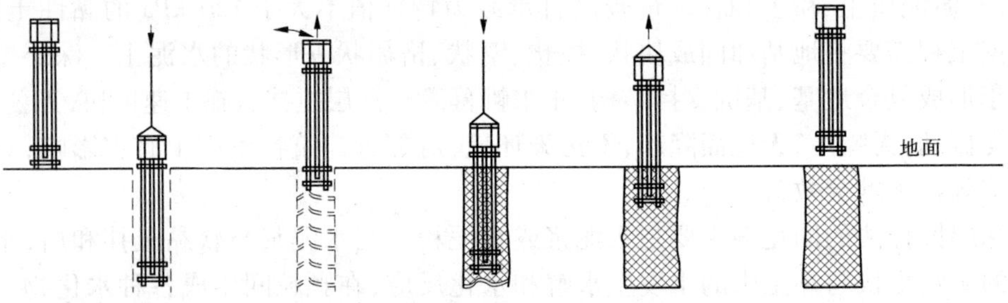

图 10-8　喷浆型深层搅拌的施工工艺

(五)深层搅拌法的施工质量控制和检验

深层搅拌法的施工质量控制要点如下:

(1)垂直度控制。搅拌桩的垂直度偏差不得超过 1.5%。

(2)桩位偏差控制。桩位偏差不得大于 50 mm。

(3)浆材控制。水泥应符合设计要求。

(4)成桩过程控制。施工时主要控制下沉速度、提升速度、水泥用量、喷浆(粉)的连续均匀性以及搅拌施工的均匀性。

(5)施工记录。施工记录应详尽完整。

施工过程中应随时检查施工记录,并对每根桩进行质量评定。对于不合格的桩,应根据其位置和数量等具体情况分别采取补桩或加强邻桩等措施。搅拌桩应在成桩后 7 d 内用触探器钻取桩身加固土样,观察搅拌均匀程度,同时根据触探击数用对比法判断桩身强度。检验桩的数量应不少于已完成桩数的 2%。

对下列情况尚应进行取样、单桩载荷试验或开挖检验:①经触探检验对桩身强度有怀疑的桩应钻取桩身芯样,制成试块并测定桩身强度;②场地复杂或施工有问题的桩应进行单桩载荷试验,检验其承载力;③对相邻桩搭接要求严格的工程,应在桩养护到一定龄期时选取数根桩体进行开挖,检查桩体部分外观质量。

基槽开挖后,应检验桩位、桩数与桩顶质量,若不符合规定要求,应采取有效补救措施。

三、高压喷射注浆法

(一)高压喷射注浆法加固机理及适用范围

高压喷射注浆法就是利用钻机把带有喷嘴的注浆管钻入(或置入)土层预定深度,以20~40 MPa的压力把浆液从喷嘴中喷射出来,形成高压喷射流冲击破坏土层,形成预定形状的空间。当能量大、速度快和脉动状的喷射流的动压力大于土层结构强度时,土颗粒便从土层中剥落下来,一部分细颗粒随浆液冒出地面,其余土颗粒在射流的冲击力和重力等作用下,与浆液搅拌混合,并按一定的浆土比例和质量大小有规律地重新排列。这样,注入的浆液将冲下的部分土混合凝结成加固体,从而达到加固土体的目的。它具有防止砂土液化、止水防渗、增大地基承载力、减少支挡结构物土压力等多种功能。

高压喷射注浆法适用于处理淤泥、淤泥质土、黏性土、粉土、黄土、砂土、人工填土和碎石土等地基。高压喷射注浆法可用于既有建筑和新建建筑的地基处理、深基坑侧壁挡土或挡水、基坑底部加固、防止管涌与隆起以及坝的加固与防水帷幕等工程,但对地下水流速过大和已涌水工程,应慎用。

高压喷射注浆法的固结体形状与喷射流移动方向有关,一般分为旋转喷射(简称旋喷)、定向喷射(简称定喷)和摆动喷射(简称摆喷)三种形式。

(二)高压喷射注浆法的施工工艺

高压喷射注浆法的基本工艺类型有单管法、二重管法、三重管法、多重管法和多孔管法等。

1. 单管法

单管法是利用钻机等设备,把安装在注浆管(单管)底部侧面的特殊喷嘴置入土层预定深度,用高压泥浆泵等装置,以20~40 MPa的压力把浆液从喷嘴中喷射出去冲击破坏土体,同时借助注浆管的旋转和提升运动,使浆液与从土体上落下来的土颗粒搅拌混合,经过一定时间的凝结固化,在土中形成圆柱状的固结体。

2. 二重管法

二重管法使用双通道的二重注浆管。当二重注浆管钻进到土层的预定深度时,通过在管底部侧面的一个同轴双重喷嘴同时喷射出高压浆液和空气两种介质的喷射流冲击破坏土体,即从高压泥浆泵等高压发生装置喷射出20~40 MPa压力的浆液,浆液从内喷嘴中高速喷出,并用0.7 MPa左右压力把压缩空气从外嘴喷出。在高压浆液及其外圈环绕气流的共同作用下,破坏土体的能量显著增大,最后土中形成较大的固结体。固结体的直径显然大于单管法形成的固结体的直径。

3. 三重管法

三重管法分别使用输送水、气、浆三种介质的三重注浆管。在以高压泵等高压发生装置产生20~40 MPa的高压水喷射流的周围,环绕一股0.5~0.7 MPa的圆筒状气流,进行高压水喷射流和气流同轴喷射冲切的土体,形成较大的空隙,由泥浆泵注入压力为0.5~5 MPa的浆液填充,喷嘴作旋转和提升运动,最后在土中凝固为较大的固结体。

课题八　基础托换技术

基础托换技术是指解决既有建筑物的基础处理、基础加固或改建、增层和纠偏，以及解决既有建筑物基础下需修建地下工程，其中包括地下铁道需要穿越既有建筑物，解决因邻近需要建造新建工程而影响到既有建筑物的安全等问题的技术总称。托换技术的根本目的在于提高地基与基础的承载力，有效传递建筑物荷载，从而控制沉降与不均匀沉降，使建筑物恢复安全使用。凡进行基础托换的工程统称为托换工程。

托换技术按照托换的原理可分为补救性托换、预防性托换和维持性托换，按照方法可分为桩式托换、灌浆托换和基础加固托换，按照时间则分为临时性托换和永久性托换。

托换技术是一种建筑技术难度较大、费用较高、工期较长和责任性较强的特殊施工方法。在设计时，应根据既有建筑物场地工程地质和水文地质条件、地基基础情况和现场施工条件等，以安全、经济为原则，采用一种或几种托换法进行处理。

一、托换原理

（一）补救性托换

凡解决对既有建筑物的地基土因不满足地基承载力和变形要求，而需进行地基处理或基础加固的，称为补救性托换。当地基下不深处有较好持力层的建筑物时，可以采用将原有基础加深的托换方法。当软土层很厚而加深基础又会遇到地下水使施工困难时，需要采用扩大原有基地面积达到加固的目的，其是在托换工程中占很大比重的托换技术。

（二）预防性托换

虽然既有建筑物的地基土能够满足地基承载力和变形的要求，但由于附近要修筑新建建筑物基础，因而需要将原有建筑物的基础加深或扩大，称为预防性托换。

（三）维持性托换

在设计新建建筑物基础时，预先设计好顶升措施，以适应今后地基沉降进行调整的需要，称为维持性托换。比如在软黏土地基上建造油罐时，在环形基础中预留安放千斤顶的净空，就属于维持性托换。

二、基础加固托换

有许多既有建筑物或增层建筑工程，常因基础底面积不足而使得地基承载力或变形不满足规范要求，从而导致既有建筑物开裂或倾斜；或由于基础材料老化、浸水、地震或施工质量等因素的影响，原有地基基础已不能适应要求，一般可以采用基础加宽或加深托换技术进行处理。

（一）基础加宽托换

通过基础加宽可以增大基础支承面积，有效降低基底接触压力。基础加宽托换费用低，施工方便，效果明显，应优先考虑。基础加宽托换通常采用混凝土套或钢筋混凝土套加固，具体施工时应注意以下几点：

（1）基础加宽应注意新旧基础的连接，在灌注混凝土前应将原基础凿毛和刷洗干净后再铺一层高强度等级水泥浆或混凝土界面剂，以增强新旧混凝土基础的黏结力。

（2）基础加宽后无筋扩展基础应满足混凝土刚性角要求，扩展基础应满足抗弯要求。

（3）对加套的混凝土或钢筋混凝土的加宽部分，应铺设厚度与原基础垫层相同的垫层，使加套后的基础与原基础的基底标高和应力扩散条件相同且变形协调。

（4）对条形基础应划分成许多单独区段，分别进行分批、分段、间隔施工。

（5）当原基础承受偏心压力时，可采用不对称加宽；当承受中心压力时，可采用对称加宽。

（6）当不宜采用混凝土套或钢筋混凝土套加大基础底面积时，可将原独立基础改成条形基础，将原条形基础改成十字交叉基础或筏形基础，将原筏形基础改成箱形基础。

（二）基础加深托换

基础加深托换也称坑式托换或墩式托换，是直接在被托换建筑物的基础下挖竖坑，再对竖坑横向扩展开挖基础下的横坑，直至到达设计的持力层后，再从坑底浇筑混凝土到基底的托换加固方法。这种加固方法虽未改变作用在地基土上的接触应力，但由于基础埋深加大，可使基础置入较深的好土层，地基承载力也可通过深度修正而有所增加。

基础加深托换法的施工步骤为：

（1）在被托换基础的一侧分批、分段、间隔开挖 1.2 m 长、0.9 m 宽、1.5 m 深的竖坑。

（2）在基础底面下沿横向开挖与基础同宽、深度达到设计持力层的基坑。

（3）采用现浇混凝土浇筑已被开挖出来的基础下坑体，但在离原有基础底面 8 cm 处停止浇筑，养护 1 d 后，再将 1∶1 干硬性水泥砂浆放进 8 cm 的空隙内，充分捣实成填充层。

（4）用同样步骤，再分段、分批挖坑和浇筑坑体，直至全部托换基础的工作完成。

基础加深托换施工遇到软弱地基时应进行坑壁支护，注意防止施工扰动对原基础的影响而出现新的变形，必要时应有预防施工变形的措施。

练习题

1. 地基处理的意义和作用是什么？
2. 地基处理主要有哪些方法？
3. 换土垫层法的基本原理及作用是什么？
4. 加载预压法与真空预压法有何异同？
5. 强夯法加固地基的机理是什么？它与重锤夯实法有何不同？
6. 排水砂井与挤密砂桩有何区别？
7. 化学加固法有哪几种？其加固机理分别是什么？
8. 基础托换技术有哪些？其加固机理分别是什么？

单元十一　区域性地基

教学目标

熟悉软土地基、湿陷性黄土地基、膨胀土地基等区域性地基的工程地质特征及分布状况，掌握区域性地基的工程评价方法及应采取的处理措施。

重点难点

区域性地基的基本特征及工程处理措施。

我国地域辽阔，各地区地理环境、地质构造和历史、气候环境及地层物质成分的差异，使得某些地区的地基土质不同于一般土，其分布存在一定的规律，并表现出明显的区域性和特殊性，故称为区域性地基或特殊土地基。

课题一　软土地基

一、软土地基的特点

由于软土压缩性高、强度低，因此在软土地基上修建各种建筑物时，要特别重视地基的变形问题和稳定问题，尤其是变形问题。过大的沉降及不均匀沉降造成了软土地区大量的工程事故。

沉降速率大是软土地基的又一特点，如果作用在地基上的荷载过大，加载速率过快，则可能出现等速沉降或加速沉降的现象，导致地基破坏。此外，由于渗透性差，软土地基上的建筑物沉降稳定历时较长，其沉降有时可延续数十年之久。

山区软土下部常存在有倾斜基岩或其他坚硬地层倾斜面，其坡度较大时，对建筑物来说是个隐患，除造成不均匀沉降外，还可能引起倾斜基岩面上软土蠕变滑移，导致地基失稳。因此，遇到这种情况时，除考虑变形外，还应考虑地基的稳定性问题。

二、软土地基的工程措施

在软土地区进行建筑物和构筑物的设计和施工时，必须从地基、建筑、结构、施工、使用等方面综合考虑，采取相应工程措施，保证建筑物的安全和正常使用。软土地基设计中经常采取以下措施：

(1)若黏土表层有密实土层(一般厚1～2 m)，应充分利用其作为天然地基的持力层，基底尽可能浅埋，埋深可定为500～800 mm。

(2)尽可能减少建筑物基底的附加应力，可采用轻型结构、轻质墙体、空心构件，并可以扩大基础底面积、设置地下室或半地下室等方法。

(3)合理调整各部分的荷载分布、基础宽度或埋置深度,减少不均匀沉降。

(4)采用换土垫层或桩基础等,但应注意软土的欠固结特性和可能产生的负摩阻力,可在负摩阻力分布范围内,对桩身表面进行适当处理,如涂抹沥青等。

(5)铺设砂垫层,可起到两个方面的作用:一方面可以减少作用在软土上的附加应力,减少建筑物沉降;另一方面有利于软土中水分的排出,缩短土层固结时间,使建筑物较快地达到稳定。

(6)采取砂井、砂井预压、电渗法等处理措施,加速土层排水固结,以提高地基承载力。当黏土中夹有薄砂层时,更利于采用砂井预压法来减小土的压缩性,提高地基强度。

(7)当软土地基加载过快时,容易发生地基土流塑挤出的现象。可以采取控制施工进度、在建筑物四周打板桩围墙和反压法等措施来防止地基侧向滑动。

(8)遇到局部软土及暗沟等情况时,可根据具体情况,采取基础梁、换土、桩基础或其他方法处理。

(9)施工时,应注意保护软土基坑以减少扰动。

(10)当一个建筑群中有不同型式的建筑物或地面下有一系列管道设施时,应当从沉降观点去考虑其相互影响。同一建筑物有不同结构型式时必须妥善处理(尤其是在地震区)。不同基础形式的建筑物,其上部结构必须断开。

(11)建筑物附近有大面积堆载或相邻建筑物距离过近时,应采用桩基础。

(12)在建筑物附近或建筑物内开挖深基坑时,应考虑边坡稳定及降水所引起的问题。

(13)在建筑物附近不宜采用深井取水,必要时应通过计算确定深井的位置及限制抽水量,并采取回灌措施。

课题二　湿陷性黄土地基

一、黄土的特征

黄土是第四纪以来在干旱和半干旱地区,由于水的动力作用等原因沉积的,以粉粒(0.005 ~ 0.075 mm)为主,呈棕黄、灰黄或黄褐色,富含钙质的黏性土。

(一)黄土的主要特性

黄土一般具有较高的强度和较低的压缩性,但遇水浸湿后,有些黄土在上覆土自重压力或者自重压力与附加应力共同作用下发生显著变形,强度也随之迅速降低,这类黄土称为湿陷性黄土。不发生湿陷的黄土即为非湿陷性黄土。按形成年代的早晚,我国的黄土可分为老黄土和新黄土。老黄土土质密实,颗粒均匀,无大孔或略带大孔隙,如午城黄土、离石黄土等,一般不具湿陷性;新黄土如马兰黄土等,大孔隙发育,颗粒结构不稳定,一般具有湿陷性。

常见湿陷性黄土的主要特性有:①颜色以黄色、褐黄色为主,有时呈微红、棕红、灰黄色等;②颗粒以粉粒为主,几乎没有粒径大于 0.25 mm 的颗粒;③颗粒结构不稳定,具有多孔隙性,孔隙比一般大于 0.8,有时存在肉眼可见的大孔隙,直径为 0.5 ~ 1.0 mm;④富含碳酸钙盐类($CaCO_3$);⑤垂直节理发育,在天然状态下能经常保持垂直边坡。

湿陷性黄土又分为自重湿陷性黄土与非自重湿陷性黄土两种。自重湿陷是指土层浸水后,仅仅由于土的自重发生的湿陷;非自重湿陷是指土层浸水后,在土的自重压力下不发生湿陷,只有在自重压力及附加应力的共同作用下才发生湿陷。

(二)产生湿陷的原因和影响因素

(1)黄土受水浸湿后,结合水膜增厚楔入颗粒之间,结合水联结消失,可溶性盐类溶解和软化,骨架强度降低,土体在外力或自重作用下结构迅速破坏,土粒滑向大孔隙而产生沉陷。

(2)黄土中胶结物的含量和成分,以及颗粒的组成和分布,对于黄土的结构特点和湿陷性有着重要的影响。胶结物含量大,黏粒含量多,黄土的结构致密则湿陷性降低;反之,结构疏松则湿陷性强。此外,黄土中的盐类:若以难溶的碳酸钙为主,则湿陷性弱;若以石膏及易溶盐为主,则湿陷性强。

(3)黄土的湿陷性还与孔隙比、含水量及所受压力有关。天然孔隙比越大或天然含水量越小则湿陷性越强。在天然孔隙比和含水量不变的情况下,压力增大,则黄土湿陷性增加,但当压力超过某一数值后,再增加压力,湿陷量反而减小。

(4)液限是决定黄土力学性质的另一重要指标。当黄土的液限超过30%时,黄土的湿陷性较弱,且多表现为非自重性湿陷;当黄土的液限小于30%时,黄土的湿陷性一般较强。

总之,黄土的结构特征及其物质成分是产生湿陷的内在原因,而受水浸湿和荷载作用为黄土湿陷的外因。

二、黄土地基的湿陷性评价

(一)黄土地基的湿陷性评价内容

(1)判定黄土地基是湿陷性的还是非湿陷性的。

(2)若为湿陷性黄土地基,还要判定是自重湿陷性的还是非自重湿陷性的。

(3)判定湿陷性黄土地基的湿陷等级,即地基浸水后的湿陷程度。

(二)湿陷性的判别

一般采用湿陷系数δ_s(也称相对湿陷系数)来反映黄土的湿陷变形特征。先求出湿陷系数δ_s,然后根据湿陷系数δ_s进行判断。湿陷系数δ_s是单位厚度土样在一定压力作用下受水浸湿后所产生的湿陷量,由室内压缩试验测定。当$\delta_s < 0.015$时定为非湿陷性黄土;当$\delta_s \geq 0.015$时定为湿陷性黄土。具体可参见《湿陷性黄土地区建筑规范》(GB 50025—2004)的规定。

(三)湿陷类型划分

湿陷性黄土分为自重湿陷性黄土和非自重湿陷性黄土两种,其划分可按实测自重湿陷量Δ'_{zs}(根据现场试坑浸水试验确定)或计算自重湿陷量Δ_{zs}(在室内压缩试验条件下自重应力作用而计算的湿陷量)来判定。规范规定:Δ'_{zs}(或Δ_{zs})≤ 7 cm时,为非自重湿陷性黄土;Δ'_{zs}(或Δ_{zs})>7 cm时,为自重湿陷性黄土。

（四）湿陷等级的划分

黄土地基的湿陷等级共分为四级，根据基底下各层土累计的总湿陷量 Δ_s（湿陷性黄土地基受水浸湿饱和至下沉稳定的总变形量）和自重湿陷量 Δ_{zs} 确定。湿陷等级越高，对建筑物的危害性越严重。

三、湿陷性黄土地基的工程处理措施

黄土地基湿陷性处理的主要目的是改变湿陷性黄土的内部结构，减少地基的孔隙比。处理方法可根据地基的特性、处理深度、施工设备等因素综合分析选定。当需要采取注浆或桩基础等特殊处理措施时，应通过试验确定其可行性、设计参数和施工工艺。

（一）防水措施

采用防水措施的目的主要是消除引起地基湿陷的外部因素。在建筑物布置、场地排水、屋面排水、地面排水、散水、排水沟、管道敷设、管道材料和接口等方面，应采取措施防止雨水或生产、生活用水的渗漏。在做好基本防水工作的基础上，对防护范围内的地下管道，应增设检漏管沟和检漏井；同时，在检漏防水措施的基础上，应提高防水地面、排水沟、检漏管沟和检漏井等设施的设计标准，如增设卷材防水层，采用钢筋混凝土排水沟等。

（二）结构措施

在建筑物设计中，应从地基、基础和上部结构相互作用的概念出发，采取适当的措施，增强建筑物适应或抵抗因湿陷引起的不均匀沉降的能力。可采取的结构措施主要包括：选择适宜的上部结构和基础形式；加强建筑物的整体性与空间刚度；设置沉降缝，增设横墙；结构设计时适当预留适应沉降的净空间等。

课题三　膨胀土地基

一、膨胀土的特征

膨胀土一般是指黏粒成分主要由亲水性黏粒矿物组成的，具有吸水膨胀、软化崩解和失水急剧收缩开裂、胀缩性能显著的黏性土。一般黏性土都具有膨胀和收缩的特性，但胀缩量不大，而膨胀土的膨胀—收缩—再膨胀的周期性变化特性非常显著，对工程建筑物的稳定性影响很大，应予以足够的重视。

（一）膨胀土的主要特性

1. 胀缩性

膨胀土的黏粒含量很高，粒径小于 0.002 mm 的颗粒含量常超过 20%。膨胀土的塑性指数 $I_P > 17$，液限 $\omega_L > 40\%$，天然含水量与塑限接近，液性指数 I_L 常小于零，呈坚硬或硬塑状态。自由膨胀率一般超过 40%。膨胀土的胀缩变形随含水量的变化而变化，初始含水量与胀后含水量越接近，土的膨胀越小，收缩的可能性和收缩值就越大。

2. 多裂性

普遍发育各种形态的裂隙是膨胀土的另一显著特征。膨胀土裂隙成因复杂，形状各异，大小不一，但在土体中广泛分布。膨胀土裂隙的形成与其成土过程、胀缩效应、风化作用等因素有关。这些裂隙将土体分割成不同几何形状的块体，破坏了土体的完整性，易造成边坡的坍塌。

3. 超固结性

膨胀土具有原始密度高、天然孔隙比小、粒间连接紧密、水平应力大的特点，随着土体的开挖，将产生明显的卸荷膨胀，使土体内积聚的能量逐渐释放，原有的较大水平应力完全由路堑体相应水平面上的剪应力承受，并在坡脚处产生较大的应力集中，极易出现坍塌。

4. 崩解性

膨胀土浸水后体积膨胀，发生崩解，强膨胀土浸水后几分钟即完全崩解。

5. 强度衰减性

膨胀土具有典型的“变动强度”特征，即土体的强度随时间而变化。新开挖的边坡土体，处于天然含水量的原始结构状态，其抗剪强度较高。随着时间的推移，暴露于大气中的边坡土体：一方面由于膨胀土的超固结性而使土体产生卸载膨胀，强度将有所降低；另一方面受温度和水等外界因素的影响，土体经过反复的胀缩作用，原始结构遭到破坏，原始破裂张开扩大，新生裂隙不断产生，应力集中现象越来越严重，形成局部破坏区，土体强度将显著降低。同时，随着裂隙的发展，土中吸入水分增加，土粒周围的结合水增加，结合水膜将发生膨胀，强度也将显著降低。

(二)对工程建筑的危害

1. 对建筑物的影响

膨胀土地基中易于遭受破坏的大都为埋置深度较浅的低层建筑物。房屋损坏具有季节性和成群性两大特点。房屋墙面角端的裂缝常表现为山墙上的对称或不对称的倒八字形缝、X 形交叉裂缝，外纵墙下部因受到地基膨胀过程中产生的剪切力和侧向水平推力作用而产生水平裂缝和位移，室内地坪和楼板则发生纵向隆起开裂。

2. 对道路交通条件的影响

膨胀土地区的道路由于路基内土层中含水量的不均匀变化，引起不均匀胀缩，产生幅度很大的横向波浪形变形。雨季路面渗水，路基浸水软化，在行车荷载下产生泥浆，并沿路面裂缝、伸缩缝溅浆冒泥。

3. 对边坡稳定的影响

膨胀土地区的边坡坡面易受大气风化的作用，在干旱季节蒸发强烈，坡面剥落。雨季坡面冲蚀，土体吸水饱和，在重力及渗透压力作用下，沿坡面向下产生流塑状溜塌。当雨量集中时，还会形成泥流，堵塞涵洞，淹没路面，甚至引起破坏性很大的滑坡。膨胀土地区的滑坡一般呈浅层的牵引式滑坡。经验表明，建在坡度大于 5°场地的房屋，沉降量大，损坏也比较严重。

(三)影响膨胀土胀缩变形的主要因素

膨胀土的胀缩变形特性由土的内在因素所决定，同时受到外部因素的制约。胀缩变形的产生是膨胀土的内在因素在外部适当的环境条件下的综合作用的结果。内在因素主要有矿物成分、微观结构特征、黏粒的含量、土的密度和含水量、土的结构强度。外部因素主要有气候条件、地形地貌条件、树根的吸水作用以及日照的时间和强度等因素。

二、膨胀土地基的评价

(一)膨胀土的胀缩指标

在进行膨胀土的地基评价时,常采用下列指标。

1. 自由膨胀率

将人工制备的磨细烘干土样经无颈漏斗注入量杯,量其体积,然后倒入盛水的量筒中,经充分吸水膨胀稳定后,再测其体积。增加的体积与原体积的比值称为自由膨胀率。

2. 膨胀率

膨胀率表示原状土在侧限压缩仪中,在一定压力下,浸水膨胀稳定后土样增加的高度与原高度之比。

3. 收缩系数

原状土样在直线收缩阶段,含水量减少1%时竖向线收缩率的改变即为收缩系数。

(二)膨胀土的判别

判别膨胀土的主要依据是工程地质特征与自由膨胀率。《膨胀土地区建筑技术规范》(GBJ 112—87)中规定,凡是具有下列工程地质特征的场地且自由膨胀率 $\delta_{ef} \geqslant 40\%$ 的土应判定为膨胀土:

(1)裂隙发育,常有光滑面和擦痕,有的裂隙中充填着灰白、灰绿色的黏土,在自然条件下呈坚硬或硬塑状态。

(2)多出露于二级或二级以上阶地、山前和盆地边缘丘陵地带,地形平缓,无明显自然陡坎。

(3)常见浅层塑性滑坡、地裂,新开挖坑(槽)壁易发生坍塌等。

(4)建筑物裂缝随气候变化而张开和闭合。

三、膨胀土地基的工程措施

膨胀土地基的工程建设应根据当地气候条件、地基胀缩等级、场地工程地质和水文地质条件,结合当地建筑施工经验,因地制宜采取综合措施,一般可从以下几个方面考虑。

(一)设计措施

选择场地时应避开地质条件不良地段,如浅层滑坡、地裂发育、地下水位变化剧烈等地段。尽量布置在地形条件比较简单、地质较均匀、胀缩性较弱的场地。坡地建筑物应避免大开挖,依山就势布置,同时应利用和保护天然排水系统,并设置必要的排洪、截流和导流等排水设施,加强隔水、排水,防止局部浸水和渗漏现象。

建筑物不宜过长,在地基不均匀、建筑平面转折、高差较大及建筑结构类型不同处,应设置沉降缝。民用建筑层数应多于2层,以加大基底压力,防止膨胀变形,并合理确定建筑物与周围树木间的距离,避免选用吸水量和蒸发量大的树种进行绿化。

(二)结构措施

结构上应加强建筑物的刚度,承重墙宜采用拉结较好的实心砖墙,不宜采用空斗墙、砌块墙或无砂混凝土砌体,避免采用对变形敏感的砖拱结构、无砂大孔混凝土和无筋中型砌块等。基础底部和房屋顶层应设置圈梁,其他层隔层设置或层层设置。建筑物的角度和内外墙的连接处必要时可增设水平钢筋。

(三)地基处理

减小或消除地基膨胀对建筑物的危害的常用地基处理方法有换土垫层法、土性改良法、深基础法等。换土应采用非膨胀性黏土、砂石或灰土等材料,厚度应通过变形计算确定,垫层宽度应大于基底宽度。土性改良可通过在膨胀土中掺入一定量的石灰来提高土的强度,也可采用压力灌浆将石灰浆液灌注到膨胀土的裂缝中起加固作用。当大气影响深度较深,膨胀土层较厚,选用地基加固或墩式基础施工困难时,可选用基础穿越。

(四)施工措施

在施工中,应尽量减少地基中含水量的变化。基槽开挖施工宜分段快速作业,避免基坑岩(土)体受到暴晒或浸泡,雨季施工应采取防水措施。当基槽开挖接近基底设计标高时预留 150~300 mm 厚土层,待下一工序开始前挖除,基槽验槽后应及时封闭坑底和坑壁,基坑施工完毕后,应及时分层回填夯实。

课题四　红黏土地基

红黏土是碳酸盐系裸露区的岩石(石灰石、白云岩等)在亚热带高温潮湿气候条件下,经长期的化学风化作用(又称红土化作用),形成的棕红、褐黄等颜色的高塑性黏土。红黏土包括原生红黏土与次生红黏土。原生红黏土的液限一般大于50%,具有表面收缩、上硬下软、裂隙发育等特征,通常堆积在山麓坡地、丘陵、洼地中,主要为残积和坡积型,常常为岩溶地区的覆盖层,受地基起伏影响,厚度变化较大。若红黏土经搬运后沉积形成新土层,但仍保留其基本特征,其液限大于45%,则称为次生红黏土。

一、红黏土的工程地质特征

(一)矿物化学成分

红黏土的矿物成分主要为石英和高岭石(或伊利石),化学成分以 SiO_2、Fe_2O_3、Al_2O_3 为主。土中基本结构单元除有静电引力和吸附水膜联结外,还有铁质胶结,使土体具有较高的连接强度,抑制土粒扩散层厚度和晶格扩展,在自然条件下具有较好的水稳定性。由于红黏土分布区气候潮湿多雨,含水量远高于其缩限,在自然条件下失水,土粒结合水膜减薄,颗粒距离缩小,使红黏土具有明显的收缩性和裂隙发育特征。土中裂隙发育深度一般为 2~4 m,有些可达 7~8 m。在这类地层内开挖,开挖面暴露后其裂隙发展迅速,土体整体性遭到破坏而易丧失稳定性。

(二)物理力学性质

红黏土中较高的黏土颗粒含量(55%~70%)使其孔隙比较大(1.1~1.7),常处于饱和状态($S_r>85\%$),天然含水量(30%~60%)、液限(60%~110%)、塑限(30%~60%)都很高,但液性指数较小(-0.1~0.4),即红黏土以含结合水为主,故其含水量虽高,但土体一般仍处于硬塑或坚硬状态,且具有较高的强度和较低的压缩性。在孔隙比相同时,其承载力为软黏土的 2~3 倍。此外,红黏土的各种性能指标变化幅度很大,具有较高的分散性。

（三）不良工程特征

从土的性质来说，红黏土是较好的建筑物地基，但也存在一些不良工程地质：①有些地区的红黏土具有胀缩性；②厚度分布不均，常因石灰岩表面石芽、溶沟等的存在而使其厚度在近距离内相差悬殊；③上硬下软，从地表向下由硬至软明显变化，接近下卧基岩面处，土常呈软塑或流塑状态，土的强度逐渐降低，压缩性逐渐增大；④因地表水和地下水的运动引起冲蚀和潜蚀作用，岩溶现象一般较为发育，在隐伏岩溶上的红黏土常有土洞存在，从而影响场地稳定性。

二、红黏土的地基评价

（一）地基稳定性评价

红黏土在天然状态下，膨胀量很小，但具有强烈的失水收缩性，土中裂隙发育是红黏土的一大特征。在靠近地表部位或边坡地带，红黏土裂隙发育，且呈竖向开口状，这种土单独的土块强度很高，但由于裂隙破坏了土体的连续性和整体性，使土体整体强度降低。当基础浅埋且有较大水平荷载，外侧地面倾斜或有临空面时，要首先考虑地基稳定性问题，土的抗剪强度指标及地基承载力都应作相应的折减。另外，红黏土与岩溶、土洞有不可分割的联系，由于基岩岩溶发育，红黏土常有土洞存在，在土洞强烈发育地段，地表塌陷，严重影响地基稳定。

（二）地基承载力评价

由于红黏土具有较高的强度和较低的压缩性，在孔隙比相同时，它的承载力是软黏土的2～3倍，是建筑物的良好地基。它的承载力确定方法有：①原位试验，浅层土进行静载荷试验，深层土进行旁压试验；②按承载力公式计算，其抗剪强度指标应由三轴试验求得，当使用直剪仪快剪指标时，计算参数应予以修正，对 C 值一般乘0.6～0.8系数，对 φ 值乘0.8～1.0系数；③在现场鉴别土的湿度状态，由经验确定，按相关分析结果，由土的物理性质指标按相关表格求得。红黏土承载力的评价应在土质单元划分的基础上，根据工程性质及已有研究资料，选用上述承载力方法综合确定。由于红黏土湿度状态受季节变化，还受地表水体和人为因素的影响，在承载力评价时应予以充分注意。

（三）地基均匀性评价

《岩土工程勘察规范》(GB 50021—2001)按基底下某一临界深度值 z 范围内的岩土构成情况，将红黏土地基划分为两类：Ⅰ类(全部由红黏土组成)和Ⅱ类(由红黏土和下伏基岩组成)。对于Ⅰ类红黏土地基，可不考虑地基均匀性问题；对于Ⅱ类红黏土地基，根据其不同情况，设检验段验算其沉降差是否满足要求。

三、红黏土地基的工程处理措施

在工程建设中，应根据具体情况，充分利用红黏土上硬下软的分布特征，基础尽量浅埋。当红黏土层下部存在局部的软弱下卧层和岩层起伏过大时，应考虑地基不均匀沉降的影响，并采取相应的措施。

(1)根据红黏土地基湿度状态的分布特征，一般尽量将基础浅埋，尽量利用浅部坚硬或硬塑状态的土作为持力层，这样既能充分利用其较高的承载力，又可使基底下保持相对较厚的硬土层，使传递到软塑土上的附加应力相对减小，以满足下卧层的承载力要求。

(2) 对于不均匀地基，可采取如下措施：①对地基中石芽密布、不宽的溶槽中有不小于《岩土工程勘察规范》(GB 50021—2001)规定厚度红黏土层的情况，可不必处理，而将基础直接置于其上；若土层超过规定厚度，可全部或部分挖出溶槽中的土，并将墙基础底面沿墙长分段造成埋深逐渐增加的台阶状，以便保持基底下压缩土层厚度逐渐变化以调整不均匀沉降，此外也可布设短桩将荷载传至基岩；对于石芽零星分布，周围有厚度不等的红黏土地基，其中以岩石为主的地段，应处理土层，以土层为主的地段，则应以褥垫法处理石芽。②对基础下红黏土厚度变化较大的地基，主要采用调整基础沉降差的办法，此时可以选用压缩性较低的材料进行置换或密度较小的填土来置换局部原有的红黏土以达到沉降均匀的目的。③对地基中有危及建筑物安全的岩溶和土洞也应进行处理。

课题五　山区地基

由于工程地质和水文地质条件比较复杂和特殊，山区(包括丘陵地带)地基与平原地基相比，具有某些特点，其中主要是不均匀性，这是由于：

(1) 在建筑物地基压缩层范围内，常常遇到基岩的部分露头和表面倾斜，或者是有大块孤石存在，形成软硬不均匀的岩土地基。

(2) 山区地表高差大，平整场地中，大挖大填的结果是形成不均匀的半挖半填地基。

在山区建设中，应对建设场区作必要的工程地质和水文地质评价，对建筑物有直接危害或潜在危害的滑坡、泥石流、崩塌以及岩溶、土洞等强烈发育的地段，一般不允许作为建设场地，如必须使用这类场地，则应采取可靠的防治措施。

一、山区岩石地基和岩土地基

(一) 山区岩石地基

岩石地基常具有强度高和压缩性低的特点。对于一般建筑来说，其强度和变形均能满足上部结构的影响。因此，在山区建设中，应广泛采用岩石作为地基的持力层，但在风化严重、破碎剧烈的地段，若不加处理则不宜作为建筑物的地基。对这些地区常采用以下处理方法：

(1) 在砖墙承重的建筑中，如果上部结构传来的荷载较小，或者岩石的承载力高时可在清除基岩表面的风化层上直接砌筑墙体，而不必做基础。

(2) 在预制柱承重的建筑中，如果上部结构传来的荷载较小，无偏心或偏心很小，基岩饱和单轴抗压强度大于 300 kPa，整体性好，无明显风化特征，则直接在基岩上开凿基坑。

(3) 对于现浇钢筋混凝土柱，若为中心受压或小偏心受压，则可将柱子钢筋插入基岩作为锚桩基础；若为偏心受压柱，为了承受拉力，当岩石强度较低时，可将柱底放大做成大放脚，以便布置较多的锚桩。

(4) 锚桩除用于承受建筑物基础的拉力或水平力外，还可用于锚固挡土墙和加固岩质边坡。

(5) 当利用岩石地基时，要特别注意各类岩石的特性，采取相应的防风化措施。若地基为易风化的页岩，则基坑开挖后应立即浇筑混凝土垫层。常见的石灰岩，若构造裂隙发育，当作为建筑物的地基时，其中较大的裂缝宜用水泥砂浆填实，基础修建好，四周应及时作好防水处理。

（二）山区岩土地基

在建筑物地基的主要受力层范围内，若遇下列情况之一，则认为是岩土地基：①下卧基岩表面坡度较大（$>10\%$）；②石芽密布并有出露；③有大块孤石或个别石芽出露等。在这些地区从事建筑时，突出的问题是地基的不均匀性。因此，在规划时，宜将主体建筑布置在场地中较好的地段。

1. 下卧基岩表面坡度较大的地基

由于基岩表面倾斜，使基底下层厚薄不均。在设计时，除要考虑由于岩性和厚度的变化，以致地基土的承载力和压缩性相差悬殊而引起建筑物不均匀沉降外，还要考虑地基的稳定性，即上覆土层是否可能沿倾斜的岩基表面产生滑动。在满足地基稳定条件的前提下，若坚硬基岩与基础底面之间的土层厚度大于30 cm，则建筑物的不均匀沉降可根据地基土的厚度及压缩性进行验算。对于一般中小型建筑物：当结构类型和地质条件符合要求时，可不作变形验算和地基处理；当结构类型和地基条件不满足要求时，应作变形验算，在差异变形超过容许值时，才考虑进行地基处理。

2. 石芽密布并有出露的地基

石芽密布并有出露的地基一般在岩溶地区，在我国贵州、广西和云南等地多见，其基本特点是基岩表面起伏较大，石芽之间多被红黏土所充填。勘探这类地基土时，即使把勘探点加密，也不易查清岩面起伏变化的全貌，往往需要根据基槽开挖后的地基实际情况确定对策。

关于这类地基的变形问题，目前尚无法进行理论计算，但实践表明，由于充填在石芽间的红黏土承载力较高，压缩性较低，石芽间的土层处于侧限受力状态，其变形量小于同类土在一般情况下的变形量，所以建造在这种地基上的大量中小型建筑物，虽未作地基处理，但一直正常使用。若石芽间由软土充填，则因土的变形大，可能使建筑物产生过大的不均匀沉降，应作地基处理。

3. 大块孤石地基

在山前洪积层中或冰碛层中常出现大块孤石。这类地基类似于岩层面相对倾斜和个别石芽出露的地基，其变形条件对建筑物最为不利。若孤石接触基础底面，一般都应进行处理，否则，建筑物极易开裂，处理这类地基多采用褥垫法。

4. 山区岩土地基的处理

不均匀岩土地基的处理在山区建设中占有重要的地位，抓住了这个环节，就既能保证基础工程质量，又可节省建设资金。对不均匀岩土地基的处理可分为结构措施和地基处理两方面，在多数情况下，两者是相互协调和补偿的。

二、山区填土地基

（一）填土地基的特点

在山区利用填土作为建筑物地基，必须同时考虑地基的稳定、变形和强度三个方面的问题。在这三个问题中，首先是稳定问题，只有作为建筑物地基的填土层在其本身自重和建筑物重量的作用下，不致产生滑动的条件下，才能在填土层上做浅基础；其次是变形问题，填土地基可能产生的绝对沉降值及与原状土地基的差异沉降是否会超过该类建筑物的容许值；再次是强度问题，包括填土本身是否具有足够的强度以及下卧层土的强度。总之，在不丧失稳定的条件下，填料的性质、压实程度是决定能否做浅基础的关键。填土的压实方法可采用机械碾压压实法和重锤夯实法，近年来，不少工程还采用了强夯法，效果较好。

（二）对填料的要求

填土土料的选择，应以就地取材为原则，如碎石、砂夹石、土夹石和黏性土都是良好的填料，但前三种要注意其颗粒级配，而后者则要注意其含水量。淤泥、耕土、冻土、膨胀性土以及有机物含量大于8%的土都不得作为填料。当填料含有碎石时，碎石粒径一般不宜大于20 cm。

（三）质量控制和检验

压实填土地基在施工前应清除基底杂草、耕土和软弱土层。填土要在最优含水量时压实，若填料的天然含水量和最优含水量有差别，应把土晾干或加水，加水可在碾压现场或在取土地点进行，加水应力求均匀。

填土的压实设备种类繁多，羊足碾压实机对黏土的压实效果好，重型胶轮碾压机和平板振动压实机适用于砂土，而振动碾压机则对泥夹石和砂石类土较为有效。

在填料和压实机械已定的条件下，保证压实填土地基质量的三个关键因素是：控制合适的含水量、每层需铺厚度和碾压遍数。每层需铺厚度和压实遍数与压实机械功能的大小有关，一般应在现场通过试验确定，当无试验资料时，可参考经验值。

填土地基的质量检验，一般是在施工过程中分层测定土的干重度，并与控制值比较，或采用静力、动力触探法检验，也可两者同时采用。用触探法时，宜预先通过碾压试验在触探指标与土的干重度之间建立对应关系。施工时，所用填料、施工机械和工艺应与试验时相同，根据工程需要，每100～500 m^2 内应有一个检验点，经检验未到达设计要求的填土，应增加碾压遍数或重新碾压。

三、滑坡、崩塌和泥石流

（一）滑坡

岩质或土质边坡在一定的地形地貌、地质构造、岩土性质、水文地质等自然条件下，由于地表水及地下水的作用或受地震、爆破、切坡、堆载等因素的影响，斜坡土石体在重力作用下，失去原有的稳定状态，沿着斜坡方向向下作长期而缓慢的整体移动，这种现象称为滑坡。

1.滑坡的形成条件

1）影响滑坡的内部条件

引起滑坡的根本原因在于组成斜坡的岩土性质、结构构造和斜坡的外形，这些因素是决定滑坡发生与否及其类别的内部条件。因此，为了预防滑坡的产生和对现有滑坡采取整治措施，就要研究滑坡与斜坡的物质组成、结构及外形之间的关系。

2）影响滑坡的外部条件

水的作用、地震和人为因素的影响则是产生滑坡的外部条件。人工开挖坡脚或大量雨水渗入坡体之所以能诱发滑坡，是因为斜坡内部存在着产生滑坡的条件，是外因通过内因起作用的结果。

2. 滑坡的预防与整治

1）滑坡的预防

滑坡会危及建筑的安全，一旦发生，土石体的结构就会遭到破坏，无论采取何种整治措施，同预防相比，其费用都会增加很多。因此，在山区建设中，对滑坡必须采取以预防为主的方针。在勘察、设计、施工和使用各个阶段，都应注意预防滑坡的产生，认真地对山坡的稳定性进行分析和评价，并采取相应的预防措施以便防止滑坡的发生。

2）滑坡的整治

滑坡如已发生，就应通过工程地质勘察判明滑坡的原因、类别和稳定程度，然后分轻重缓急，因地制宜地采取各种相应的措施。常见措施有以下几种：

（1）排水。排出滑坡体内、外的地表水和地下水是整治各类滑坡的首要措施。

（2）支挡。由于失去支承而引起的滑坡，修建支挡构筑物对迅速恢复其稳定起着关键的作用。

（3）减重与反压。滑坡体若处于头重脚轻的状态，并且在坡脚有一抗滑地段，采取在抗滑体上部减重、在坡脚回填反压的办法，可使滑坡体的稳定从根本上得到改善，但在实际工程中，常采取减重与支挡相结合的措施。

（4）护坡措施。当边坡土质由碎石土、破碎带或软弱岩层所组成时，应尽快地对坡面进行加固和防护，通常采用的方法有机械压实、铺设草皮、三合土抹面、喷水泥砂浆、用混凝土或浆砌石护坡等。

（二）崩塌

在地势陡峭、地质条件复杂的斜坡上，由于岩石风化、地震和水等其他因素的影响，常有部分岩体突然从悬崖峭壁上崩落下来，并顺着山坡猛烈翻滚跳跃、相互撞击而落在坡脚，这种现象称为崩塌。

影响崩塌的因素有以下几个方面：

（1）地形条件。地形陡峻是形成崩塌的主要条件。坡度大于70°是最容易发生崩塌的危险地段，山坡表面凹凸不平，也易于发生崩塌现象。

（2）地质构造和岩性。崩塌一般常沿着岩层界面、节理、裂隙或断层面发生，因此这些层面的倾角和倾向对崩塌有直接的影响，如果这些层面的倾向和山坡倾向一致，则易于发生崩塌，反之，则较稳定。岩性不同，岩石的强度、抗风化能力、抗冲刷能力都不同。在陡峭的山坡地段，如果断裂发育的石灰岩和砂岩等硬脆性岩层覆盖在页岩、火山灰沉积或其他易风化岩层上，由于下面岩层先风化而使上覆岩层悬空，在重力或其他因素作用下，就会产生崩塌现象。

（3）水和冻胀作用。雨季是发生崩塌最频繁的季节，因为水渗入岩石的裂隙中后，使某些岩石软化、润滑，并使岩石的自重增加、强度降低，同时，裂隙中的地下水还会产生动水压力和静水压力，这些因素都会引起崩塌。由于岩石裂隙中的地下水冻结，体积膨胀，这种冻胀的楔入作用，可使裂隙发育的岩石发生崩塌现象。

(4)其他因素。地震、爆破、风暴、人工切割坡脚等都会导致岩块失去平衡而引起崩塌。

(三)泥石流

在陡峻的山区，由于暴雨或大量积雪骤融，突然形成急剧的径流，其夹杂着大量的泥沙和石块，迅速地沿着山坡沟谷向下流动，形成一股能量极大的特殊洪流，这种现象称为泥石流。

1. 泥石流的形成条件

(1)有利于储集、运动和停淤的地形地貌条件。

(2)有丰富的松散土石碎屑固体物质来源。

(3)短时间内可提供充足的水源和适当的激发因素。

2. 泥石流的防治措施

泥石流防治应以防为主，开展预防监测，宣传普及泥石流知识，重视制止诱发泥石流的人为活动，保护山地生态环境，防患于未然。开展坡面治理，搞好水土保持，实行合理耕作活动，从根本上解决泥石流的灾害。易发生泥石流地区的工程防护措施主要是：

(1)稳。用排水、拦挡、护坡等稳住松散物质、滑塌体及坡面残积物。

(2)拦。在中上游设置谷坊或拦挡坝，拦截泥石流固体物。

(3)排。在泥石流流通段设置排导渠(槽)，使泥石流顺畅下排。

(4)停。在泥石流出口有条件的地方设置停淤场，避免堵塞河道。

(5)封。封山育林，退耕还林，以增加植被覆盖率。

课题六　地震区的地基基础问题

对建筑工程而言，地震区地基是一种不良地质条件，地震对建筑物的危害也比较严重。而对地震后的重建，地基及基础的处理也必须作慎重的考虑，进行正确的抗震设计，并采取有效的抗震措施减轻或避免损失。

一、影响震害程度的场地因素

基本烈度是在一个较大范围内普遍遭遇到的地震烈度。具体到建筑物所在的场地，其所受到的地震影响与较大范围内的平均烈度有所不同。在地震区常发现，同一地区内房屋的结构类型和建筑质量基本相同，而各种建筑物受到的地震灾害却有很大的差别，出现所谓“重灾区有轻灾，轻灾区有重灾”的烈度异常区。发生这种现象的主要原因在于场地条件各不相同，因此建筑场地的选择至关重要。

对建筑物抗震有利的地段，一般是场地开阔平坦、坚实均匀的地段。对建筑物抗震不利的地段，一般是发震断裂带及地震时可能发生滑坡、崩塌、地陷等的地段，如属于条状突出的山脊、高耸孤立的山丘、非岩质(其中包括胶结不良的第三系沉积)的陡坡、河岸和边坡边缘、地基持力层在平面分布上软硬不均(如地基位于古河道、断层破碎带、暗沟及半填半挖等地段时)、非发震断裂与发震断裂带交汇的附近等。

选择建筑物的场地时，应根据工程需要，掌握地震活动情况和工程地质的有关资料，对场地作出综合评价。应尽量选择对建筑物抗震有利的地段，避开不利的地段，且不宜在危险的地段进行建设。

从建筑工程的角度考虑，对建筑物产生影响的地震活动大致可分为断层运动和振动作用。断层运动是贯穿基岩与地表的剪切变位，任何建造在活断层上的建筑物都不可能抵御如此大规模的地壳运动。因此，只能在场地选择时避开这些不利的地带。作为抗震问题的研究，仅局限于振动作用，亦即在地震时地基不致破坏的前提下研究建筑物的动力反应及抗震措施。

二、地基的震害现象

地基与基础的震害主要有地基土液化、地裂、震陷和边坡滑坍，以及由此而发生的基础沉陷、位移、倾斜、开裂等。这些现象的宏观特征各不相同，但从土质、地形及地质构造等条件考虑，又是相互依存的，因而某些处理措施可以互相通用。

(一)砂土的振动液化

饱和砂土地基在地震时的液化是引起工程构筑物破坏的主要根源之一。砂土液化的原因在于饱和砂土受到振动后趋于密实，导致土体中孔隙水压力骤然上升，相应地减小了土粒间的有效应力，从而降低了土体的抗剪强度。在周期性的地震荷载作用下，孔隙水压力逐渐累积，甚至可以抵消有效应力，使土粒处于悬浮状态。此时，土体完全失去抗剪强度而显现出近于液体的特性，这种现象称为液化。

地基土强烈液化的宏观标志是：在地表裂缝中喷水冒砂，若基础下大范围内发生液化，则建筑物将产生巨大沉降，甚至失稳，轻型地下构筑物可能浮出地表。

(二)地震滑坡和地裂

地震导致滑坡的原因在于：一方面，在地震作用下边坡滑体承受了附加惯性力，使下滑力加大；另一方面，土体受震趋于密实，孔隙水压力增大，有效压力降低，从而减小了阻止滑动的内摩擦力。这两方面的因素对边坡稳定都是不利的，可能使原有的平衡状态遭到破坏。在发生剧烈地震滑坡地区进行的地质调查表明，地层中几乎都有砂夹层，黄土中夹有砂层或砂透镜体时，由于砂层振动液化及水分重新分布，抗剪强度将显著降低而引起流滑。

此外，在地震后，地表往往出现大量裂缝，称为地裂。地裂由地表过大的变形所引起，但根据地裂的形态、部位及地面变动等情况可以判定：地裂与地震滑坡引起的地层相对错动有密切关系。因此，河流两岸、古河道的河岸部分及滨海淤泥质土的坑边或其他有监控自由面的地带地裂较为发育，也有由于砂土液化等使地表沉降不均而引起地裂的情况。在主裂缝通过处，地基沉降不均，基础折断或使桩基移位，引起建筑物倾斜及管道扭曲，甚至可以把房屋拉开。

(三)土的震陷

地震时，地面产生的巨大附加沉陷称为震陷(亦称震沉)。此种现象往往发生在砂性土或淤泥质的土层中。震陷是一种宏观现象，其产生的原因有多种：①松砂在震动作用下趋于密实，使砂土本身及其上覆土层产生震陷；②排水不良的饱和砂土经振动液化后流向四周洞穴中或从地表裂缝中逸出而引起地面变形;③淤泥质黏土在振动作用下,土的结构受到扰动后,强度显著降低,产生附加沉陷。

三、地基基础抗震设计原则及处理措施

(一)抗震设计的原则

抗震设计应贯穿以预防为主的方针,加强调查研究,以充分发挥有利条件,力求避免不利因素。在建筑规划上应合理布局,避免发生次生灾害,在上部结构设计方面应遵照“简、匀、轻、牢”的原则以提高上部结构的抗震性能。从地基基础的角度出发,提出如下要求。

1.选择对抗震有利的建筑场地

选择建筑场地时应结合勘测和调查工作,根据地形、地质构造和场地土质条件,查明对建筑物抗震有利的、不利的和危险的地段。尽量选择有利地段,避开不利地段,而不得在危险地段进行建设。许多实例表明,在高烈度地震区仍然可以找到低烈度的地点作为建筑场地。

2.加强基础与上部结构的整体性

为了加强基础与上部结构的整体作用可采取如下措施:①对于一般混合结构,不宜采用油毡防潮层,而应改用防水砂浆;②在室内地坪标高处,内外墙下做成相互衔接的闭合地梁;③上部结构采用组合柱时,柱的下端应与地梁连接牢固;④当地基土质较差时,宜在基底加设地梁。

3.加强地基基础的防震措施

1)合理加大基础的埋深

加大基础埋深可以增加地基土对建筑物的限制作用,从而减小建筑物的振幅。在条件允许时,可结合地下室的建造加大基础的埋深,并切实做好基槽的回填夯实工作。

2)合理选择基础类型

软土上的基础应选择整体性好的筏板基础、箱形基础或十字交叉梁式基础。这些形式的基础虽然也有下沉,但由于刚度大,能有效地减轻震陷引起的不均匀沉降,从而减轻上部建筑的损坏。对于内框架结构,柱下宜采用刚度较大的墙式条形基础;在布置基础平面时,应尽可能使基础连续不间断,以增加整体刚度,并力求合理取值,以防扭断;在上部建筑设置防震缝的情况下,基础也不必留缝。

桩基础的震陷小,动力反应也不敏感,是一种良好的基础形式,特别是在液化地区,桩应穿过液化土层并插入好土层一定深度以保持稳定。

(二)不良地基的处理措施

不良地基是指软弱黏性土地基、不均匀地基及易于振动液化的饱和松砂地基和有软弱夹层的地基等。地基土质不同,则处理措施不尽相同。

1.不均匀地基

不均匀地基包括有古河道、暗沟穿过或半挖半填土地带及土质明显不均匀的土层。若必须要利用这种地层,应先查明土层的组成、分布范围及其不均匀程度等,参照软弱黏性土地基的处理原则采取适当的抗震措施。此外,还应注意,河岸沟坑的边缘地带及边坡

上易于出现地震滑坡及地裂，要尽量填平不必要的残存沟渠，代以排水暗渠，或在沟渠两侧做适当的支挡，尽量避免在建筑物四周开沟挖坑，对河流的岸坡可采取护岸措施。

2. 饱和松砂地基

砂土在受到振动时容易液化而丧失承载力。一般情况下应尽量避免直接将可液化土层作为持力层，否则应考虑采取以下措施：

(1) 对液化土层进行人工密实处理，用振冲法或爆炸法等均可提高砂土的密实度。

(2) 若可液化土层接近基底，厚度也不大，可采用换土垫层法处理。

(3) 当可液化土层上有一定厚度的稳定土层时，可考虑采用筏板基础或箱形基础以减小基底单位压力，并利用其刚度减少不均匀沉降。

(4) 采用桩基础，桩身应穿过可液化砂层，并有足够长度伸入稳定土层。当地基为成层土时，松、紧土层交界面上易于出现错动，为防止钻孔灌注桩开裂，应配置适量的钢筋。

3. 软弱黏性土地基

软弱黏性土的特点是压缩性大，抗剪强度小，因而容许承载力较低。建筑物地基的主要受力层范围内若有软弱黏性土层，宜参照《建筑地基基础设计规范》(GB 50007—2002)有关规定综合考虑，采取适当的抗震措施，如采取扩大基础底面积，加深基础，减轻荷载，加设基础梁以及增加结构整体性和均衡对称性等措施，或采用钢筋混凝土条形基础、联合基础、筏板基础和箱形基础等抗震效果较好的基础形式，也可以考虑采用桩基和各种人工地基。

练习题

1. 何谓特殊土地基？我国存在哪些类型的区域性特殊土？

2. 什么是软土地基？简述软土的工程特性及处理措施。

3. 湿陷性黄土的特征有哪些？如何判断黄土是否有湿陷性？简述湿陷性黄土地基的工程处理措施。

4. 膨胀土有哪些特性？膨胀土地区建筑工程措施有哪些？

5. 何谓红黏土？红黏土有哪些工程特性？

6. 山区地基的特点是什么？

7. 地基与基础的震害主要有哪些？

土工实训指导

实训一　试样制备

一、概述

试样的制备是获得正确的试验成果的前提，为保证试验成果的可靠性以及试验数据的可比性，应具备一个统一的试样制备方法和程序。

试样的制备可分为原状土的试样制备和扰动土的试样制备。对于原状土的试样制备，主要包括土样的开启、描述、切取等程序；对于扰动土的试样制备，则主要包括风干、碾散、过筛、分样和储存等预备程序以及击实等制备程序。这些程序步骤会直接影响试验成果的可靠性。因此，试样的制备是土工试验工作的首要质量要素。

二、仪器设备

试样制备所需的主要仪器设备包括：

(1)孔径0.5 mm、2 mm和5 mm的细筛；

(2)孔径0.075 mm的洗筛；

(3)称量10 kg、最小分度值5 g的台秤；

(4)称量5 000 g、最小分度值1 g和称量200 g、最小分度值0.01 g的天平；

(5)不锈钢环刀(内径61.8 mm、高20 mm，内径79.8 mm、高20 mm或内径61.8 mm、高40 mm)；

(6)击样器，包括活塞、导筒和环刀；

(7)其他仪器，包括切土刀、钢丝锯、碎土工具、烘箱、保湿器、喷水设备、凡士林等。

三、试样制备

(一)原状土试样的制备步骤

(1)将土样筒按标明的上下方向放置，剥去蜡封和胶带，开启土样筒取土样。

(2)检查土样结构，若土样已扰动，则不应作为制备力学性质试验的试样。

(3)根据试验要求确定环刀尺寸，并在环刀内壁涂一薄层凡士林，然后刃口向下放在土样上，将环刀垂直下压，同时用切土刀沿环刀外侧切削土样，边压边削直至土样高出环刀，制样时不得扰动土样。

(4)采用钢丝锯或切土刀平整环刀两端土样，然后擦净环刀外壁，称环刀和土的总质量。

(5)切削试样时，应对土样的层次、气味、颜色、夹杂物、裂缝和均匀性进行描述。

(6)从切削的余土中取代表性试样，供测定含水率以及颗粒分析、界限含水率等试验之用。

(7)原状土同一组试样间密度的允许差值不得大于0.03 g/cm³，含水率差值不宜大于2%。

(二)扰动土试样的制备步骤

1.扰动土试样的备样步骤

(1)将土样从土样筒或包装袋中取出，对土样的颜色、气味、夹杂物和土类及均匀程度进行描述，并将土样切成碎块，拌和均匀，取代表性土样测定含水率。

(2)先将土样风干或烘干，然后将风干或烘干土样放在橡皮板上用木碾碾散，对不含砂和砾的土样，可用碎土器碾散，但在使用碎土器时应注意不得将土粒破碎。

(3)将分散后的土样根据试验要求过筛。对于物理性试验土样，如液限、塑限等试验，过0.5 mm筛；对于力学性试验土样，过2 mm筛；对于击实试验土样，过5 mm筛。对于含细粒土的砾质土，应先用水浸泡并充分搅拌，使粗细颗粒分离后，再按不同试验项目的要求进行过筛。

2.扰动土试样的制样步骤

(1)试样制备的数量视试验需要而定，一般应多制备1~2个试样备用。

(2)将碾散的风干土样通过孔径2 mm或5 mm的筛，取筛下足够试验用的土样，充分拌匀，并测定风干含水率，然后装入保湿缸或塑料袋内备用。

(3)根据环刀容积及所要求的干密度，按下式计算试样制备所需的风干土质量

$$m_0 = (1 + 0.01\omega_0)\rho_d V \qquad (附1)$$

式中 m_0——制备试样所需的风干含水率时的土样质量，g；

ω_0——风干含水率(%)；

ρ_d——试样所要求的干密度，g/cm³；

V——试样体积，cm³。

(4)根据试样所要求的含水率，按下式计算制备试样所需的加水量

$$m_w = \frac{m_0}{1 + 0.01\omega_0} \times 0.01(\omega_1 - \omega_0) \qquad (附2)$$

式中 m_w——制备试样所需要的加水量，g；

ω_1——试样所要求的含水率(%)。

(5)称取过筛的风干土样平铺于搪瓷盘内，根据式(附2)计算得到的加水量，用量筒量取，并将水均匀喷洒于土样上，充分拌匀后装入盛土容器内盖紧，润湿一昼夜。

(6)测定润湿土样不同位置处的含水率，不应少于两点，一组试样的含水率与要求的含水率之差不得超过±1%。

(7)扰动土试样的制备可采用击样法、压样法和击实法。

击样法是将根据环刀容积和要求干密度所需质量的湿土倒入装有环刀的击样器内，击实到所需密度，然后取出环刀。

压样法是将根据环刀容积和要求干密度所需质量的湿土倒入装有环刀的压样器内，采用静压力通过活塞将土样压紧到所需密度，然后取出环刀。

击实法是采用击实仪，将土样击实到所需的密度，用推土器推出，然后将环刀内壁涂一薄层凡士林，刃口向下放在土样上，将环刀垂直向下压，边压边削，直至土样伸出环刀，削去两端余土并修平。

(8)擦净环刀外壁，称环刀和试样总质量，准确至0.1 g，同一组试样的密度与要求的密度之差不得超过 $\pm 0.01\ g/cm^3$。

(9)对不需要饱和，且不立即进行试验的试样，应存放在保湿器内备用。

四、试样饱和

土的孔隙逐渐被水填充的过程称为饱和，当土中孔隙全部被水充满时，该土则称为饱和土。

根据土样的透水性能，试样的饱和可分别采用浸水饱和法、毛细管饱和法和真空抽气饱和法。对于粗粒土，可采用直接在仪器内对试样进行浸水饱和的方法。对于渗透系数大于 10^{-4} cm/s 的细粒土，可采用毛细管饱和法。对于渗透系数小于等于 10^{-4} cm/s 的细粒土，可采用真空抽气饱和法。

(一)试样饱和步骤

1. 毛细管饱和法

(1)选用框式饱和器，在装有试样的环刀上、下面分别放滤纸和透水石，装入饱和器内，并通过框架两端的螺丝将透水石和环刀夹紧。

(2)将装好试样的饱和器放入水箱内，注入清水，水面不宜将试样淹没，以使土中气体得以排出。

(3)关上箱盖，浸水时间不得少于两昼夜，以使试样充分饱和。

(4)试样饱和后，取出饱和器，松开螺母，取出环刀擦干外壁，取下试样上、下面的滤纸，称环刀和试样的总质量，准确至0.1 g，并计算试样的饱和度，当饱和度低于95%时，应继续饱和。

2. 真空抽气饱和法

(1)选用重叠式或框式饱和器(见附图1)和真空饱和装置(见附图2)。在重叠式饱和器下夹板的正中，依次放置透水石、滤纸、带试样的环刀、滤纸、透水石，如此顺序重复，由下向上重叠到拉杆高度，将饱和器上夹板盖好后，拧紧拉杆上端的螺母，将各个环刀在上、下夹板间夹紧。

(2)将装有试样的饱和器放入真空缸内，真空缸和盖之间涂一薄层凡士林，并盖紧。

(3)将真空缸与抽气机接通，启动抽气机，当真空压力表读数接近当地一个大气压力值后，继续抽气不少于1 h，然后微开管夹，使清水由引水管徐徐注入真空缸内。在注水过程中，微调管夹，以使真空压力表读数基本保持不变。

(4)待水淹没饱和器后，即停止抽气，打开管夹使空气进入真空缸，静止一段时间，对于细粒土，为10 h左右，借助大气压力，从而使试样充分饱和。

(5)打开真空缸，从饱和器内取出带环刀的试样，称环刀和试样的总质量，并计算试样的饱和度，当饱和度低于95%时，应继续抽气饱和。

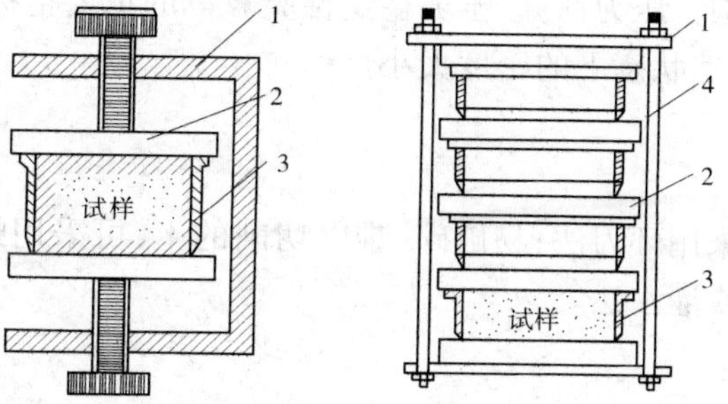

(a)框式饱和器　　(b)叠式饱和器

1—夹板;2—透水板;3—环刀;4—拉杆

附图1　饱和器

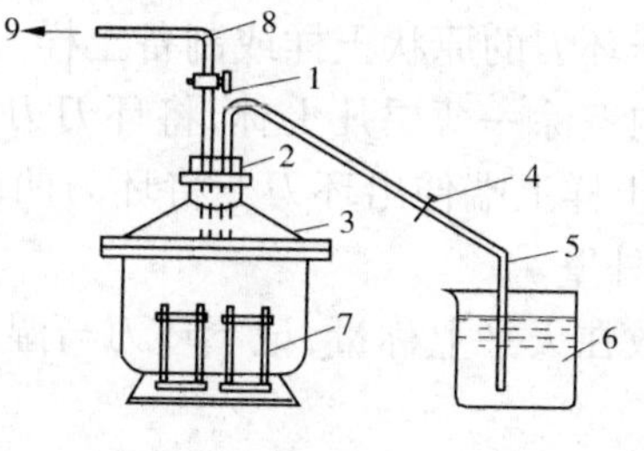

1—二通阀;2—橡皮塞;3—真空缸;4—管夹;5—引水管;
6—盛水器;7—饱和器;8—排气管;9—接抽气机

附图2　真空饱和装置

(二)饱和度计算

试样的饱和度可按以下公式计算

$$S_r = \frac{(\rho - \rho_d)G_s}{\rho_d e} \text{或} S_r = \frac{\omega G_s}{e} \tag{附3}$$

式中　S_r——试样的饱和度(%);

ω——试样饱和后的含水率(%);

ρ——试样饱和后的密度,g/cm^3;

ρ_d——试样的干密度,g/cm^3;

G_s——土粒比重;

e——试样的孔隙比。

实训二　土的密度试验

一、目的要求

土的密度是指土在天然状态下单位体积的质量,是土的基本物理性质指标之一。它反映了土体结构的松紧程度,是计算土的干密度、孔隙比等指标的重要依据,也是土体自重应力计算、挡土结构土压力计算、土坡稳定性验算等的重要指标。本试验的目的是用环刀法测定出土体在天然状态下的密度大小。

二、试验方法

一般黏性土，宜采用环刀法；易破碎、难以切削的土，可采用蜡封法；对于砂土与砂砾土，可用现场灌砂法或灌水法。

三、仪器设备

符合规定要求的环刀，精度为0.01 g的天平，其他(如切土刀，凡士林等)。

四、操作步骤

(1)测出环刀的容积V，在天平上称环刀质量m_1。

(2)取直径和高度略大于环刀的原状土样或制备土样。

(3)环刀取土。在环刀内壁涂一薄层凡士林，将环刀刃口向下放在土样上，随即将环刀垂直下压，边压边削，直至土样上端伸出环刀。将环刀两端余土削去修平(严禁在土面上反复涂抹)，然后擦净环刀外壁。

(4)将取好土样的环刀放在天平上称量，记下环刀与湿土的总质量m_2。

五、数据记录与计算

(一)数据记录

密度试验记录如附表1所示。

附表1 密度试验(环刀法)记录

试样编号	土样类别	环刀号	湿土质量(g)	体积(cm^3)	湿密度(g/cm^3)	含水率(%)	干密度(g/cm^3)	平均干密度(g/cm^3)
			(1)	(2)	$(3)=\frac{(1)}{(2)}$	(4)	$(5)=\frac{(3)}{1+0.01(4)}$	(6)

(二)计算土的密度

土的密度按下式计算

$$\rho=\frac{m}{V}=\frac{m_2-m_1}{V} \tag{附4}$$

要求：密度试验应进行2次平行测定，两次测定的差值不得大于0.03 g/cm^3，取两次试验结果的平均值。

实训三　土的含水率试验

一、目的要求

土的含水率是土在105～110 ℃下烘至恒量时所失去的水的质量和干土质量的百分比值。土在天然状态下的含水率为土的天然含水率。含水率是土最基本的物理性质指标之一，通过它可以了解土的含水状况，反映黏性土的状态，计算土的孔隙比、饱和度等其他物理性质指标。土的含水率大小对天然地基的承载力、黏性土的压缩性及强度等均有较大影响。

二、试验方法

（1）烘干法：室内试验的标准方法，一般黏性土都可以采用。

（2）酒精燃烧法：适用于快速简易测定细粒土的含水率。

（3）比重法：适用于砂类土。

三、仪器设备

（1）烘箱：采用电热烘箱。

（2）天平：称量200 g，分度值0.01 g。

（3）其他：干燥器，称量盒。

四、试验操作步骤（烘干法）

（1）取代表性试样，黏性土为15～30 g，砂性土、有机质土为50 g，放入质量为m_0的称量盒内，立即盖上盒盖，称湿土加盒总质量m_1，精确至0.01 g。

（2）打开盒盖，将试样和盒放入烘箱，在105～110 ℃的恒温下烘干。烘干时间与土的类别及取土数量有关：黏性土不得少于8 h；砂类土不得少于6 h；对于含有机质超过10%的土，应将温度控制在65～70 ℃的恒温下烘至恒量。

（3）将烘干后的试样和盒取出，盖好盒盖放入干燥器内冷却至室温，称干土加盒质量m_2，精确至0.01 g。

五、数据记录与计算

（一）试验记录

含水率试验记录如附表2所示。

（二）计算含水率

含水率按下式计算

$$\omega = \frac{m_w}{m_s} = \frac{m_1 - m_2}{m_2 - m_0} \times 100\% \qquad （附5）$$

要求：①含水率计算至0.1%。②本试验需进行2次平行测定，取其算术平均值，允许平行差值应符合下列规定:当含水率小于40%时不得大于1%,当含水率大于等于40%时不得大于2%,否则重做。

附表2 含水率试验记录

试样编号	土样说明	盒号	盒质量(g)	盒加湿土质量(g)	盒加干土质量(g)	水的质量(g)	干土质量(g)	含水率(%)	平均含水率(%)
			(1)	(2)	(3)	(4)=(2)-(3)	(5)=(3)-(1)	(6)=(4)/(5)	(7)

实训四 液限和塑限试验

一、目的要求

测定土的液限和塑限,用以计算土的塑性指数和液性指数,作为黏性土分类、判别黏性土所处的状态及估计地基承载力等的一个依据。

二、试验方法

(1)圆锥仪法:我国采用的测定黏性土液限的方法。

(2)搓条法:适用于简易测定黏性土的塑限。

(3)液塑限联合测定法。

三、圆锥仪液限试验

圆锥仪液限试验就是将质量为76 g的圆锥仪轻放在试样的表面,使其在自重作用下沉入土中,若圆锥体经过15 s恰好沉入土中10 mm,此时试样的含水率就是液限。

(一)仪器设备

(1)锥式液限仪(见附图3),主要有三个部分:①质量为76 g且带有平衡装置的圆锥,锤角30°,高25 mm,距锥尖10 mm处有环状刻度;②用金属材料或有机玻璃制成的试样杯,直径不小于40 mm,高度不小于20 mm;③硬木或金属制成的平稳底座。

(2)称量200 g、最小分度值0.01 g的天平。

(3)烘箱、干燥器。

(4)铝制称量盒、调土刀、小刀、毛玻璃板、滴管、吹风机、孔径为0.5 mm标准筛、研体等设备。

(二)操作步骤

(1)选取具有代表性的天然含水率土样或风干土样,若土中含有较多大于0.5 mm的颗粒或夹有大量的杂物,应将土样风干后用带橡皮头的研杵研碎或用木棒在橡皮板上压

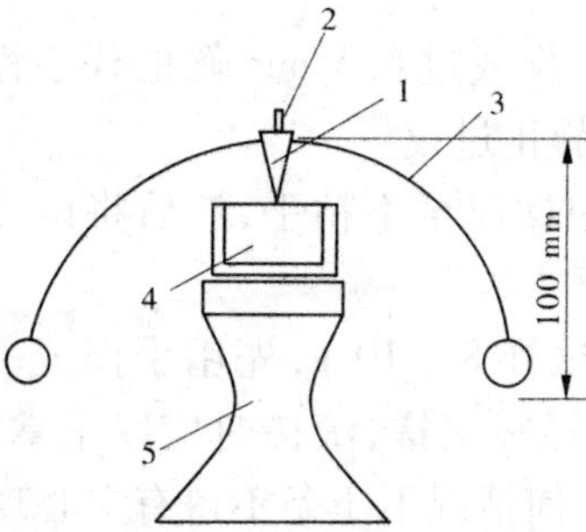

1—锥身;2—手柄;3—平衡装置;4—试杯;5—底座

附图3　锥式液限仪

碎,然后再过 0.5 mm 的筛。

(2)当采用天然含水率土样时,取代表性土样 250 g,将试样放在橡皮板上,用纯水将土样调成均匀膏状,然后放入调土皿中,盖上湿布,浸润过夜。

(3)将土样用调土刀充分调拌均匀后,分层装入试样杯中,并注意土中不能留有空隙,装满试杯后刮去余土使土样与杯口齐平,并将试样放在底座上。

(4)将圆锥仪擦拭干净,并在锥尖上抹一薄层凡士林,两指捏住圆锥仪手柄,保持锥体垂直,当圆锥仪锥尖与试样表面正好接触时,轻轻松手让锥体自由沉入土中。

(5)放锥后约经 5 s,锥体入土深度恰好为 10 mm 的圆锥环状刻度线处,此时土的含水率即为液限。

(6)若锥体入土深度超过或小于 10 mm,表示试样的含水率高于或低于液限,应该用小刀挖去粘有凡士林的土,然后将试样全部取出,放在橡皮板或毛玻璃板上,根据试样的干湿情况,适当加纯水或边调边风干重新拌和,然后重复试验步骤(3)~(5)。

(7)取出锥体,用小刀挖去粘有凡士林的土,然后取锥孔附近土样 10 ~ 15 g,放入称量盒内,测定其含水率。

(三)成果整理

根据测定的土样含水率记录土的液限,液限试验需进行两次平行测定,并取其算术平均值,其平行差值不得大于 2%。

四、搓条法塑限试验

塑限是区分黏性土可塑状态与半固体状态的界限含水率,测定土的塑限的试验方法主要是搓条法。搓条法塑限试验就是用手在毛玻璃板上滚搓土条,当土条直径达 3 mm 时产生裂缝并断裂,此时试样的含水率即为塑限。

(一)仪器设备

(1)200 mm × 300 mm 的毛玻璃板。

(2)分度值 0.02 mm 的卡尺或直径 3 mm 的金属丝。

(3)称量 200 g、最小分度值 0.01 g 的天平。

(4)烘箱、干燥器。

(5)铝制称量盒、滴管、吹风机、孔径为 0.5 mm 的筛等。

（二）操作步骤

（1）取代表性天然含水率试样或过 0.5 mm 筛的代表性风干试样 100 g，放在盛土皿中加纯水拌匀，盖上湿布，湿润静止过夜。

（2）将制备好的试样在手中揉捏至不粘手，然后将试样捏扁，若出现裂缝，则表示其含水率已接近塑限。

（3）取接近塑限含水率的试样 8 ~ 10 g，先用手捏成手指大小的土团（椭圆形或球形），然后放在毛玻璃上用手掌轻轻滚搓，滚搓时应以手掌均匀施压于土条上，不得使土条在毛玻璃板上无力滚动，在任何情况下土条不得有空心现象，土条长度不宜大于手掌宽度，在滚搓时不得从手掌下任何一边脱出。

（4）当土条搓至直径 3 mm 时，表面产生许多裂缝，并开始断裂，此时试样的含水率即为塑限。当土条搓至直径 3 mm 时，仍未产生裂缝或断裂，表示试样的含水率高于塑限。当土条直径在大于 3 mm 时已开始断裂，表示试样的含水率低于塑限，都应重新取样进行试验。

（5）取直径 3 mm 且有裂缝的土条 3 ~ 5 g，放入称量盒内，随即盖紧盒盖，测定土条的含水率。

（三）成果整理

根据测定的土样含水率记录土的塑限，塑限试验需进行两次平行测定，并取其算术平均值，其平行差值应≤2%。

五、液塑限联合测定法

液塑限联合测定法是根据圆锥仪的圆锥入土深度与其相应的含水率在双对数坐标上具有线性关系的特性来进行的。利用圆锥质量为 76 g 的液塑限联合测定仪测得土在不同含水率时的圆锥入土深度，并绘制其关系直线图，在图上查得圆锥下沉深度为 10 mm（或 17 mm）时所对应的含水率即为液限，查得圆锥下沉深度为 2 mm 时所对应的含水率即塑限。

（一）仪器设备

（1）电脑液塑限联合测定仪（见附图 4）。

（2）分度值 0.02 mm 的卡尺。

（3）称量 200 g、最小分度值 0.01 g 的天平。

（4）烘箱。

（5）铝制称量盒、调土刀、孔径为 0.5 mm 的筛、滴管、吹风机、凡士林等。

（二）操作步骤

（1）本试验宜采用天然含水率试样，当土样不均匀时，采用风干试样，当试样中含有粒径大于 0.5 mm 的土粒和杂物时，应过 0.5 mm 筛。

（2）当采用天然含水率土样时，取代表性土样 250 g；当采用风干试样时，取 0.5 mm 筛下的代表性土样 200 g，将试样放在橡皮板上用纯水将土样调成均匀膏状，放入调土皿中，浸润过夜。

（3）将制备的试样充分调拌均匀，填入试样杯中，填样时不应留有空隙，较干的试样

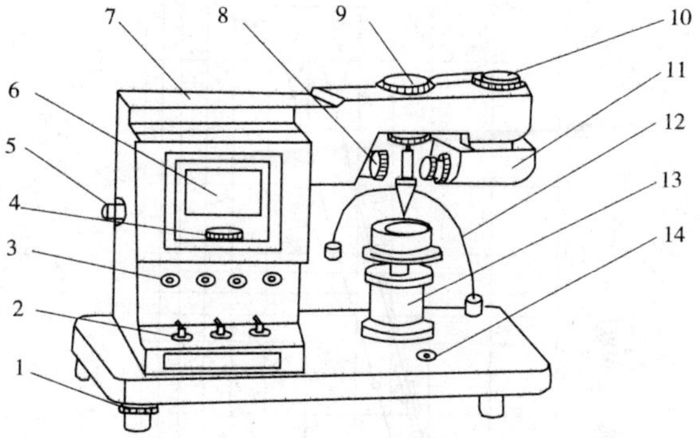

1—水平调节螺丝;2—控制开关;3—指示发光管;4—零线调节旋钮;5—反射镜调节螺杆;
6—屏幕;7—机壳;8—物镜调节螺丝;9—电磁装置;10—光源调节螺丝;11—光源装置;
12—圆锥仪;13—升降台;14—水准泡

附图4　电脑液塑限联合测定仪

应充分搓揉,密实地填入试样杯中,填满后刮平表面。

(4)将试样杯放在联合测定仪的升降座上,在圆锥上抹一薄层凡士林,接通电源,使电磁铁吸住圆锥。

(5)调节零点,将屏幕上的标尺调在零位,调整升降座,使圆锥尖接触试样表面,指示灯亮时圆锥在自重下沉入试样,经5 s后测读圆锥下沉深度(显示在屏幕上),取出试样杯,挖去锥尖入土处的凡士林,取锥体附近的试样不少于10 g,放入称量盒内,测定含水率。

(6)将全部试样再加水或吹干并调匀,重复步骤(3)~(5)分别测定第二点、第三点试样的圆锥下沉深度及相应的含水率。液塑限联合测定应不少于三点。

注:圆锥入土深度宜为3~4 mm、7~9 mm、15~17 mm。

(7)以含水率为横坐标、圆锥入土深度为纵坐标在双对数坐标纸上绘制关系曲线,如附图5所示。三点应在一直线上,如图中*A*线所示。当三点不在一条直线上时,通过高含水率的点和其余两点连成两条直线,在下沉为2 mm处查得相应的2个含水率,当2个含水率的差值小于2%时,应以两点含水率的平均值与高含水率的点连一直线,如图中*B*线所示。当两个含水率的差值大于等于2%时,应重做试验。

(8)在含水率与圆锥下沉深度的关系图上查得下沉深度为17 mm所对应的含水率为17 mm液限,查得下沉深度为10 mm时所对应的含水率为10 mm液限,查得下沉深度为2 mm时所对应的含水率为塑限,取值以百分数表示,准确至0.1%。

(9)塑性指数应按下式计算

$$I_P = \omega_L - \omega_P \qquad (附6)$$

式中　I_P——塑性指数;

ω_L——液限(%);

ω_P——塑限(%)。

液性指数应按下式计算

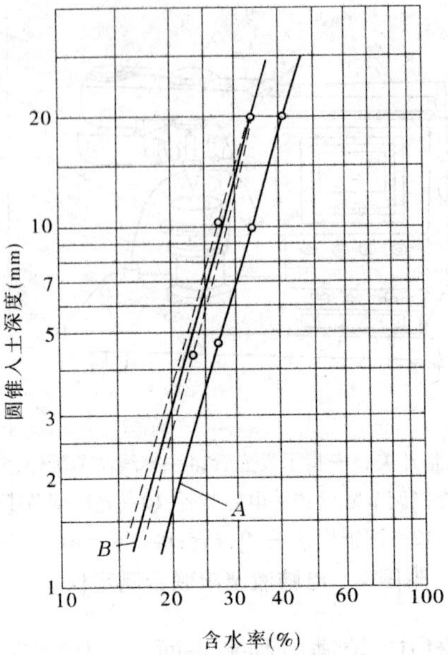

附图5　圆锥入土深度与含水率关系曲线

$$I_L = \frac{\omega_0 - \omega_P}{I_P} \tag{附7}$$

式中　I_L——液性指数，计算至0.01。

(三)成果记录与整理

液塑限联合测定试验记录如附表3所示。

附表3　液塑限联合测定试验记录

试样编号						
圆锥下沉深度(mm)						
盒号						
盒质量(g)						
盒+湿土质量(g)						
盒+干土质量(g)						
湿土质量(g)						
干土质量(g)						
水的质量(g)						
含水率(%)						
平均含水率(%)						
液限 ω_L(%)						
塑限 ω_P(%)						
塑性指数 I_P						
液性指数 I_L						
土的分类						

实训五　土的压缩试验

一、目的要求

掌握土的压缩试验基本原理和试验方法，了解试验的仪器设备，熟悉试验的操作步骤，掌握压缩试验成果的整理方法，计算压缩系数、压缩模量，并绘制土的压缩曲线。

二、试验原理

由土力学知识知道，土体在外力作用下的体积减少是由孔隙体积减少引起的，可以用孔隙比的变化来表示。在侧向不变形的条件下，试样在荷载增量 Δp 作用下，孔隙比的变化 Δe 可用无侧向变形条件下的压缩量公式表示为

$$s = \frac{e_1 - e_2}{1 + e_1}H \tag{附8}$$

式中　s——土样在 Δp 作用下的压缩量，cm；

H——土样在 p_1 作用下压缩稳定后的厚度，cm；

e_1, e_2——土样厚为 H 时的孔隙比和在 Δp 作用压缩稳定后（压缩沉降量为 s）的孔隙比。

孔隙比 e_2 对应的压力为 $p_2 = p_1 + \Delta p$，$e_2 = e_1 - \frac{s}{H}(1 + e_1)$。

由上述公式可知，只要知道土样在初始条件下：$p_0 = 0$ 时的高度 H_0 和孔隙比 e_0，就可以计算出每级荷载 p_i 作用下的孔隙比 e_i。由（p_i，e_i）可以绘出 $e \sim p$ 曲线。

三、试验方法

试验方法采用标准固结试验和快速固结试验。规定试样在各级压力下的固结时间为 1 h，仅在最后一级压力下，除测记 1 h 的量表读数外，还应测读达压缩稳定时的量表读数。适用于饱和的黏质土（当只进行压缩试验时，允许用于非饱和土）。

四、仪器设备

（一）固结容器

固结容器由环刀、护环、透水板、水槽以及加压上盖组成，如附图 6 所示。

（1）环刀：内径为 61.8 mm 和 79.8 mm，高度为 20 mm，环刀应具有一定的刚度，内壁应保持较高的光洁度，宜涂一薄层硅脂或聚四氟乙烯。

（2）透水板：由氧化铝或不受腐蚀的金属材料制成，其渗透系数应大于试样的渗透系数。用固定式容器时，顶部透水板直径应小于环刀内径 0.2 ~ 0.5 mm；用浮环式容器时，上下端透水板直径相等，均应小于环刀内径。

（二）加压设备

加压设备应能垂直地在瞬间施加各级规定的压力，且没有冲击力，压力准确度应符合

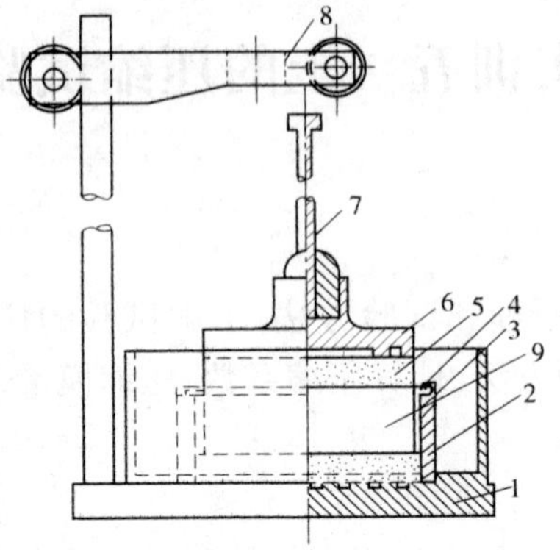

1—水槽;2—护环;3—环刀;4—导环;5—透水板;6—加压上盖;
7—位移计导杆;8—位移计架;9—试样

附图 6　固结容器示意

现行国家标准《岩土工程仪器基本参数及通用技术条件》(GB/T 15406—2007)的规定。

(三)变形量测设备

变形量测设备有量程 10 mm、最小分度值为 0.01 mm 的百分表或准确度为全量程 0.2% 的位移传感器。

五、试验步骤

(1)根据工程需要,切取原状土试样或制备给定密度与含水率的扰动土样。

(2)按前面所述的方法,测定试样的密度及含水率。试样需要饱和时,按规范规定的方法将试样进行抽气饱和。

(3)在固结容器内放置护环、透水板和薄滤纸,将带有环刀的试样小心装入护环内,然后在试样上放薄滤纸、透水板和加压盖板,置于加压框架下,对准加压框架的正中,安装量表。

(4)施加 1 kPa 的预压力,使试样与仪器上下各部分之间接触良好,然后调整量表,使指针读数为零。

(5)确定需要施加的各级压力。加压等级一般为 12.5 kPa、25.0 kPa、50.0 kPa、100 kPa、200 kPa、400 kPa、800 kPa、1 600 kPa、3 200 kPa。最后一级压力应大于上覆土层的计算压力 100 ~ 200 kPa。

(6)若系饱和试样,则在施加第 1 级压力后,立即向水槽中注水至满。若系非饱和试样,须用湿棉围住加压盖板四周,避免水分蒸发。

(7)测记稳定读数。当不需要测定沉降速率时,稳定标准规定为每级压力下固结 24 h。测记稳定读数后,再施加第 2 级压力。依次逐级加压至试验结束。

(8)试验结束后,迅速拆除仪器部件,取出带环刀的试样。若系饱和试样,则用干滤纸吸去试样两端表面上的水,取出试样,测定试验后的含水率。

注:采用快速法与标准方法的区别是:在各级压力下的压缩时间为 1 h,仅在最后一级压力下,除测记 1 h 的量表读数外,还应测读达压缩稳定时的量表读数。稳定标准为量表读数每小时变化不大于 0.005 mm。

六、计算与制图

（1）按下式计算试样的初始孔隙比 e_0

$$e_0 = \frac{\rho_w G_s(1 + 0.01\omega_0)}{\rho_0} - 1 \qquad (附 9)$$

式中 ρ_0——试样初始密度，g/cm^3；

ω_0——试样的初始含水率（%）。

（2）按下式计算各级压力下固结稳定后的孔隙比 e_i

$$e_i = e_0 - (1 + e_0)\frac{\Delta h_i}{h_0} \qquad (附 10)$$

式中 Δh_i——某级压力下试样高度变化，即总变形量减去仪器变形量，cm；

h_0——试样初始高度，cm。

（3）各级压力下试样校正后的总变形量按下式计算

$$\sum \Delta h_i = (h_i)_t \frac{(h_n)_T}{(h_n)_t} = K(h_i)_t \qquad (附 11)$$

式中 $(h_i)_t$——某一压力下固结 1 h 的总变形量减去该压力下的仪器变形量，mm；

$(h_n)_t$——最后一级压力下固结 1 h 的总变形量减去该压力下的仪器变形量，mm；

$(h_n)_T$——最后一级压力下达到稳定标准的总变形量减去该压力下的仪器变形量，mm；

K——校正系数。

（4）按下式计算某一级压力范围内的压缩系数 a_v

$$a_v = \frac{e_i - e_{i+1}}{p_{i+1} - p_i} \qquad (附 12)$$

（5）绘制 $e \sim p$ 的关系曲线。以孔隙比 e 为纵坐标，压力 p 为横坐标，将试验成果点在图上，连成一条光滑曲线。

（6）要求：用压缩系数判断土的压缩性。

快速法固结试验记录如附表 4 所示。

附表 4　快速法固结试验记录表

试样起始高度：h_0 =　　mm		$K = (h_n)_T/(h_n)_t$ =		初始孔隙比 e_0 =	
加压历时（h）	压力（kPa）	校正前试样总变形量（mm）	校正后试样总变形量（mm）	压缩后试样高度（mm）	压缩稳定后孔隙比
	p	$(h_n)_t$	$\sum \Delta h_i = K(h_n)_t$	$h = h_0 - \sum \Delta h_i$	e_i
1					
1					
1					
1					
1					
稳定					

实训六　土的直接剪切试验

一、目的要求

掌握土的直接剪切试验基本原理和试验方法，了解试验的仪器设备，熟悉试验的操作步骤，掌握直接剪切试验成果的整理方法，根据土的剪切曲线计算土的黏聚力和摩擦角。

二、试验原理

直接剪切试验中采用圆柱状试样，在竖直方向加法向力 P，在预定剪切面上、下加一对剪力 T 使试样剪切。试验时，剪力 T 自零开始增加，剪切位移 δ 也自零增加。剪破时，剪力 T 达到最大值 T_{max}，对应剪破面上剪应力达到抗剪强度，即

$$\sigma = P/A \quad \tau_f = T_{max}/A \tag{附 13}$$

式中　σ——剪破面上的法向应力；

P、T——法向力和剪力；

τ_f——剪破面上抗剪强度；

T_{max}——试样受最大剪力；

A——剪破面面积。

当采用 4 个试样时，用不同的法向应力 σ_i 作用于竖直方向，剪切时得到不同抗剪强度 τ_{fi}。将 4 组(σ_i，τ_{fi})表示在附图 7 的坐标系中，用最小二乘法作强度线，强度线在纵坐标上的截距为黏聚力 C，与水平线的夹角为内摩擦角 φ。

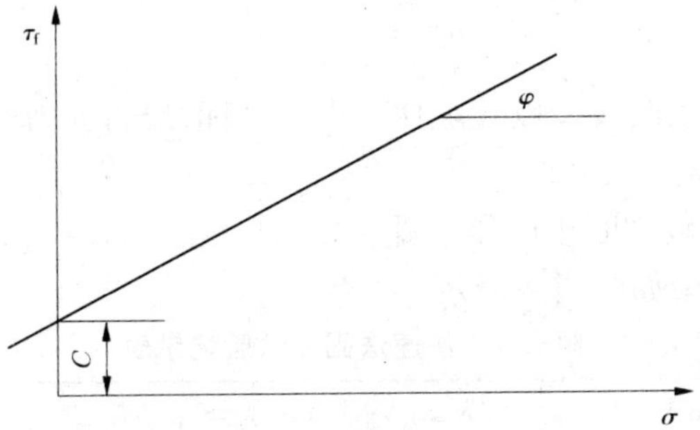

附图 7　直接剪切试验强度曲线

三、试验方法

直接剪切试验按法向力 P 和剪力 T 施加速度或作用时间长短分为下述三种：

(1)快剪(q)：法向力 P 刚加好，就快速加剪力 T 剪破试样。

(2)固结快剪(cq)：法向力 P 作用于试样上后，让试样固结排水，产生竖向压缩变形，待固结稳定后，再快速施加水平剪力使试样剪破。要求试样在剪切过程中来不及排水。

(3)慢剪(s)：试样在法向力 P 作用下固结完成后，慢速施加水平剪力 T，使试样剪切

至破坏。要求试样在剪切过程中不产生孔隙水压力。

四、仪器设备

(1)应变控制式直剪仪:由剪切盒、垂直加压设备、剪切传动装置、测力计、位移量测系统组成,如附图8所示。

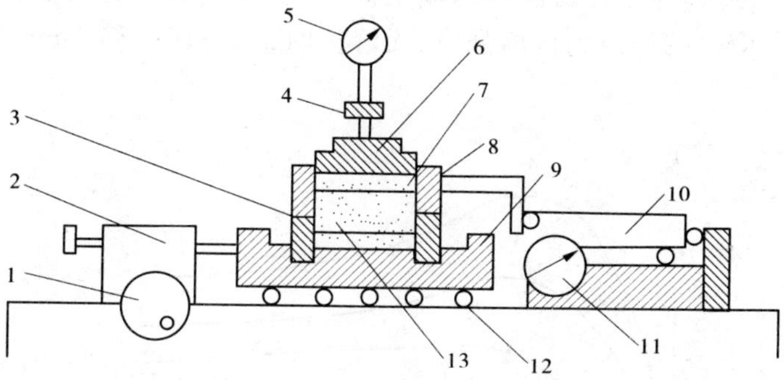

1—剪切传动机构;2—推动器;3—下盒;4—垂直加压框架;5—垂直位移计;6—传压板;7—透水板;8—上盒;9—储水盒;10—测力计;11—水平位移计;12—滚珠;13—试样

附图8　应变控制式直剪仪构造

(2)环刀:内径61.8 mm,高度20 mm。

(3)位移量测设备:量程为10 mm、分度值为0.01 mm的百分表或准确度为全量程0.2%的传感器。

五、试验步骤

(一)慢剪试验步骤

(1)对准剪切容器上下盒,插入固定销,在下盒内放透水板和滤纸,将带有试样的环刀刃口向上,对准剪切盒口,在试样上放滤纸和透水板,将试样小心地推入剪切盒内。

注:滤纸和透水板的湿度应接近试样的湿度。

(2)移动传动装置,使上盒前端钢珠刚好与测力计接触,依次放上传压板、加压框架,安装垂直位移和水平位移量测装置,并调至零位或测记初读数。

(3)根据工程实际和土的软硬程度施加各级垂直压力,对松软试样垂直压力应分级施加,以防土样挤出。施加压力后,向盒内注水,当试样为非饱和试样时,应在加压板周围包以湿棉纱。

(4)施力垂直压力后,每小时测读垂直变形一次,直至试样固结变形稳定。变形稳定标准为每小时变形不大于0.005 mm。

(5)拔去固定销,以小于0.02 mm/min的剪切速度进行剪切,试样每产生剪切位移0.2~0.4 mm记录测力计和位移读数,直至测力计读数出现峰值,应继续剪切至剪切位移为4 mm时停机,记下破坏值。当剪切过程中测力计读数无峰值时,应剪切至剪切位移为6 mm时停机。

(6)剪应力应按下式计算

$$\tau = CR/A_0 \qquad (附14)$$

式中 τ——试样所受的剪应力，kPa；

C——测力计率定系数，kN/0.01 mm；

R——测力计量表读数，0.01 mm；

A_0——试样面积，m^2。

（7）以剪应力为纵坐标、剪切位移为横坐标，绘制剪应力与剪切位移关系曲线（见附图9），取曲线上剪应力的峰值为抗剪强度，无峰值时，取剪切位移4 mm所对应的剪应力为抗剪强度。

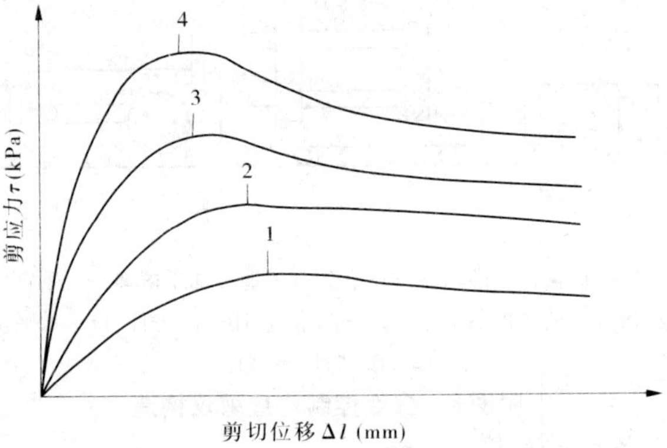

附图9　剪应力与剪切位移关系曲线

（8）以抗剪强度为纵坐标、垂直压力为横坐标，绘制抗剪强度与垂直压力关系曲线（见附图10），直线的倾角为摩擦角，直线在纵坐标上的截距为黏聚力。

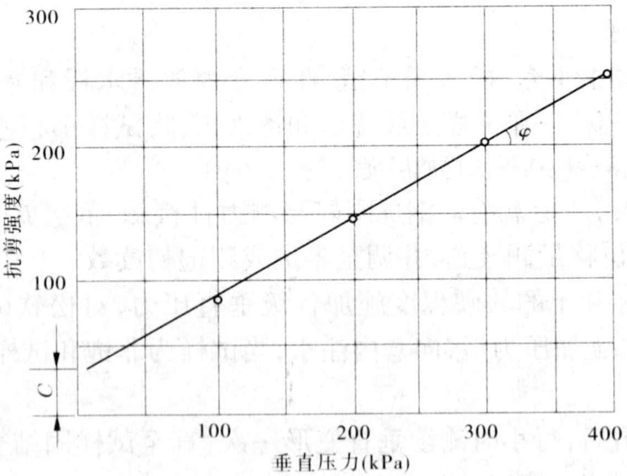

附图10　抗剪强度与垂直压力关系曲线

（二）固结快剪试验步骤

（1）试样制备、安装和固结，应按慢剪试验步骤进行。

（2）固结快剪试验的剪切速度为0.8 mm/min，使试样在3～5 min内剪切破坏，其剪切步骤应按慢剪的步骤进行。

（3）固结快剪试验的计算应按慢剪中的规定进行。

（4）固结快剪试验的绘图应按慢剪中的规定进行。

（三）快剪试验步骤

（1）试样制备、安装应按慢剪的步骤进行，安装时应以硬塑料薄膜代替滤纸，不需安装垂直位移量测装置。

（2）施加垂直压力，拔去固定销，立即以 0.8 mm/min 的剪切速度按慢剪的步骤进行剪切至试验结束，使试样在 3～5 min 内剪切破坏。

（3）固结快剪试验的计算应按慢剪中的规定进行。

（4）固结快剪试验的绘图应按慢剪中的规定进行。

六、试验记录和试验成果

（一）试验记录

土的直接剪切试验记录如附表 5 所示。

附表 5　土的直接剪切试验

仪 器 号____________　　应力环系数____________

土　　号____________　　手轮转速____________

试验方法____________　　土壤类别____________

手轮转数	下列垂直压力下的量表读数			
	100 kPa	200 kPa	300 kPa	400 kPa
抗剪强度				
剪切历时				
固结时间				
剪切前压缩量				

(二)试验结果

(1)计算各级压力土的抗剪强度。

(2)绘制抗剪强度与垂直压力关系曲线(见附图11),并计算抗剪强度指标。

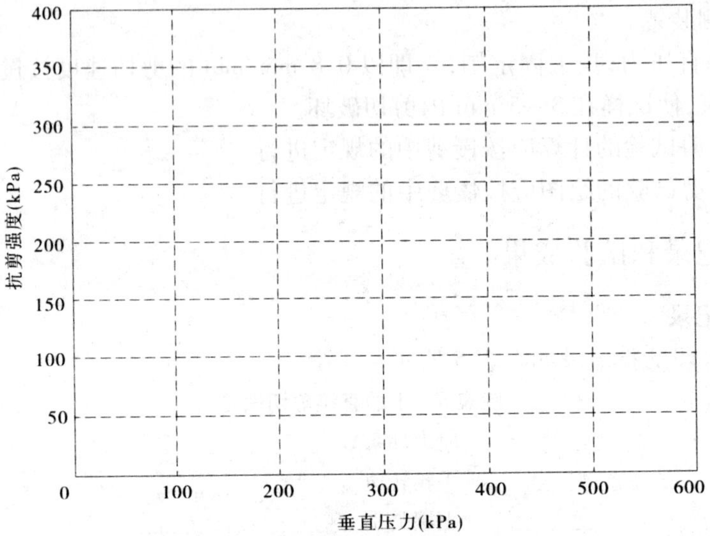

附图11　抗剪强度与垂直压力关系曲线

参考文献

[1] 中华人民共和国标准. GB 50007—2002 建筑地基基础设计规范[S]. 北京:中国建筑工业出版社,2002.

[2] 中华人民共和国标准. GB 50010—2002 混凝土结构设计规范[S]. 北京:中国建筑工业出版社,2002.

[3] 中华人民共和国标准. SL 237—1999 土工试验规程[S]. 北京:中国水利水电出版社,1999.

[4] 中华人民共和国标准. GB 50021—2001 岩土工程勘察规范[S]. 北京:中国建筑工业出版社,2002.

[5] 中华人民共和国标准. GB/T 50123—1999 土工试验方法标准[S]. 北京:中国计划出版社,2000.

[6] 杨太生. 地基与基础[M]. 北京:中国建筑工业出版社,2004.

[7] 李念国,蒋红. 地基与基础[M]. 北京:中国水利水电出版社,2007.

[8] 务新超. 土力学[M]. 郑州:黄河水利出版社,2009.

[9] 叶火炎,王玉珏. 地基与基础[M]. 郑州:黄河水利出版社,2009.

[10] 曾巧玲,崔江余,陈文华,等. 基础工程[M]. 北京:清华大学出版社,北京交通大学出版社,2007.

[11] 陈书申. 土力学与地基基础[M]. 武汉:武汉工业大学出版社,1999.

[12] 王保田. 土力学与地基处理[M]. 南京:河海大学出版社,2006.

[13] 华南理工大学,浙江大学,湖南大学. 基础工程[M]. 北京:中国建筑工业出版社,2003.

[14] 王晓谋. 基础工程[M]. 3 版. 北京:人民交通出版社,2003.

[15] 王秀兰,等. 地基与基础[M]. 北京:人民交通出版社,2007.

[16] 地基处理手册编委会. 地基处理手册[M]. 北京:中国建筑工业出版社,1988.

[17] 王启亮,等. 工程地质与土力学[M]. 北京:中国水利水电出版社,2007.

[18] 陈希哲. 土力学与地基基础[M]. 4 版. 北京:清华大学出版社,2003.

[19] 赵明华. 土力学与基础工程[M]. 武汉:武汉理工大学出版社,2000.

[20] 刘汉东. 岩土力学[M]. 北京:中央广播电视大学出版社,2003.

[21] 吴玲洪. 土力学[M]. 北京:中国水利水电出版社,2005.

[22] 刘增荣. 土力学[M]. 上海:同济大学出版社,2005.

参考文献

[illegible]